离经叛道
不按常理出牌的人如何改变世界
修订本

［美］亚当·格兰特（Adam Grant）○著
王　璐○译

图书在版编目（CIP）数据

离经叛道 ／（美）亚当·格兰特著；王璐译.--修订本.—杭州：浙江大学出版社，2021.1（2024.7重印）
书名原文：Originals
ISBN 978-7-308-20428-6

Ⅰ.①离… Ⅱ.①亚… ②王… Ⅲ.①成功心理－通俗读物 Ⅳ. ①B848.4-49

中国版本图书馆CIP数据核字(2020)第145788号

浙江省版权局著作权合同登记图字：112016178
ORIGINALS by Adam Grant 2015
This edition arranged with InkWell Management, LLC.
through Andrew Nurnberg Associates International Limited

离经叛道（修订本）

［美］亚当·格兰特　著　王　璐　译

策　　划	杭州蓝狮子文化创意股份有限公司
责任编辑	黄兆宁
责任校对	高士吟
出版发行	浙江大学出版社
	（杭州市天目山路148号　邮政编码　310007）
	（网址：http://www.zjupress.com）
排　　版	杭州林智广告有限公司
印　　刷	杭州钱江彩色印务有限公司
开　　本	880mm×1230mm　1/32
印　　张	8.5
字　　数	226千
版 印 次	2021年1月第1版　2024年7月第4次印刷
书　　号	ISBN 978-7-308-20428-6
定　　价	65.00元

版权所有　翻印必究　　印装差错　负责调换

浙江大学出版社市场运营中心联系方式：0571-88925591；http://zjdxcbs.tmall.com

> 致那些离经叛道者——
> 那些格格不入的反叛分子,那些惹是生非的家伙,
> 如同方孔里的圆钉一样是些异类,总是异想天开。
> 他们不满条条框框,从不墨守成规。
> 你尽可以支持或反对他们,可以赞美或中伤他们,
> 但你唯一不能做的就是忽视他们。
> 因为他们改变了局面,他们推动了人类进步。
> 虽然有人视他们为疯子,我们却称其为天才。
> 因为那些妄想改变世界的人,正在改变世界。[1]
>
> ——杰克·凯鲁亚克(Jack Kerouac)

---

[1] 这段话曾由乔布斯亲自配音,成了苹果公司经典广告"不同凡想"(Think Different)的广告词。

推 荐 序

谢丽尔·桑德伯格

脸书（Facebook）首席运营官
《向前一步》作者、LeanIn. Org 创始人

亚当·格兰特写《离经叛道》一书再合适不过，因为他本人就是一个离经叛道者。

他是一位杰出的研究者，充满热情地探索能够激励他人的方法，打破错误观念，并向人们揭示真相。他是一位有见地的乐观主义者，为各种各样的人——不管是家庭主妇、公司白领，还是社区工作者——提供洞见和建议，从而使他们明白如何才能创造出更加美好的世界。他是一位乐于奉献的朋友，给我鼓舞，让我相信自己，并帮助我明白如何有效地去捍卫自己的想法。

在我的生命旅程中，亚当是对我影响最大的人之一。通过阅读这本杰作的每一页，你也同样会从他那里获得启发、灵感和支持。

错误观念的打破者

传统观点认为，只有少数人天生具有创造力，而大多数人很少有富有创新性的想法。一些人生来就要做领袖，而剩下的人仅仅能做追随者。有一些人会产生重大影响，而大多数人只是平庸之辈。

在《离经叛道》一书中，亚当打破了所有这些假定。

他向我们证明，任何人都能够提高创造力。他告诉我们如何辨明真正具有创新性的想法，以及如何预测哪些想法会获得成功。他告诉我们何时要相信我们的直觉，何时要依靠别人。他还告诉我们应该如何培育孩子的创新精神，从而使自己成为更好的父母；如何培育员工思维的多样性而不是一味追求一致的意见，从而成为更好的管理者。

读完这本书，我认识到伟大的创新者并不一定得有最深厚的专业知识，却需要有心去倾听各种各样的观点。我看到，获得成功通常并不是因为先人一步，而是耐心地等待合适的行动时机。令我震惊的是，拖延也会带来好处。任何和我共事过的人都知道，我非常讨厌做事拖拉，我总是认为应该今日事今日毕，不要有任何拖延。如果我能够摆脱一心想要尽早完成每件事带来的巨大压力，想必马克·扎克伯格（Mark Zuckerberg）和许多同事会感到非常高兴。正如亚当指出的，不事事抢先也许恰好会帮助我及我的团队获得更佳的业绩。

有见地的乐观主义者

每天，我们都会遇到我们喜爱的事物以及我们觉得需要被改变的事物。前者带给我们快乐，后者点燃我们去改变世界、使世界变得尽可能完美的渴望。但试图去改变根深蒂固的观念和行为极其困难。我们接受现状，因为我们觉得似乎不可能实现重大的变革。但我们可能仍然会问：单独一人能够产生影响吗？并且，在我们最勇敢的时刻，我们甚至敢问：那个人可能会是自己吗？

推荐序

亚当的答案是一句响亮的"没错"。这本书证明,我们当中的任何人都可以拥护那些能够使世界变得更好的想法。

肝胆相照的挚友

我遇到亚当,正是他的第一本书《沃顿商学院最受欢迎的成功课》(*Give and Take*)在硅谷传得火热的时候。我读了这本书,并且立即开始引用其中的话给任何愿意倾听的人。亚当不仅是一位极富天分的研究者,还是一位优秀的老师、一个非常会讲故事的人,他可以用深入浅出的语言来解释十分复杂的观点。

之后,我丈夫大卫·古德伯格(David Goldberg,Survey Monkey 前首席执行官)邀请亚当给他的团队做演讲,并邀请他一起共进晚餐。生活中的亚当同书中的他一样杰出。他知识渊博,散发的能量会感染四周的人。他和我开始谈论他所做的研究可以如何丰富关于性别的话题。在这之后,我们开始一道工作。我们一起研究,写了一系列关于女性与工作的专栏评论。他严密的分析和对平等精神的执着,使 LeanIn. Org(LeanIn. Org 是一个致力于帮助所有女性实现理想的非营利组织和在线社区)获益匪浅。

一年一度,脸书会将全球团队领袖聚集在一起。2015 年,我邀请亚当在我们的会议上发表了演讲。他的智慧和幽默感给我们每一个人都留下了非常深刻的印象。几个月之后,各个团队仍在讨论着他的洞见,并将其建议付诸实践。

这一路走来,我和亚当成了好朋友。当悲剧降临,我的丈夫突然离世,亚当主动给我带来无限的帮助和安慰,这是只有真正的朋友才能做到的。在我人生最低谷时他不离不弃,他帮助我的方式就像他对待其他任何事物一样,既包含他对人类心理的独到理解,又带着无与伦比的慷慨。当我认

离经叛道

为我永远无法平复心情时,他大老远地从美国另一头飞过来,告诉我如何才能变得坚强起来。当我不知道应该如何应对这种尤为艰难的情形时,他帮助我在绝望中寻找到了答案。当我想要哭泣的时候,他总是会为我提供可以依靠的肩膀。

从最深层的解读来说,朋友是那个从你身上看到的潜力比你自己看到的更多,并帮助你成为最好的你的人。这本书的魔力在于,亚当成了每一位读者的朋友。对于如何克服疑虑和恐惧,如何表达并推销自己的想法,以及如何在敌方阵营中发现合作者,他在书中提出了丰富的建议。他还就如何管控忧虑,疏导愤怒,从自身的弱点中发现优势,克服障碍,给予他人希望这些事上给出了切实有效的方法。

*

《离经叛道》是我所读过的最有意义且最吸引人的书之一。它充满惊喜和强有力的想法。它不仅会改变你看待这个世界的方式,也许还会改变你度过此生的方式。并且,它很有可能会激励你去改变世界。

目录

推荐序　谢丽尔·桑德伯格

第一章　创造性毁灭：违背常规的风险
打破默认的规则 / 5

雄心壮志的两面性 / 10

正确的特质 / 15

为何风险就像股票投资组合 / 19

第二章　盲目的发明家与目光狭隘的投资者：识别原创想法的艺术和科学
在创意的钢丝绳上漫步 / 33

亲吻青蛙 / 37

原型的囚徒和目光狭隘的偏好 / 40

经验是一把双刃剑 / 45

直觉的偶然性，又或者说史蒂夫·乔布斯错在哪里 / 50

激情的风险 / 54

如何尽可能地选对创意 / 56

第三章	**孤立无援：向上级说出真实想法**

没有地位的权力 / 65

迈出最差的一步：赛瑞克效应（The Sarick Effect） / 68

陌生产生轻视 / 74

在离开之前放弃 / 78

发声 + 女性身份，双重少数身份带来双重风险 / 82

未选择的路 / 85

第四章	**急躁的愚人：选择时机、战术性拖延和先动劣势**

另一个达·芬奇密码 / 92

拖延的纪律 / 95

自由飞翔和祈祷 / 98

开拓者和定居者 / 100

创造力的两个生命周期：年轻的天才和年长的大师 / 106

第五章	**金发姑娘和特洛伊木马：创造和维护联盟**

微小差异的自我陶醉 / 115

温和的激进分子 / 120

与敌人而不是友敌结盟 / 126

熟悉产生美 / 131

西部是如何胜利的 / 135

携手前进：在冲突阵营之间结成联盟 / 138

目 录

第六章 **给叛逆一个理由：兄弟姐妹、父母和榜样是如何影响你的创新性的**

生而反叛 / 149

选窝（Niche Picking）：不争之争 / 151

父母管得越来越松 / 154

伟大的解释 / 157

不受待见的人：为什么名词比动词好 / 161

为什么父母不是最好的榜样 / 164

第七章 **再议团体迷思：强文化、狂热崇拜和魔鬼拥护者的奥秘**

蓝图中的螺丝钉 / 175

成长的烦恼：忠诚度文化的弊端 / 177

"不同凡想"文化 / 182

你所知道的魔鬼 / 185

找到一只能在煤矿中报警的金丝雀 / 190

当原则发生冲突 / 194

真相大白的时刻 / 197

移动者和塑造者 / 200

第八章 **逆流而行并保持稳定：管控焦虑、冷漠、矛盾和愤怒**

负面思想的积极力量 / 206

不要放弃信念 / 209

外包激励 / 213

少数的力量 / 216

燃烧的平台 / 221

表演必须继续 / 226

火上浇油 / 228

老师和家长的行动 / 237

参考文献 / 239

致　谢 / 257

ORIGINALS

第一章

创造性毁灭：违背常规的风险

ORIGINALS

理性之人让自己去适应这个世界,非理性之人坚持让世界去适应自己。故一切进步皆依赖于非理性之人。[1]

——萧伯纳(George Bernard Shaw)

2008年一个凉爽的秋夜，4名学生决定做一项颠覆性的事业。他们身负债务，而且戴的眼镜不是丢失了就是弄坏了，他们十分恼火要花这么多钱去换一副新的眼镜。其中一名学生已经戴着一副破旧的眼镜5年了，他用回形针将眼镜框别在一起。他拒绝购买昂贵的新镜片，即便他的近视度数已经涨了两次。

当时，眼镜巨擘陆逊梯卡集团（Luxottica）控制着80%以上的眼镜市场。要想使眼镜卖得更便宜，这些学生需要推翻这一巨头在眼镜业的垄断地位。当时恰逢美捷步（Zappos）通过在线销售鞋子改变了鞋类市场，于是他们思忖着是否也可以将这种方式应用于眼镜行业。

他们时不时地跟朋友们提到这个想法，但一次又一次地受到了强烈的质疑。朋友们坚信没人会在网上买眼镜，因为顾客首先要试戴。诚然，美捷步在网上销售鞋子的想法获得了成功，但这种模式没能应用于眼镜业必定有原因。不断有人告诉他们："如果这是个好主意，一定早就有人做了。"

这些学生在电子商务和技术方面没有任何背景，更不用说在零售、时尚或服饰行业上。尽管别人一再认为他们的想法很疯狂，但他们还是放弃了可以赚很多钱的工作，开始创业。正常要卖500美元的眼镜在他们的网站上只要95美元，而且每卖出一副眼镜，他们就要捐赠一副眼镜给发展中国家。

他们所有的业务都依赖于网络运营。如果没有网站，顾客就不可能浏览和购买他们的产品。他们匆匆忙忙拼凑成一个网站，最终在凌晨4点让它成功上线，这距公司2010年2月的成立日只差一天时间。他们把公司命名为沃比帕克（Warby Parker）[2]，这个名字是将小说家杰克·凯鲁亚克（Jack Kerouac）小说中两个角色名组合在一起得来的。这位小说家激励了他们打破社会压力的桎梏，勇于冒险。他们崇拜他的反叛精神，并将这一精神融入了他们的公司文化。最终，他们获得了成功。

原本，这些学生预计每天能销售一到两副眼镜。但当美国《绅士季刊》

离经叛道

杂志(GQ)把他们称作"眼镜业的奈飞"[①]时,他们用了不到一个月的时间就完成了整整一年的销售目标。他们的销售速度如此之快,以至于要让两万名顾客排队等候。他们花了9个月的时间才使存货量达到市场需求。

时间快进至2015年,美国商业杂志《快公司》(*Fast Company*)发布了全球最具创新力公司榜单,沃比帕克不仅光荣上榜,还位居第一,而在此之前名列榜首的分别是创造性巨头公司——谷歌、耐克和苹果,它们都有超过5万名雇员,而还在初创期的沃比帕克却仅有500名雇员。在5年的时间内,这4位好友创建了世界上最杰出的时尚品牌之一,并给穷人们捐赠了超过100万副眼镜。公司年收入达1亿美元,估值超过10亿美元。

回溯到2009年,沃比帕克的创始人之一曾向我推销他们的公司,给我提供了投资他们公司的机会,但我拒绝了。

这是我所做过的最糟糕的决定之一。我需要明白我错在哪里。

*

original[形容词]某物的源头;从中孕育出、生发出,或衍生出某物。

original[名词]奇特非凡或独一无二的事物;与众不同的人,其不同之处常常以吸引人的或有趣的方式表现出来;有首创精神或善于发明创造的人。

很多年前,心理学家发现有两种通往成功的路径:一种是墨守成规,一种是创新。墨守成规是指遵循大多数人所走的传统常规道路并维持现状。创新则是指走少数人走过的路,坚信一系列有违常规,但最终能使事情变得更佳的新想法或价值观。

[①] 奈飞公司(Netflix)是美国一家在线影片租赁提供商,其网络电影总销量曾一度占据美国用户在线电影总销量的近一半。——译者注

当然，没有任何事物是完全原创的，因为我们所有的想法都受到我们周围世界的影响。无论有意还是无意，我们无时无刻不在借用。我们都受到盗窃癖（kleptomania）[3]的影响，即不经意地记住别人的想法并把它们当成是自己的。在我看来，创新包括提出并推进一种想法，这种想法在某一领域中不同寻常，并且有得以改进的潜力。

创新本身始于创造力：想出一个既新颖又实用的概念。但创新又不止于此。创新者是指那些主动采取行动使他们的想法成为现实的人。沃比帕克的创建者们拥有创新精神，他们构想出一个不同于传统的在线销售眼镜的方式。但当他们切实采取行动使眼镜既能方便购买，又价廉物美时，他们成了创新者。

这本书要讲的是我们怎样才能更具创新精神。令人意想不到的是，你选择哪种网页浏览器竟可以透露出你的创新程度。

打破默认的规则

不久前，经济学家迈克尔·豪斯曼（Michael Housman）主持了一个项目，研究为什么有些客户服务代表在他们工作岗位上工作的时间比其他人更久。豪斯曼掌握了3万余名员工的数据信息，他们的工作是处理来自银行、航空公司和手机公司的呼叫业务。豪斯曼猜测从这些员工以前的工作经历中可能会找到一些关于他们工作忠诚度的线索。他猜测之前有过跳槽历史的员工会辞职得更快，但事实上他们并没有；同过去5年一直做同一份工作的员工相比，在过去5年中做过5份不同工作的员工辞职的概率并不会更高。

在寻找其他线索的过程中，他注意到了其团队获得的关于雇员在申请工作时使用哪种浏览器登录的信息。一时兴起，他测试了关于浏览器的选择是否与他们辞职有关。他未曾料到会在这两者间找到任何相关性，因为

离经叛道

我们常常认为选择用哪种浏览器纯粹是个人喜好的问题。但当他看到了结果，他惊呆了：使用 Firefox 或 Chrome 浏览器的员工坚守在某一岗位上的时间要比那些使用 IE 浏览器或 Safari 浏览器的员工长 15%。

豪斯曼认为这只是一个巧合，于是又对工作缺勤情况做了相同的分析。结果竟与之前相同：使用 Firefox 浏览器和 Chrome 浏览器的员工，其缺勤率比使用 IE 浏览器和 Safari 浏览器的员工要低 19%。

然后他观察了雇员的业绩水平。他的研究团队收集了关于员工在销售、客户满意度、平均通话时长方面近 300 万个数据点。使用 Firefox 浏览器和 Chrome 浏览器的员工有着明显更高的销售额，通话时间更短。他们的客户满意度也更高：使用 Firefox 浏览器和 Chrome 浏览器的员工在 90 个工作日内达到的客户满意度，需要那些用 IE 浏览器和 Safari 浏览器的员工花上 120 个工作日才能达到。

浏览器本身并不是造成他们忠于职守、表现踏实并获得业绩成功的原因。相反，正是他们使用浏览器的偏好，释放出他们有哪些习惯的信号。为什么使用 Firefox 浏览器和 Chrome 浏览器的员工在每一个指标上都更投入，表现更好呢？

表面上看起来，显而易见的答案是他们更精通计算机技术。于是我问豪斯曼他能否对此进行探索。员工们于是全部做了计算机水平测试，这一测试旨在评估他们在键盘快捷键、软件程序和硬件方面的知识水平，并对他们的打字速度进行了计时测试。但结果是，使用 Firefox 浏览器和 Chrome 浏览器的员工群体并没有被证明有更多的计算机专业知识，他们打字也并不更快或更准确。即使在考虑了这些因素之后，浏览器仍是一大影响因素。看来计算机知识和技巧并不是他们留存率更高的原因。

差异在于他们是如何获得浏览器的。如果你买了一台个人计算机，第一次打开它时 IE 浏览器已经内置在 Windows 系统中了。如果你是一个 Mac 用户，你的计算机就预装过 Safari 浏览器。几乎 2/3 的客户服务人员使用的是默认浏览器，从来没有质疑过是否存在一个更好的浏览器可以使用。

要获得Firefox浏览器或Chrome浏览器，你必须表现出一些智谋，下载一种不同的浏览器。这些人没有接受默认，而是主动去寻找一种可能更好的选择。这种主动行为尽管十分不起眼，但也可以体现出一个人的工作习惯。

那些接受使用电脑中默认的IE浏览器和Safari浏览器的客户服务代表对待工作的方式也是如此。在电话销售中，他们按写好的稿子进行推销，应对客户投诉时遵循标准作业程序。他们认为自己的工作内容是固定不变的，因此当他们对自己的工作不满意时，他们会缺勤，甚至是辞职。

主动把自己的浏览器改成Firefox浏览器或Chrome浏览器的员工以不同的方式对待工作。他们寻求用与众不同的方式向客户进行推销，为客户排忧解难。当遇到不喜欢的情况，他们会想办法自己来解决。由于主动采取措施来改善状况，他们没有什么离开的理由。他们创造了自己想要的工作。但他们只是例外，而不是常规情况。

我们生活在一个IE浏览器的世界。正如几乎2/3的客户服务代表使用计算机默认的浏览器，我们中很多人对生活中默认的常规都选择接受。在一系列挑衅性的研究中，以政治心理学家约翰·约斯特（John Jost）为首的一个团队探讨了人们如何应对不受欢迎的默认状态。相比于欧裔美国人，非裔美国人对自身经济状况的满意度更低，但却有更多的非裔美国人认为经济不平等是合理且公正的。同样，如果就经济不平等的必要性对处于收入金字塔两端的人做调查，处于底层的人相信不平等有必要存在的概率会比顶端的人高17%。而当被问及是否会支持那些为了解决国家问题必须被颁布，但却会限制公民和新闻界批评政府之权利的法律时，处于收入底层者愿意放弃言论自由权的人数是顶端群体的两倍。同优势群体相比，弱势群体倾向于维持现状的比例更高，约斯特及其同事由这一发现得出以下结

离经叛道

论:"在某种状态下受害最深的人,却恰恰是最不愿去质疑、挑战、拒绝或改变这种现状的人。"

为了解释这一奇特现象,约斯特的研究小组提出了系统正当性理论[4],这一理论的核心观点是人们受到驱动认为某一现状是合理的,即使这一现状会违背他们的个人利益。在一项研究中,他们对2000年美国总统大选前民主党和共和党选民进行了追踪。当小布什获得更多民意,共和党人就认为他应该能当选,民主党人也是如此,他们对即将发生的事情已经有了心理预期。当戈尔成功的可能性增加时,同样的事情再次发生了:共和党人和民主党人都转而更看好戈尔。不管政治上的意识形态如何,当候选人似乎胜券在握时,人们会更喜欢他;而当他成功的概率下降时,人们便不再那么喜欢他。

将默认体系合理化,可以起到调和作用。这是一种情感上的止痛药——如果世界应该是这个样子,我们就没有必要对它感到不满。但这种习以为常的态度也使我们丧失了反对不公正行为的道德义愤,丧失了创造性意志,不再寻找其他可以使世界正常运行的方式。

*

创新的特点是拒绝接受默认选项,并选择去探索是否存在一种更好的选择。通过10多年来对如何提升人们创新意识的研究,我发现其实它远远比我想象的简单。

首先是好奇心。打一开始就仔细琢磨为什么存在默认的常规。当我们对十分熟悉的状况产生陌生感时(法语中用vuja de形容这一感觉)[5],我们便会质疑默认的常规。与之相对的概念是déjà vu,它指的是我们在遇到一些新的情况时产生了似曾相识的错觉。vuja de正好相反,它意味着我们面对熟悉的事物,却用全新的视角去观察它,从而就老问题得出新的洞见。

创造性毁灭：违背常规的风险

如果对长久以来人们习以为常的现状没有质疑精神，沃比帕克就不会存在。当第一天晚上，创始人们坐在电脑实验室里构想他们的公司时，他们几位戴眼镜的时间加在一起已经长达60年之久。眼镜的价格一直极不合理，十分昂贵。但直到那一刻之前，他们都将现状视为理所当然，从来没有质疑过默认的高昂价格。"我从没想过要降低眼镜的售价，"戴夫说，"我一直把买眼镜当作看病治疗。我很自然地认为，如果是一位医生让我购买一副眼镜，他总有一些理由能说明价格是合理的。"

然而当有一天戴夫在苹果店排队购买一部iPhone时，他开始比较起手机和眼镜这两个产品。近一千年来，眼镜一直是人类生活中的主要用品，自他祖父那辈起，眼镜就没怎么变过。这是戴夫·吉尔伯亚头一次想这个问题：为何眼镜的价格如此不菲？为什么这样一个简单的产品比一部构造复杂的智能手机还贵？

任何人都可以提出这些问题，并得出同沃比帕克创始人一样的答案。对为什么眼镜价格如此昂贵产生疑问后，他们便对眼镜行业做了一些研究。他们了解到，一家来自欧洲的陆逊梯卡集团一直居于垄断地位，前一年它轻而易举地就赚得超过70亿美元。"陆逊梯卡集团的自有品牌包括Lenscrafters、Pearle Vision、Ray-Ban和Oakley。它还授权生产香奈儿和普拉达的处方镜架和太阳镜。刹那间，我明白了为什么眼镜会卖得那么贵，"戴夫说，"商品成本中没有一点可以说明高昂价格是合理的。"陆逊梯卡集团利用其垄断地位，以其高于成本20倍的价格定价。这种默认价格不是天生就合理的，而是这家公司中的一群人做出的决定。而这意味着另一家公司的一群人可以做出另一种选择。"我们可以做不同的选择，"戴夫恍然大悟，"我认识到我们可以掌握自己的命运，也可以控制我们自己的价格。"

当我们对这个世界中令人不满的现状充满好奇心时，我们开始意识到，它们大多都有其社会根源：毕竟规则和制度是由人创造的。而这种意识给予我们勇气去思考如何才能改变这些现状。在美国妇女获得投票权之前，历

离经叛道

史学家让·贝克（Jean Baker）指出，许多女性"在此以前从未考虑过自己被贬低的社会地位，而是认为她们生来就应当如此"。随着女权运动发展势头迅猛，"越来越多的女性开始看到习俗、宗教戒律和法律实际上是人为的，因此是可以被改变的"[6]。

雄心壮志的两面性

接受默认常规的压力开始得远远比我们意识到的要早。在思考那些可能长大后会做出一番伟业的人时，你首先想到的可能是神童。这些天才两岁时学习阅读，4岁时弹奏巴赫的曲目，6岁时学微积分，8岁时可以流利地说7种语言。他们的同学感到不寒而栗，十分羡慕他们的才能；他们的父母充满喜悦，如同彩票中奖。但套用T. S. 艾略特（T. S. Eliot）的话说，他们的职业生涯往往并不是伴随着轰动的巨响声，而是在呜咽声中结束的。

结果证明，很少有神童能够在长大后改变世界。当心理学家对历史上最知名和最具影响力的人进行研究时，他们发现其中的很多人在儿童时期并没有什么天赋。如果将一大群神童聚集起来，并追踪他们整个人生，你会发现，他们并不胜过同样家庭水平中没有他们早熟的那些同龄人。

凭直觉来看，这似乎是说得通的。我们假设这些孩子只是在学习书本知识上有天赋，但却缺乏实际应用的智慧。虽然他们智力超群，但却缺乏在社会上生存所需要的社交、情感、实践技能。但如果我们看一看证据，这样的解释并站不住脚：受社会和情感问题困扰的天才儿童不到1/4，绝大多数都能够很好地适应社会，鸡尾酒会给他们带来的愉悦感并不亚于拼字游戏。

尽管神童往往有更多的才能和更大的雄心壮志，但阻止他们推动世界前进的是：他们并没有尝试着离经叛道。他们在卡内基音乐厅演出，在奥林匹克竞赛中获奖，在成为国际象棋冠军的同时，悲惨的事情发生了：熟能生巧，但这种熟练并不能催生出新的事物。天才神童学习弹奏莫扎特优美的旋律和贝多芬优美的交响曲，但他们从来不会创作自己的原创音乐。他们将自己的精力集中于学习现有的科学知识，而不是得出新的见解。他们遵守游戏的既定规则，而不是发明自己的规则或自己的游戏。在整个过程中，他们努力去赢得父母的赞许以及老师的表扬。

研究表明，最有创造力的孩子最不可能成为老师的宠儿。在一项研究中，小学教师列出自己最喜欢和最不喜欢的学生，然后根据一系列特征评价两组学生。最不喜欢的学生是那些不墨守成规者，他们自己定规则。教师往往对极富创造力的学生区别对待，把他们视为麻烦制造者。因而，许多孩子很快就学着去适应这种程序，把自己独创新颖的想法放在心里。用作家威廉姆·德雷谢维奇（William Deresiewicz）的话来说，他们成了世界上最优秀的"绵羊"。

这些神童长大后通常会成为各自领域的专家和各自组织中的领导。然而，"仅有一小部分天才儿童最终成为革命性的创造者"[7]。心理学家埃伦·温纳（Ellen Winner）感慨道："那一小部分人必须经历一场痛苦的转型，从一个在既定领域中毫不费力就能迅速适应的孩子，转变为最终重新改写某一领域的成年人。"

大多数天才从未完成这样的转型。他们以平庸的方式发挥他们非凡的能力，做好他们的工作，而不去质疑默认的常规，也不去打破现状。他们的风险投资组合失去了平衡：在他们涉足的每一领域，为保险起见，他们都遵循传统的成功路径。他们成为医治疾病的医生，而不是为改善漏洞百出的体系而斗争，结果许多患者根本消费不起医疗服务。作为律师，他们为违反过时法律的客户进行辩护，却不尝试改变法律本身。作为教师，他们设计吸引学生的代数课，但不去质疑代数是否是学生们必须学的。虽然有了他们，世界得以平稳地运行，但他们也使得世界止步不前。

神童因为渴望成就而故步自封。固然，想要成功的动力造就了世界上许多最伟大的成就。当我们下定决心成为出类拔萃的人时,我们就有了更加努力、更加刻苦、变得更加聪明的动力。但当这个世界已经收获了许多重大成绩,创新的任务就日益成为少数人的事情。

当追求成功的动机极度膨胀时,它会将创新精神排挤出去:你越看重成绩,就越害怕失败。在极度想要获得成功的心理驱动下,人们的目标并不是获得独一无二的成就,而是获得有把握的成功。正如心理学家托德·陆伯特(Todd Lubart)和罗伯特·斯腾伯格(Robert Sternberg)所言:"一旦人们为了获得成就而屈居于中间水平,有证据表明,实际上他们的创造力在降低。"

期望获得成功的渴望和害怕失败的恐惧阻碍了历史上一些伟大的创造者和变革推动者。他们关心如何保持稳定和实现传统意义上的成就,因而一直不愿意追求离经叛道。他们没有充满信念地孤注一掷,而是被哄着,被说服,或被胁迫保持不动。虽然他们似乎拥有成为一个天生领导者的素质,但形象地说,有时甚至是毫不夸张地说,他们是被追随者和同行抬起的。如果当初为数不多的那几个人没有听从他们内心的反叛直觉,美国或许根本不存在,民权运动可能还只是个梦,西斯廷教堂可能是光秃秃的,我们大概还坚信着太阳是绕着地球转的,个人电脑可能永远不会得到普及。

现在看来,《独立宣言》似乎是不可避免的[8],但当时由于几位关键性革命人物的不情愿,它差点没有诞生。"那些在美国独立战争中担当指挥角色的人物,和大家想象中的革命者形象相去甚远,"历史学家兼普利策奖得主杰克·雷科夫(Jack Rakove)叙述道,"尽管他们本身不想成为革命者,但最终还是成了革命者。"在战争前夕的那几年,约翰·亚当斯(John Adams)害怕英国会报复,犹豫着是否要放弃自己刚刚起步的律师生涯,直到当选为代表,出席第一届大陆会议之后,他才参与进来。乔治·华盛顿(George Washington)一直专注于管理其遗产以及小麦、面粉、渔业和养马的生意,直到亚当斯任命他为军队总指挥后,他才加入革命事业。华盛顿曾说,"我已经用尽我所有的力量去避免它"。

近两个世纪后,马丁·路德·金(Martin Luther King, Jr.)对于领导民权运动感到担忧,他那时的梦想是成为一名牧师,并成为大学校长。1955年,在罗莎·帕克斯(Rosa Parks)因为搭乘公交车时拒绝让座给白人而被逮捕后,一群民权活动家聚集在一起,讨论他们应该如何回应。他们同意组建蒙哥马利进步协会(Montgomery Improvement Association)以发起抵制公交车运动,与会者之一提名了马丁·路德·金做主席。金回忆道:"此事发生得如此之快,以至于我还没有时间去深入思考它。如果我有时间的话,我会拒绝这项提名。"就在3周前,金和他的妻子达成一致,"之后不会再承担任何重大社会团体的工作,因为我最近刚完成我的论文,需要更多精力投入教会工作"。然而他被一致推选为这场运动的领袖。那天晚上,当他要面向社会发表演说前,他说:"我充满恐惧。"1963年,他的讲话获得雷鸣般的掌声,鼓舞了全国各地追求实现自由理想的人们,之后,金才克服了恐惧。之所以做这次演说,只是因为有一位同事提出,金应该在3月华盛顿大游行的闭幕式上发表演讲,并召集一群领袖给他支持。

当教皇委派米开朗琪罗在西斯廷教堂的天花板上画壁画时,后者并没有什么兴趣。他认为自己是一个雕塑家,而不是画家,他发现任务十分艰巨,因而逃到了佛罗伦萨。在教皇的坚持下,两年后他才接受这一任务。由于哥白尼拒绝发表他的日心说理论,天文学停滞了几十年——由于担心排斥和嘲笑,哥白尼保持了22年的沉默,他的发现只在他的朋友中流传。最终,一位枢机主教得知了他的研究,并写了一封信鼓励哥白尼将其理论出版。即使这样,哥白尼还是拖了4年才行动。在一位年轻的数学教授主动承担这个任务,把书付梓之后,他的巨著才为世人所知。

近500年之后的1977年,在天使投资人决定拿出25万美元投资史蒂夫·乔布斯(Steve Jobs)和史蒂夫·沃兹尼亚克(Steve Wozniak)的苹果

离经叛道

公司时，他发出了最后通牒：沃兹尼亚克必须离开惠普。沃兹尼亚克拒绝了。"我还是准备长久在惠普工作。"[9]沃兹尼亚克回忆道，"我的确有很大的心理障碍，我不想开公司。因为我就是感到害怕。"他承认。只有受到乔布斯和多个朋友以及父母的鼓励后，他才改变了主意。

我们可以想象有多少个像马丁·路德·金、米开朗琪罗和沃兹尼亚克那样的人从来没有追求、出版或推销过自己的独创见解，因为从没有人将他们拖拽或推到聚光灯下。尽管并不是所有人都渴望创办一家自己的公司，创造惊世骇俗的杰作，重塑西方思想或领导民权运动，但我们的确都有改善工作场所、学校和社区的想法。可悲的是，我们很多人犹犹豫豫，不敢采取行动来推动这些想法的实现。正如经济学家约瑟夫·熊彼特（Joseph Schumpeter）的一句名言：创新是带来创造性毁灭的行为。[10]倡导新的体系往往需要销毁过去的旧方法，而我们由于害怕打破原有格局而止步不前。在美国食品药品管理局近千名科学家中，超过40%的人担心，在公开场合谈论安全问题可能会遭到报复。在一家技术公司的4万余名的员工中，有一半人认为在工作中发表反对意见是不好的。当对咨询、金融服务、媒体、医药、广告公司的员工进行采访时，85%的人承认最好在一些重要问题上保持沉默，不要向老板发表自己的看法，因为他们希望在自身形象、人际关系和职业生涯等方面规避风险。

最近一次在你产生了一个原创想法时，你是如何处理它的？尽管在美国这片土地上，我们尊重个性和独特的自我表达，但由于追求成功和害怕失败，我们中的大多数人选择适应而非脱颖而出。托马斯·杰斐逊（Thomas Jefferson）曾建议："在形式方面，可以随波逐流；但在原则问题上，要坚如磐石。"希望获得成功的压力使我们做了恰恰相反的事情，我们只是采用肤浅的方式显示我们具有叛逆精神，例如戴上领结，穿着鲜艳的红鞋，但事实上，我们并不敢冒风险真正地离经叛道。当涉及我们头脑中根深蒂固的思想以及我们心中的核心价值观时，我们抑制了这些想法。"生活中有创新精神的人少之又少。"[11]知名高管麦勒迪·霍布森（Mellody Hobson）说道，因为人们都不敢"说出来，站出来"。那么那些将创新精神付诸有效行动的人有哪些习惯呢？

正确的特质

要成为一个离经叛道者，需要承担极大的风险。这种想法已经深入我们的文化、骨髓和灵魂之中，以至于我们很少会停下来去思考它是否正确。我们崇拜诸如尼尔·阿姆斯特朗（Neil Armstrong）①和萨莉·赖德（Sally Ride）②之类的宇航员，崇拜他们身上拥有的"正确的特质"——离开人类长期居住的星球去太空中大胆冒险的勇气。我们赞颂诸如圣雄甘地（Mahatma Gandhi）和马丁·路德·金这样的英雄人物，他们充满坚定的信念，誓死捍卫他们所珍视的道德原则。我们将史蒂夫·乔布斯和比尔·盖茨（Bill Gates）奉为偶像，崇拜他们有勇气中途辍学，全身心地投入创业，把自己关在车库中，努力将头脑中的想法变为现实。

当我们惊叹这些给世界带来创造力和重大改变的创新者时，我们往往以为他们是不同寻常的人。如同一些幸运的人，他们生来就有基因变异，使他们不受诸如癌症、肥胖、艾滋病等疾病的影响。同样，我们认为伟大的创造者生来对风险就有免疫能力。他们注定会勇敢地面对不确定性，忽视来自社会的阻力；他们压根就不担心做离经叛道者所要付出的代价。他们注定成为打破旧习者、反叛者、革命者、捣乱者、标新立异者以及唱反调者，他们丝毫不受恐惧、拒绝和嘲讽的影响。

"企业家"（entrepreneur）[12]这一概念是由经济学家理查德·坎蒂隆（Richard Cantillon）提出的，其字面意思是"风险承担者"（bearer of

---

① 美国宇航员，登上月球第一人。——译者注
② 美国历史上首位进入太空的女宇航员。——译者注

risk)。当我们读了沃比帕克惊人崛起的故事，我们就会清晰地感知到这层含义。如同所有伟大的创造者、创新者和变革者，创立者们因为愿意坚持信念而改变了世界。毕竟，如果你不尽最大努力击球，你就不可能成功打出一个全垒打。

难道不是吗？

*

在沃比帕克成立6个月之前，创始人之一尼尔·布卢门撒尔（Neil Blumenthal）正在沃顿商学院的教室里听我上课。他高个子，留着黑色卷发，待人彬彬有礼，沉稳但不失活力。他曾在一家非营利机构工作过，由衷地希望能使这个世界变得更美好。当他向我宣传这家公司时，同许多其他的怀疑者一样，我告诉他这听起来是个有趣的想法，但很难想象人们会在网上买眼镜。

我知道，由于消费者对网购眼镜还持有怀疑态度，沃比帕克需要付出巨大的努力才能使公司成功运行。当我得知尼尔和他的朋友们是如何为网站上线做准备时，我有种不好的预感，认为他们注定会失败。

我告诉尼尔，他们面临的第一个打击是他们还是在校生。如果他们真的对沃比帕克充满信心，他们应该退学，投入全部精力去创办这家公司。

他回答道："我们想给自己留有后路。我们不确定这是否是一个好的想法，我们也不清楚它是否会成功，所以我们利用我们上学期间的业余时间做这项工作。在开始创办前，我们4个就是朋友，我们承诺相互间公平对待比成功更重要。但这个暑假，杰夫获得了奖学金，从而可以全职投入这项事业。"

那其他3位创始人都在做什么呢？尼尔坦言道："我们都要去实习。我在咨询机构，安迪在风险投资公司，戴夫在医疗保健行业。"

创造性毁灭：违背常规的风险

他们的时间十分有限，注意力又被分散于其他事务，到如今连网站还没建好，而他们花了6个月的时间才就公司的名字达成一致。这是第二个打击。

但在我对他们完全放弃之前，我记得他们都将于年底毕业，这意味着他们最终有时间可以全身心地投入。但尼尔却打了退堂鼓，对我说："呃，并不是这样。我们已留好后路。为防止公司不成功，我已经在毕业后接受了一份全职工作。杰夫也一样。为确保能够有选择，戴夫在暑假得到了两份不同的实习，他正在同他之前的雇主谈论再次归队的问题。"

第三个打击。他们出局了，我也一样。

我拒绝对沃比帕克进行投资，因为尼尔和他的朋友们同我太像了。我当教授是因为我热爱发现新的想法，乐意分享知识，并教育下一代学生。但在我内心最深处，我知道我也是被终身聘用制的稳定所吸引。在我20多岁时，我从没有信心去创业。如果我有的话，那我一定不会待在学校，找一份工作以维持我的基本生活。

当我将沃比帕克创始人们所做的选择同我头脑中成功企业家所做的选择相比时，发现两者并不一致。尼尔和他的同伴们缺乏全力以赴的勇气，这使我不禁怀疑他们是否有坚定的信念和奉献的精神。他们对于成为成功企业家并不上心：他们并没有投入多大的赌注。在我看来，他们注定会失败，因为他们求安稳而不是去冒险。但事实上，这也正是他们成功的原因。

在这本书中，我想揭露一种错误的观念，即创新需要冒风险。我想让你们知道，创新者事实上比我们意识到的与我们更类似。在每一个领域，不管是商业、政治、科学还是艺术领域，那些用创新性想法改变世界的人很少是充满坚定信念和奉献精神的模范人物。由于他们质疑传统，挑战现状，他们也许表面上显得勇敢和自信。但当你层层剥开外表，会发现他们同样也存在恐惧，会犹豫不决，并产生自我怀疑。他们被视为积极主动的人，但他们的动力往往是由别人所激发的，有些时候甚至是受外力影响被迫去做的。尽管他们看起来渴望风险，但他们实际上更希望能够规避风险。

*

在一项有趣的研究中，管理学研究员约瑟夫·拉菲（Joseph Raffiee）和冯婕（Jie Feng）提出了一个简单的问题：当人们开始创业时，他们是继续做自己的本职工作更好还是辞去工作更好？从1994年一直到2008年，他们追踪了美国范围内具有代表性的5000多位企业家，年龄从20多岁到50多岁不等。这些公司创始人是否继续或者辞去他们的本职工作并不受经济需要的影响；那些有着较高家庭收入或较高薪水的人，他们辞职成为全职企业家的可能性并不比其他人多或少。调查显示，那些全身心投入于创业的人是充满信心的冒险者。那些一边有自己的本职工作一边创办企业的企业家则更怕冒风险，并且对自己缺乏信心。

如果你同大多数人想的一样，你会认为冒险者有明显的优势。但研究显示却恰恰相反：同那些辞去本职工作的企业家相比，那些继续本职工作的企业家失败的概率要低33%。

如果你不愿冒险，并且对自己想法的可行性存有一些怀疑，你创办的企业很可能会基业长青。但如果你是不计后果的赌徒，你的初创企业则可能更为脆弱。

如同沃比帕克的创建者，那些被排在美国商业杂志《快公司》2015年最具创新力公司榜单前几位的公司创始人，即便在他们的公司成立以后也照样继续做着自己的本职工作。前田径明星菲尔·奈特（Phil Knight，耐克公司创始人）[13]于1964年开始用他的汽车后备厢摆摊起家，销售跑鞋，但一直到1969年，他还一直在从事会计工作。史蒂夫·沃兹尼亚克[14]在发明了第一代苹果电脑之后，于1976年与史蒂夫·乔布斯合作创建了苹果公司，但直到1977年他仍在惠普公司做全职工作。虽然早在1996年，拉里·佩奇（Larry Page）和谢尔盖·布林（Sergey Brin）就琢磨出了应该如何大幅度地改进互联网搜索，但直到1998年他们仍在斯坦福大学继续研究生学习。佩奇说："我们差点没办成谷歌公司，因为我们非常担心完成不了博士研究项目。"1997年，考虑到创建搜索引擎公司使他们无法专心于研究，他们试图以总价不到200万美元的价格将谷歌卖出。幸运的是，潜在买家拒绝了这笔交易。

继续做本职工作这种习惯并不限于成功的企业家。许多有影响力的创新人才即使在从重大项目中获得收入以后，仍继续从事他们的全职工作或学业。电影《塞尔玛游行》（*Selma*）的导演阿娃·杜威内（Ava DuVernay）[15]在拍摄她头3部电影的同时还做着公关的全职工作，在拍片4年并获得许多奖项之后，她才将拍电影作为全职工作。布莱恩·梅（Brian May）开始在新的乐队演奏吉他时还正在攻读天体物理学的博士学位，而且他并没有因此停止学业。几年之后他才全职加入皇后乐队，之后不久他写出了那首*We Will Rock You*。格莱美奖获得者约翰·传奇（John Legend）[16] 2000年发布了第一张专辑，但直到2002年，他仍从事着管理顾问的工作，他白天准备金融模型和幻灯片演示，晚上写歌，周末表演。恐怖小说大师斯蒂芬·金（Stephen King）在写完第一个故事之后的7年时间里曾做过老师、管理员和加油站值班员。他在第一部小说《魔女嘉莉》（Carrie）出版1年之后才辞职。《呆伯特》（*Dilbert*）漫画的创造者斯科特·亚当斯（Scott Adams）在他连载在报纸上的第一部连环画作品大获成功之后，仍然在太平洋贝尔电话公司工作了7年。为什么这些创新者求稳而不是冒风险呢？

为何风险就像股票投资组合

半个世纪之前，密歇根大学心理学家克莱德·库姆斯（Clyde Coombs）提出一个具有创新性的风险理论：在股票市场，如果你决定进行一项风险性投资，那么你就需要谨慎地对待其他投资来保护自己。库姆斯提出，在日常生活中，成功人士对待风险也同样如此，他们在组合中平衡各项风险。当在一个领域铤而走险，我们可以通过在其他领域谨慎行事来降低整体风险水平。如果你打算豪赌一把，那么在开往赌场的路上，你也许会放慢速度，低于限速行驶。

风险组合[17]可以用来说明为何人们通常在生活中的一个方面表现得极富创意，而在其他方面则相当传统。棒球俱乐部总经理布兰奇·瑞基（Branch Rickey）大胆地将杰基·罗宾森（Jackie Robinson）① 带入球场，打破了种族隔离的障碍，但布兰奇在工作日外的周日不去球场，不说任何脏话，也滴酒不沾。T. S. 艾略特的代表作《荒原》（*The Waste Land*）被誉为20世纪最重要的诗歌之一。但在1922年发表之后，艾略特一直在伦敦的一家银行工作到1925年，因为他不想冒任何经济风险。小说家阿道司·赫胥黎（Aldous Huxley）去他的办公室拜访后评论道，艾略特是"所有银行职员中最有银行职员气质的人"。当艾略特最终辞去了这一职务，他仍旧没有自立门户。在之后的40年里，他一直在一家出版社工作，这使他的生活稳定而有条理，在业余时间里他也创作诗歌。正如宝丽来（Polaroid）创始人埃德温·兰德（Edwin Land）所说，"没有人能在一个领域是完全原创的，除非他对于其他领域的态度都是固定的，从而在情感和社会上都有安全感"。

但白天的工作难道不会分散我们做自己最擅长之事的精力吗？常识告诉我们：如果不投入大量时间和精力，创意性的成就很难实现；如果没有集中精力努力工作，公司也不会繁荣昌盛。这些假设忽视了一个平衡的风险组合的重要效益：在一个领域有安全感，使我们能够自由地在另一个领域成为创新者。能够应付基本的生活开销，我们就不会迫于生存压力而去出版半成熟的书，销售拙劣的艺术品，或创办未经考验的公司。皮埃尔·奥米迪亚（Pierre Omidyar）创办亿贝（eBay）时，只是把它当作自己的一个兴

---

① 美国职业棒球大联盟史上第一位非裔美国人球员。——译者注

趣；在之后的 9 个月里他一直干着程序员的工作，直到亿贝的收益超过他的薪水时，他才辞去之前的工作。Endeavor 公司创始人兼 CEO 琳达·罗滕伯格（Linda Rottenberg）数十年来致力于培训世界杰出的企业家，她曾说："最好的企业家并不是那些追逐最大风险的人，而是努力将风险降到最低的人。"[18]

平衡风险组合并不意味着保守持中，不去冒太大风险。相反，成功的创新者在一个领域冒极大风险，在另一领域却极度谨慎从而抵消了风险。萨拉·布雷克里（Sara Blakely）在 27 岁时产生一个新颖的想法——生产无脚连裤袜。当时她只有 5000 美元的储蓄，她冒着极大风险，用所有储蓄进行投资以实现她的这一想法。为了平衡风险，她继续做了两年销售传真机的全职工作，利用晚上和周末时间制作产品原型。为了节约资金，她亲自写专利申请，而不是雇用律师去写。当 Spanx 内衣公司成功创办时，她成为历史上最年轻的白手起家的女性亿万富翁。100 年前，当亨利·福特（Henry Ford）开始构建他的汽车帝国之时，他是爱迪生照明公司的总工程师，这使他有足够的时间和金钱做他自己想做的事情——研究汽车。在发明了化油器技术并在一年后获得专利权之后，他继续在爱迪生照明公司工作了两年。

从哈佛退学创办微软的著名人物比尔·盖茨又是如何呢？当盖茨在大二时售出一个新的软件程序时，他并没有退学，而是等了整整一年才离开学校。即便在那时，他仍没有退学，而是申请了休学，获得了学校的正式批准，而且他的父母给他提供了一笔资金，从而平衡了风险。企业家瑞克·史密斯（Rick Smith）写道："比尔·盖茨根本不是世界上最敢冒风险的人，更准确地说，他也许应该被视为世界上最善于降低风险的人。"[19]

正是这种降低风险的方法造就了沃比帕克的成功。沃比帕克的两位联合创始人尼尔·布卢门撒尔和戴夫·吉尔伯亚（Dave Gilboa）是公司的联席首席执行官。他们拒绝选择一位领袖的传统做法，而是认为有两位领袖更稳妥。的确,事实证明选择联席首席执行官的做法获得了良好的市场反响,并增加了企业的价值。从一开始,他们的第一要务就是降低风险。戴夫说:"我并不想孤注一掷,把一切赌注投在沃比帕克上。"在公司创立之后,他仍在探索其他商业机遇,并在校园里做调查研究,验证他的一些科学发现是否有潜在的商业价值。有了这些后备方案在手,创始人们更加敢于承担风险,将他们的企业建立在一个未被证明的假设之上,即人们愿意在网上购买眼镜。他们不仅承认这一不确定性,还积极采取措施来降低不确定性。尼尔说道:"我们一直在探讨如何来降低风险。整个过程包含一系列的可行性决定和不可行性决定。我们每走一步,都要仔细权衡。"

作为降低风险的一部分,4位创始人上了一个企业家培训班,花了几个月的时间完善他们的商业计划。为了使顾客更加适应不太熟悉的网上预订眼镜的概念,他们决定提供免费退货服务。但在市场调查和焦点小组测试中,他们发现即便提供了退货的承诺,顾客还是对在线购买眼镜这件事犹豫不决。"许多人就是不愿意接受这种方式,这着实让我们质疑创办这家公司的一切前提。"尼尔回想道,"那时我们陷入严重的自我怀疑之中。我们退回到原点,重新思考我们的计划。"

深入讨论了面临的问题之后,创始人们想出一个解决方法:免费家庭试戴计划。顾客可不用支付任何费用预订几副镜架,如果他们不喜欢镜框的样式或材质,只要寄回来就可以。事实上,这比免费退货服务更省成本。如果顾客买了一副配有镜片的镜架,然后又不要了退回来,沃比帕克会损失很多钱,因为每个顾客的镜片度数是不一样的。但是如果顾客只试戴镜架然后把不满意的退回,公司就可以再次使用这些镜架。这种方式让戴夫既有信心又有热情,他说:"等到我们已经为创立公司做好准备,是时候决定是否要全职投入进去时,整件事看起来并没有什么风险。我并没感到做出这个决定有多么艰难。"免费家庭试戴计划是如此受欢迎,以至于沃比帕克不得不在上线后的48小时内暂时中止了这一计划。

创造性毁灭：违背常规的风险

越来越多的证据表明，企业家和其他人一样不喜欢冒风险，虽然很少有人提出这一结论，但事实上许多经济学家、社会学家和心理学家在这一点上已经达成共识。在一项对 800 多位美国人的代表性研究中，企业家和雇员被要求从以下 3 个选项中选择他们倾向于开始创立的企业：

（1）能获得 500 万美元的收益，有 20% 的成功率；
（2）能获得 200 万美元的收益，有 50% 的成功率；
（3）能获得 125 万美元的收益，有 80% 的成功率。

大部分企业家更倾向于选择最后一个选项，也就是最保险的一个。不管收入、财富、年龄、性别、创业经历、婚姻状况、教育水平、家庭大小、对其他公司表现的预期如何，这一结果都成立。作者得出结论，"我们发现企业家比普通大众更倾向于规避风险"[20]。

这些只是企业家们在调查中展现出来的选择偏好，但是当你追踪他们在现实世界的行为时，你会很明显地发现，他们只是避免巨大的风险。经济学家发现，在青少年时期，成功的企业家打破规则、从事违规活动的概率几乎是他们同龄人的 3 倍。然而，当你仔细看看他们涉及的具体行为，你会发现，那些日后成功创办公司的青少年其实只冒了相对较小的风险。当心理学家研究了一批美国双胞胎和瑞典公民之后，他们发现了这一相同的结果。

在所有这 3 项研究中，成为成功企业家的那些人在小时候都有违抗父母、宵禁时仍逗留在外、逃学和饮酒的经历。但他们不大可能会参与风险更大的活动，如酒后驾车、购买毒品或偷窃贵重物品等。无论他们父母的社会经济地位或家庭收入如何，这一结果都成立。

创新者对待风险的态度的确也各有不同。一些人就像从事跳伞运动的极限运动爱好者，一些人则像细菌恐惧症患者那样小心翼翼。要成为创新者，你必须尝试一些新的东西，这就意味着你或多或少要承担一些风险。

离经叛道

但最成功的创新者并不是不看好路就跳的大胆鲁莽的冒失鬼。他们不情愿地小心翼翼地踮着脚走到悬崖边缘，计算好下降速率，再三检查他们的降落伞，并在崖底备好安全网以防万一。正如马尔科姆·格拉德威尔（Malcolm Gladwell）在《纽约客》（*The New Yorker*）中写的："很多企业家承担大量的风险，但这些一般都是失败的企业家，而不是成功的案例。"[21]

是否顾虑社会压力也不是区分创新者与非创新者的标准。根据一项对1.5万余名企业家的60项研究的综合分析，那些很少取悦他人的人成为企业家的概率并不更高，他们公司的业绩也并不更好。在政治上，我们也看到了同样的模式：数百位历史学家、心理学家和政治科学家对美国总统进行了评价，发现那些遵循人民意愿，依照前任惯例而行的总统最没有作为。那些勇于挑战现状，为改善国家命运而进行重大变革的总统则往往被归为最伟大的总统之列。但是这些挑战行为与他们是否打心底里在意公众认可和社会和谐毫不相关。

亚伯拉罕·林肯（Abraham Lincoln）通常被视为是美国最伟大的总统。当专家们根据"取悦别人，避免冲突"这一项对总统进行排序时，林肯得分最高。在内战期间，他一天要花4个小时的办公时间同公民和赦免逃兵见面交谈。在签署《解放奴隶宣言》之前，林肯就是否应该废奴的问题苦恼了半年之久。他对自己是否拥有宪法赋予的解放奴隶的权力存在怀疑，担心这一决定可能会使他失去边境各州的支持，害怕他们会放弃作战，从而使整个国家处于分崩离析的状态之中。

创新并不是一个固定的特征，而是一种自由的选择。林肯并没有与生俱来的创新个性。勇敢应对争议并不是他基因中自带的，而是一种有意识的行为。正如伟大的思想家W. E. B. 杜波依斯（W. E. B. DuBois）写的："他是你们中的一个，但他成了亚伯拉罕·林肯。"

通常，在我们的工作和生活中缺少控制的可能性。几年前，谷歌邀请耶鲁大学著名教授艾米·瑞兹尼沃斯基（Amy Wrzesniewski）来帮助销售

创造性毁灭：违背常规的风险

人员和行政人员提升他们的工作幸福感，因为在谷歌，这些岗位上的员工并不像工程师一样拥有很高的自由度、地位，或很酷的项目。我参与了这一项目，于是瑞兹尼沃斯基教授、我以及另一合作者贾斯汀·伯格（Justin Berg）3人一同前往加州、纽约、都柏林和伦敦的谷歌公司寻找解决方案。

许多员工对谷歌的忠诚度是如此之高，以至于他们认为自己的工作是不能被改变的。在他们看来，他们的任务和交互就像石膏一样被固定好了，所以他们并没有想过要调整这些工作。

为了打破他们的思维定式，我们同珍妮弗·克罗斯基（Jennifer Kurkoski）和布莱恩·韦勒（Brian Welle）这两位负责谷歌人力分析工作的创新者合作，推出了一个由数百位员工参与的工作坊。我们向员工介绍了一个概念，即工作不是静态的雕塑，而是灵活的积木。我们向他们列举了一些榜样人物，这些人成了自己本职工作的建筑师，他们对工作任务和人际关系进行调整，以使它们与自己的兴趣、技能和价值观更一致，比如：一个极富想象力的销售人员自告奋勇设计了一个新的标识，一个热情直率的财务分析师用视频同客户进行聊天，而不是使用电子邮件。接着，我们鼓励参与者用一种陌生的方式去审视自己熟悉的工作，即vuja de。于是他们开始对自身角色有了新的愿景，这一愿景更为理想，但仍然符合实际。

管理层和负责项目的几位同事分别在工作坊开始之前和结束之后的数周内对每个员工的幸福感和工作业绩进行了评估。整个工作坊会议只持续了90分钟，所以我们不确定这是否足以对员工们产生影响。但是6周之后，那些将工作视为灵活可变的员工们，他们的幸福感和工作业绩大幅提升。在认真思考如何调整他们的工作之后，他们采取了实际行动对本职工作加以改进。在那些没有参加过工作坊的对照组员工中，他们的幸福感和工作业绩没有表现出任何变化。当我们又增加了一项新内容，鼓励员工将自己的技能也视为灵活可变的，在至少6个月时间内，他们的幸福感和工作业绩因此得到了提升。他们不仅仅利用现有的才能，还主动去培养新的能力，

离经叛道

使他们能够将本职工作变得新颖而有个性。这样一来，与他们的同事相比，他们获得晋升或调到一个理想岗位的可能性就高了70%。由于他们不满足于做一成不变的工作并不断提升他们的技能，他们变得更快乐、更高效，并使自身能够胜任更适合他们的角色。他们逐渐意识到，他们面对的很多局限其实是自己造成的。

*

至此，我们已经发现成功的创新者往往会质疑默认的常规并平衡风险组合，接下来，本书将说明如何才能推进创新想法。作为沃顿商学院的一名组织心理学家，我用了10多年的时间研究如何培育创新精神，并对广泛领域进行了研究，其中包括技术公司、银行、学校、医院和政府等。我也筛选出了我们这个时代最杰出的创新者，希望在本书中与大家分享他们的智慧，从而使我们都可以变得更有创新精神，并且不影响我们的人际关系、声誉和职业。我希望我的发现将能帮助人们在离经叛道的路途上鼓起勇气，用对策略——并给领导人提供一些必要的洞见，让他们明白如何在团队和组织中培育出鼓励创新的文化氛围。

我会讲述一些在商业、政治、体育、娱乐等诸多领域中令人惊讶的研究结果和故事，指出阻碍进步的壁垒，以及孕育创新、道德反叛和组织变革的种子。本书的第一部分侧重于谈论如何在形成、识别、表达创新想法的过程中管控风险。我们知道，新的想法充满了不确定性，但强有力的证据表明，我们可以提升甄别优劣的技能，从而避免将赌注下在那些糟糕的想法上。接着，一旦你发现了一个非常有前景的想法，下一步就是有效的沟通。我会就如何表达观点分享一些最佳做法，对如何挑选信息和听众提供建议，从而让你能得到更多的倾听而非惩罚。在这个过程中，我会写到为什么有些最流行的电视节目险些没有被播放，为什么一位企业家会在推销他的初创企业时突出风投不对他投资的理由,一位中央情报局分析师又是如何说服情报界信息分享更加开放的,以及一位苹果公司的女员工如何成功挑战了史蒂夫·乔布斯。

本书的第二部分涉及我们在推进创新想法时所做的选择。首先我想谈谈时机选择的困境:事实上,你要警惕做一个抢占先机的人,因为通常早比晚要冒更大的风险。出乎意料的是,一些最伟大的创新成就和变革举措居然与拖延有关,延缓和拖延的倾向可以帮助企业基业长青,帮助领导者汇聚变革的力量,让创新者得以保持创新精神。然后,我会讨论建立联盟面临的挑战,研究如何为创新性想法寻求支持,减少排斥。妇女选举权运动背后的无名英雄将说明为什么同敌人结盟比同"友敌"结盟更好,为什么共同的价值观会造成分裂而非团结。一位向公司雇员隐藏公司使命的公司创始人和一位改变迪士尼动画电影方向的好莱坞导演将向我们展示如何通过平衡理想与现实,并在新事物中融入熟悉的事物来招募合作者。

本书的第三部分将写到如何在家庭和职场上释放和保持创新精神。我将讨论如何培育儿童的创新精神,思考父母、兄弟姐妹和榜样人物可以如何引导孩子们的反叛精神。你会看到为什么职业棒球选手的盗垒数可以由他们在兄弟姐妹中的排行来预测,为什么美国历史上最有创新力的喜剧演员都拥有相似的家庭背景,为什么那些冒着生命危险在大屠杀中英勇救援犹太人的人,从小都从父母那里受到了类似的纪律要求,以及为什么一个国家的创新力和经济增长率可以追溯到大人给小孩读的书籍。从这些例子中,我进一步思考为什么有一些公司文化会演变成狂热崇拜的文化,以及领导者可以如何鼓励异见,让创新思想得以星火燎原。你会从许多人物身上得到启发:一位身家过亿的金融奇才总是辞退那些不敢质疑他的员工,一位努力传播其智慧成果的发明家以及一位在哥伦比亚号航天飞机爆炸后帮助美国宇航局打破沉默的专家。

最后,我将对阻碍我们追求创新的情绪因素进行思考。你将从一群

离经叛道

二十几岁的年轻人推翻暴君的故事和一个通过在北极游泳来应对气候变化问题的律师身上获得克服恐惧和冷漠的洞见。他们的例子生动地表明,冷静下来并不是管控焦虑的最好办法;当我们生气时,发泄会产生相反结果;悲观有时比乐观更能带来动力。

最终,那些选择离经叛道的人才是推动人类社会向前的人。多年来,我一直在研究这些人,与他们交流。令我最震惊的是,他们在创新道路上的心路历程与我们普通人并没有什么不同。和我们一样,他们也会产生恐惧,也会心存疑虑。他们之所以会与众不同,正是因为即便如此,他们仍旧不顾一切地采取行动。内心深处,他们清楚,不去尝试比尝试后失败更让他们感到遗憾。

ORIGINALS

第二章

盲目的发明家与目光狭隘的投资者：识别原创想法的艺术和科学

ORIGINALS

创新就是允许自己犯错。艺术就是知道该如何取舍。[22]

——斯科特·亚当斯（Scott Adams）

盲目的发明家与目光狭隘的投资者：识别原创想法的艺术和科学

在世纪之交，一项发明给硅谷带来一场风暴。史蒂夫·乔布斯称这是自个人计算机以来最惊人的一项技术。乔布斯对这一发明原型十分着迷，向发明者提供了6300万美元的投资。由于发明者拒绝了这一交易，乔布斯做了一件让人出乎意料的事情：他提出为发明者在接下来的6个月内提供免费咨询服务。亚马逊创始人杰夫·贝索斯（Jeff Bezos）看了一眼产品，也立即参与了进来，他告诉这位发明者："你有这样一件极具革命性的产品，卖掉它绝不会有任何问题。"颇具传奇色彩、曾成功投资谷歌和其他许多蓝筹初创公司的风险投资家约翰·杜尔（John Doerr）向这家公司投资了8000万美元，他预计它将以最快速度发展成市值10亿美元的公司，并且"它将变得比互联网更为重要"。

发明者本人被称为现代版的托马斯·爱迪生（Thomas Edison），他的发明已经带来了很多重大突破。他的便携式透析机被评为当年的年度最佳医疗产品，他的便携式药物输液泵减少了患者被困在医院的时间，他的血管支架连接到了副总统切尼的心脏中。他已经积累了数百项专利，并从总统比尔·克林顿（Bill Clinton）手中接过了代表美国最高荣誉的发明奖项——国家技术奖章。

这位发明者预计，在一年之内，这项新产品的销量会达到每周1万台。但6年之后，他总共只卖出了约3万台。十几年后，该公司仍旧没有实现盈利。这一发明本应该改变我们的生活和城市，但如今它只拥有很小的市场。

这项产品就是赛格威电动平衡车（Segway），它是供个人使用的具有自我平衡能力的交通工具，被《时代周刊》列为过去10年来十大失败科技产品之一。"作为投资项目，赛格威是失败的，这点毫无疑问，"[23]杜尔在2013年承认道："我对赛格威做了一些非常大胆的预测，但它们是错的。"为何有精明商业头脑的投资家们会纷纷判断失误？

几年前，两名艺人聚在一起创作一部90分钟的电视特辑。他们没有为媒体写剧本的经验，并且很快就用尽了素材，因此他们改变了原来的理念，

离经叛道

将作品改成一部每周半小时的剧集。他们提交了剧本,但大部分电视台主管并不喜欢,或者感到摸不着头脑。其中一位出演该作品的演员将其形容为"惊人的混乱"。

试播集拍完之后,这部剧将接受观众的检验。100 名观众聚集在洛杉矶讨论节目的长处和短处,他们认为这部剧非常令人沮丧,极其失败。一位观众直言不讳地说:"主角就是个失败者,这家伙有什么值得看的?"之后,这部剧集又在 4 个不同城市向大约 600 名观众播放,最后得出的结论是:没有任何区域的观众想要再次观看这部剧。这部作品的评价很不理想。

试播集勉强通过之后,剧集在电视台正式播出,正如预期的那样,收视率并不高。由于收视率不高并且观众持消极态度,该剧理应被砍掉。但一位主管极力鼓动,希望再创作出 4 集。新创作出的 4 集直到试播之后近一年才正式播出,并且再一次的,它们还是没能赢得忠实粉丝。即将播完时,电视台又订购了半个季的剧本来替代一部被取消的剧集,但那时这部作品的创作者之一已经打算放弃了:他没有任何更多的创意了。

还好他后来改变了主意。在接下来的 10 年里,该剧稳居尼尔森收视率排行榜榜首,并为电视台带来了超过 10 亿美元的收入。它成了美国最受欢迎的电视剧,《电视指南》(*TV Guide*)将它称为有史以来最伟大的节目。

如果你曾经抱怨过一个人是"close talker"(说话令人不自在的人),曾经指责过一个参加聚会的人"double-dipping a chip"(将吃了一半的土豆片重复蘸到酱里),并说过"not that there's anything wrong with that"(那没有什么不妥之处)这样的免责声明,或者拒绝别人时说了"no soup for you"(没有你的汤),那么你正在使用该剧创造出的短语。但为什么电视台主管这么不看好《宋飞正传》(*Seinfeld*)呢?

当我们哀叹这个世界缺乏创新时,我们把它归咎于创造力的缺乏。我们总认为如果人们能产生更多新奇的想法,那么我们会过得远远好于现在。但现实是,创新精神的最大障碍并不是没有新想法的产生,而是没有对新

盲目的发明家与目光狭隘的投资者：识别原创想法的艺术和科学

想法做出正确的选择。一项调查显示，当200余名被测试者为新公司和新产品想出了超过1000个点子时，其中87%的点子是完全独创的。我们的公司、社区和国家从不缺少新奇的想法。它们缺少的是善于选对创新想法的人。赛格威是个错误的乐观预测：根据预测，它会带来轰动，但结果它却与成功失之交臂。《宋飞正传》是个错误的悲观预测：人们预计它会失败，但最终却大获成功。

在这一章中，我想谈一谈人们在选择不同想法的过程中会遇到哪些障碍，以及怎样做才能选对想法。为弄清我们如何才能减少预测失误，我挑选出了一群技艺高超的预言家，他们懂得如何避免错误的乐观预测和悲观预测。其中有两位风险投资家曾预测到赛格威会失败；还有一位是美国全国广播公司（NBC）的主管，他甚至没有喜剧方面的工作经验，但他如此热衷于《宋飞正传》的试播集，以至于自己承担风险去赞助这部剧的播出。传统智慧教导我们，在评估一个想法时，要对比感性直觉和理性分析的相对重要性，并且想法提出者的热情程度十分重要，但是这群预言家的做法对传统智慧提出了质疑。通过他们的例子，你会明白为什么主管和参与测试者很难准确地评估新的想法，以及我们如何才能更好地做出决策。

在创意的钢丝绳上漫步

赛格威的发明者迪恩·卡门（Dean Kamen）是一位技术高手，他的衣柜里只有一套衣服：牛仔衬衫、牛仔裤和工作靴。当我让风险投资家形容一下卡门，他们最常见的回答是"蝙蝠侠"。16岁时，他主动重新设计了一款博物馆照明系统，并说服馆长在博物馆内进行了安装试用。在20世纪70年代，他发明了药物输液泵，并因此获得了一大笔收入：他买了一台喷气式飞机和直升机，在新罕布什尔州建了一幢大厦，里面配有一个加工车间、一个电子实验室和一个棒球场。在20世纪80年代，他发明的便携式透析机也获得了巨大的成功。

在20世纪90年代，卡门设计了iBot，一款可以爬楼梯的轮椅。他认识到这项技术可以有更广泛的应用，便召集了一个团队来帮助创造赛格威。他的目标是建立一个安全、节能的运载工具，可以避免污染环境，帮助人们在拥堵的城市中行驶。小型、轻便且具有自我平衡能力，这些特点使得赛格威对于邮递员、警察和高尔夫球手来说是极好的装备。此外，它还有变革当前交通运输方式的潜力。赛格威是卡门创造的最非凡的技术作品，卡门预言赛格威"之于轿车，会像当年的轿车之于马车一样"。

但创造者能够客观判断自己的想法吗？我的学生贾斯汀·伯格如今已是斯坦福大学的教授，他年轻而才华横溢，花了许多年来研究这个问题。伯格擅长创造性预测，这是一门预测新想法未来是否会成功的艺术。在一项研究中，他向不同人群展示各种马戏表演的视频，并让他们预测每个表演者的受欢迎程度。包括太阳马戏团（有加拿大"国宝"之称的表演团体）在内的剧团艺术家们也对自己视频的受欢迎程度进行了预测。最后，各位马戏团主管也观看了视频，并写下了预测。

为了验证各组被测试者的预测准确性，伯格接着通过追踪记录有多少观众喜欢、分享和投资这些视频来衡量每场演出的实际成功率。他邀请了1.3万人来给视频排名；他们有机会通过脸书（Facebook）、推特（Twitter）、谷歌和电子邮件将视频进行分享，并由此获得10美分的奖金，这笔奖金可以用来捐赠给表演者。

创作者对于观众是否会喜欢他们的表演，判断得十分糟糕。平均而言，在将自己的表演视频同其他9个马戏团艺术家们的表演视频进行排名时，他们会把自己的排名排高两位。主管们的评判则更现实：他们与表演本身不直接相关，这使得他们的评判更中立。

社会科学家们早就发现，当我们自己评价自己时会倾向于过于自信。以下是他们研究成果中的一些亮点。

盲目的发明家与目光狭隘的投资者：识别原创想法的艺术和科学

■ 高中生：70%的受访者认为他们有"高于平均水平"的领导能力，只有2%的人认为自己的领导能力"低于平均水平"；在被问及"与人相处的能力"如何时，25%的人将自己排在前1%，而60%的人将自己排在前10%。

■ 大学教授：94%的人认为自己是在做高于平均水平的工作。

■ 工程师：在两家不同的公司中，分别有32%和42%的人认为自己的表现跻身行业前5%。

■ 企业家[24]：当3000个小企业主对同类公司的成功概率进行排名时，平均而言，他们给自己的企业打8.1分（总分10分），但对于同类的其他企业，只打5.9分。

＊

过分自信在创新性领域可能是一种特别难以克服的认知偏差。当你有了一个新想法时，从定义来看，它自然是独特的，因此你可以忽略之前所有旧想法得到的反馈。你相信，即便以前的想法都已经化为泡影，这次也会有所不同。

当我们产生一种想法时，我们通常离自己的口味太近，离观众的口味太远，从而无法准确地评价我们的想法。我们因为有了重大发现和突破而感到欣喜若狂。套用一句长期担任NBC娱乐总裁的布兰登·塔迪考夫（Brandon Tartikoff）经常提醒其制片人的话："没有人会带着他们认为不好的想法走进来。"从某种程度上说，企业家和发明家不得不对自身想法的成功概率过于自信，否则他们就不会有动力和热情去实现它们。但是，即使他们了解了观众的实际喜好，他们也会很轻易地掉入心理学家所说的"确认偏误"（confirmation bias）①的陷阱：他们倾向于关注自身想法的优势所在，

---

① 确认偏误是指个人选择性地回忆、搜寻、解读有利于自身观点或猜想的信息，忽略不利的信息。——译者注

忽略、低估或淡化想法中存在的局限性。

心理学家迪恩·西蒙顿（Dean Simonton）对创意生产力有多年研究，他发现即使是天才也很难发现他们手握轰动性的成果。在音乐界，贝多芬以敏锐的自我批评而闻名，但西蒙顿指出："贝多芬最满意的那些交响乐、奏鸣曲和四重奏并不是后人经常演奏和刻录的那些曲子。"[25]在一项分析中，心理学家亚伦·柯兹贝尔特（Aaron Kozbelt）仔细研究了贝多芬的信件，信中有关于他对自己70部作品的评价。他接着将这些评价同当代专家对贝多芬作品的评价进行了比较。在70部作品中，有15部贝多芬犯了乐观评价的错误——那些他期待会成为经典的大作最终并不出名；只有8部被错误地低估了，这8部被他自己批评的作品日后却收获了极高的评价。尽管事实上贝多芬做的许多评价是在收到听众的反馈之后才做出的，但他的判断还是出现了33%的错误率。

如果创作者能够意识到自己正在创造一项杰作，他们的作品只会更好：既然已经挖到了金子，他们就不会把精力花在想出更多的新想法上。但西蒙顿一次又一次地发现，在现实中创作者们会原路返回，重拾他们此前因为觉得不够好而放弃的事情。在贝多芬创作其最著名的作品《第五交响曲》（*The Fifth Symphony*，又称《命运交响曲》）时一开始认为第一乐章太短，但好在后来他又用回了第一乐章。假如贝多芬能够区分卓越和平凡，那么一开始他就会意识到这是一部杰作。当毕加索为反对法西斯主义而创作著名作品《格尔尼卡》（*Guernica*）时，他创作了79幅不同的草稿。最终，这幅画作中的许多形象是基于他早期的草稿，而不是基于后来的衍生品创作的。"之后的草稿显示出艺术家走进了'死胡同'[26]，而他事先并不知道自己走上了错误的轨道。"西蒙顿解释说。如果毕加索在创作的过程中就能做出准确的判断，他会统一用"更暖的色调"，采用后期创作的草稿。但在现实中，他用了如今已为我们熟知的"冷色调"。

盲目的发明家与目光狭隘的投资者：识别原创想法的艺术和科学

亲吻青蛙

如果创新者本人对他们自身想法做出的评判并不可靠，那他们怎样才能提高创作出杰作的概率呢？答案是：他们想出大量的创意。西蒙顿发现，平均而言，创意天才在他们所在领域的作品并不比同行的作品质量更好，他们只是有大量的想法罢了。这给他们更多的变化，更高的获得独创性的机会。"一个人能想出有影响力的成功创意的概率，"西蒙顿指出，"同他想出的创意总数成正比。"

想想莎士比亚：我们对他的一小部分经典作品耳熟能详，但却忘记了在20年中，他创作了37部戏剧和154首十四行诗。西蒙顿通过计算人们多久看一次某部戏剧以及专家和评论家对该剧的好评程度，追踪莎士比亚各部戏剧的受欢迎程度。在5年时间里，莎士比亚创作出了他最受欢迎：5部作品中的3部：《麦克白》(*Macbeth*)、《李尔王》(*King Lear*)和《奥赛罗》(*Othello*)。同时他还创作出了相对一般的作品《雅典的泰门》(*Timon of Athens*)和《皆大欢喜》(*All's Well That Ends Well*)，这两部作品都被认为是莎翁最糟糕的戏剧，并总是被批评为单调乏味，情节和人物发展不完整。

纵观各个领域，即使是最杰出的创造者，通常也有大量作品严格来说是优秀的，但在专家和观众看来并不起眼。伦敦爱乐乐团选出的50部最伟大的古典音乐中，其中有6部是莫扎特的作品，5部是贝多芬的作品，3部是巴赫的作品。为了创造出大量杰作，莫扎特在他35岁去世前创作了超过600部作品，贝多芬在一生中创作了650部，巴赫写了超过1000部。在对1.5万部古典音乐作品的研究中，作曲家在任意5年时间内创作的曲目越多，产生惊世杰作的概率就越大。

毕加索的全部作品包括1800幅油画、1200件雕塑、2800件瓷器、1.2万张图纸，更不用说大量的版画、地毯和挂毯了，但其中只有一小部分赢得了一致好评。在诗歌领域，当我们在背诵玛雅·安吉罗（Maya

离经叛道

Angelou)的经典诗歌《我仍将奋起》(*Still I Rise*)时,我们往往忘记了她写的其他165首诗;我们记得她动人的回忆录《我知道为什么笼中的鸟唱歌》(*I Know Why the Caged Bird Sings*),但并不怎么重视她写的其他6部自传。在科学领域,爱因斯坦发表了改变物理学的广义相对论和狭义相对论,但在他248部出版物中,许多作品的影响力很小。

西蒙顿的报告显示,在各个领域,最多产的人不仅最富有创新精神,而且他们最具原创力的作品也诞生于他们最多产的人生阶段。[1]30至35岁之间,爱迪生发明了电灯泡、留声机、碳晶话筒。但在此期间,他还申请了超过100项其他专利发明,如模具笔、水果保鲜技术、磁铁采矿技术,他甚至还设计了一个令人毛骨悚然的会说话的娃娃。"那些不起眼的发明往往与最重要的作品出现在同一个时期,"西蒙顿说,"爱迪生尽管拥有1093项专利,但真正最杰出的革命性成就大概也是屈指可数。"

人们普遍认为,数量和质量二者不可共存,如果你想把工作做得更好,你必须做得精,但事实证明这是错误的。事实上,当涉及想法的产生,数量是对质量最可预测的因素。斯坦福大学教授罗伯特·萨顿(Robert Sutton)指出:"创新性思想家会想出很多创意,有些是奇怪的各种变体,有些是死胡同,甚至有些是彻底的失败。但付出这些代价是值得的,因为他们也同时提出了更多可利用的想法,尤其是创新性的想法。"[27]

很多人无法实现创新,是因为他们只有一些想法,然后就执迷于将它们炼成完美。在Upworthy(全球增速最快的网络媒体),这家致力于让好内容像病毒一样传播的公司,两组不同的职员为同一部视频拟了两个标题,

---

[1] 这也是为什么相较于女性,男性似乎拥有更多具有影响力的创新成就。从历史上看,许多有创造性的职业并不对女性开放。女性往往是全职主妇,待在家里照顾孩子。男性因此比女性拥有更大的产出,这使他们实现创新的概率更高。如今,男女机遇更趋于平等,这些性别差异在创新产品中消失,甚至产生了逆转的迹象。伯格发现,平均来说,女性对创造性产品的预测比男性更准确:她们对新想法持更加开放的态度,从而使她们更不容易做出错误的负面预测。——作者注

视频记录了猴子们在收到黄瓜或葡萄作为奖励时的反应。当视频的标题被定为"还记得《人猿星球》(Planet of Apes)吗？它比你想象得更真实"时，有8000人观看了视频。但是另一个标题却招来了近59倍的浏览量，差不多有50万人观看了同一部视频，这个标题是"两只猴子受到了不一样的待遇，看看接下来会发生什么"。Upworthy的宗旨是，想要得到一个好标题，你得至少先想出25个。以往的研究表明，大师们确实有时候会在创意过程早期就想出新颖的点子。但对于我们大多数人来说，我们最初的想法往往是最传统的，换言之，是最接近于现存的默认常规的。只有当我们排除了那些显而易见的想法，我们才会拥有最大的自由度去思考更遥远的可能性。"一旦你开始感到绝望，你就会跳出框框去思考，"Upworthy的团队写道，"第24个标题仍旧糟透了，接着第25个标题来了，仿佛它是标题之神赐给你的，它会让你成为传奇。"

在创造赛格威的过程中，迪恩·卡门意识到了创意过程中盲目的变化。他拥有超过440项专利，他有很多失误，也有很多成功。他经常告诉他的团队："在发现你的王子之前，你得亲吻无数只青蛙。"事实上，亲吻青蛙被他奉为圭臬：他鼓励他的工程师们尝试许多变化，以增加他们获得成功的概率。但在赛格威的研发上，他未曾探索其他可以解决运输问题的方案，而是一心全扑在了赛格威身上。他忽视了一个事实，那就是创造者往往难以评估自己的作品到底是青蛙还是王子。

要想提高对自身想法的判断能力，最好的办法是收集反馈意见。把很多想法摆在面前，看看哪些想法能够得到目标受众的赞扬和接受。《每日秀》(The Daily Show，美国著名电视节目)的联合创作者利兹·温斯特德(Lizz Winstead)从事喜剧创作已有几十年，但她坦言她仍然不知道什么会让人们发笑。她回忆说，她"拼命试图找出段子，写出来，并在舞台上对它们进行尝试"，有的一般，有的则带来轰动。如今，随着社交媒体的普及，她可以获得更迅速的反馈。当她想到一个段子，就把它发到推特上；当她想出

离经叛道

一个长一点的段子,就发到脸书上。如果她不到一分钟就收到了25条回复,或者看到大量的脸书好友进行分享,她就会保留这个段子。在一天结束时,她收获了经过验证的、最受观众欢迎的素材。"推特和脸书给了我极大的帮助,让我得以了解人们关心什么。"温斯特德解释道。

在研发赛格威时,迪恩·卡门并没有敞开获得反馈的大门。他担心有人会剽窃他的想法,或担心重要的概念太快公之于众,所以他制定了严格的保密细则。他自己的许多员工都不准进入研发赛格威的区域,只有一群潜在的精英投资者有机会试用一下。在构建赛格威时,他的团队集思广益,想出了一系列的想法,但没有从客户那里获得足够的反馈,从而无法对最终的产品做出正确选择。① 对自己的想法深信不疑是危险的,不仅因为它会让我们深受盲目乐观之苦,还因为它会阻碍我们获取必要的多样性观点,使我们无法到达创造力的顶峰。

但是,卡门和他的团队并不是唯一对赛格威过于乐观的人。史蒂夫·乔布斯、杰夫·贝索斯、约翰·杜尔,这些大师的判断又错在了哪里呢? 为了找到答案,让我们先来看看为什么许多主管和测试观众没有看到《宋飞正传》的潜力。

原型的囚徒和目光狭隘的偏好

当第一集《宋飞正传》的剧本被提交时,主管们不知道该如何处理。"这是完全非传统的,"NBC高管沃伦·利特菲尔德(Warren Littlefield)说,"它似乎与电视上播出的其他节目完全不同,没有任何先例。"

---

① 这里的教训是不要问客户他们想要什么。正如亨利·福特(Henry Ford)的名言:"如果我问我的顾客他们想要什么,他们会要一匹更快的马。"相反,创新者应该制造一辆车,看看顾客是否愿意开它。这意味着要确定潜在需求,设计《精益创业》一书作者埃里克·里斯(Eric Ries)所谓的最小可行产品,测试不同版本,并收集反馈。——作者注

盲目的发明家与目光狭隘的投资者:识别原创想法的艺术和科学

在贾斯汀·伯格对马戏团表演的研究中,他发现尽管马戏团主管比艺术家预测得更准确,但他们的预测仍然不够准确,特别是在判断最具创意的独特表演时,主管往往过于规避风险:他们关注的是投资糟糕想法会付出的代价,而不是尝试优秀表演可能获得的收益,这就导致他们做出大量错误的负面预测。为《宋飞正传》试播集写初步报告的人认为,它处于"弱"和"普通"之间。他倾向于给出"普通"的等级,但他的上司否决了,认为这部剧应该被评为"弱"。

这些错误的负面预测在娱乐业十分普遍。工作室高管误判了很多大片,例如《星球大战》(Star Wars)、《外星人 E. T.》(E. T.)、《低俗小说》(Pulp Fiction)。在出版业,出版商曾拒绝过《纳尼亚传奇》(The Chronicles of Narnia)、《安妮日记》(The Diary of Anne Frank)、《飘》(Gone with the Wind)、《蝇王》(The Lord of the Flies) 和《哈利·波特》(Harry Potter)。截至 2015 年,仅 J.K. 罗琳 (J. K. Rowling) 一人的书就带来了 250 亿美元的收入,超过爱沙尼亚整个国家的 GDP。而在企业创新的史册中,许多主管都曾要求其员工停止那些最终引发了巨大轰动的项目,例如:日亚公司(Nichia) 的 LED 灯,庞蒂亚克(Pontiac) 的 Fiero 车,惠普的静电显示器,家用电视游戏机 Xbox 险些被埋没在微软,复印技术的发明者施乐公司(Xerox) 也差点因为昂贵和不实际而取消了激光打印机的发明。

当我们面对不确定性时,我们的第一反应往往是拒绝创新[28],倾向于认为不熟悉的概念会招致失败。当管理者仔细检测新奇的想法时,他们抱着评价的心态。为了保护自己免受糟糕预测带来的风险,他们将新概念放上台面,同过去已经获得成功的想法进行比较。当出版集团的高管对《哈利·波特》进行评估时,他们认为作为一本儿童读物,这本书的篇幅过长;当 NBC 负责人布兰登·塔迪考夫看到了《宋飞正传》的试播集时,他认为这部剧"太犹太人化"和"太纽约化",不能吸引广泛的观众群体。

莱斯大学教授埃里克·戴恩 (Erik Dane) 认为,人们获得越多的专业

离经叛道

知识和经验,他们观察世界所用的某种方式就变得越发根深蒂固。[29]他指出,研究显示,当桥牌规则被改成由拥有最小牌的玩家先出牌,而不是拥有最大牌的玩家先出牌,专业的桥牌选手表现得比新手更难适应;在使用取消了旧规定的新税法时,专业会计师比新手做得更糟糕。随着我们对某一领域的知识增多,我们也成了自己头脑中原型的囚徒。

理论上来说,观众对于创新理应比主管的心态更加开放。他们不受专业知识的束缚,而且在考虑新形式、对不同寻常的想法表达热情时也不需要冒什么风险。但在实际情况中,贾斯汀·伯格发现,参加测试的观众并不比主管们更善于预测新想法是否会成功:焦点小组也犯了同主管一样的错误。

当你在自家客厅中观看节目时,你被故事情节吸引。如果你发现自己在整个过程中止不住大笑,你将最终认为这个节目很有趣。但如果你在焦点测试中观看节目,你观看的方式会发生改变。你非常清楚你来这里的目的是进行评估,而不是体验它,因此从一开始你就在进行评判。由于你试图弄清人们是否会看它,你自然而然会带着固有观念去考虑这类剧应该是什么样子。当测试观众观看了《宋飞正传》的试播集,他们认为它缺乏《干杯酒吧》(*Cheers*)的社群性、《考斯比一家》(*The Cosby Show*)的家庭动态和《家有阿福》(*ALF*)的可信赖度。因为这部作品没有其他成功作品的任何特质,所以人们很容易就能列举出它的种种瑕疵。

"事实上,大多数试播集的测试结果并不好,"沃伦·利特菲尔德指出,"因为观众对于新的或不同想法的回应并不好。"观众没有足够的经验:他们根本没见过不少落在了剪辑室地板上的新颖想法。喜剧演员保罗·雷瑟(Paul Reiser)说:"《宋飞正传》的试播测试应该终结所有关于测试的讨论,永远终结。请不要告诉我,我的节目的生死权掌握在测评室的20个人手中。在我参加的所有试播测试中,没有一次是有用的。"

所以,无论测试观众还是主管,他们都不是创新想法理想的评判人。

盲目的发明家与目光狭隘的投资者：识别原创想法的艺术和科学

他们太容易做出错误的负面预测；他们过分关注拒绝想法的理由，并且太坚持新想法应靠近现有的成功原型。我们已经看到创造者也很难正确预测自己的作品，因为他们太看好自己的想法。然而的确有一类预测者可以做出近乎准确的预测，那就是同行之间相互评判彼此的想法。在伯格关于马戏团表演的研究中，对于表演是否会被喜欢、分享和投资，最准确的预测正是同行间的评价。

当艺术家评估彼此的表演时，他们的预测准确率是主管和测试观众的两倍。相比创作者，主管和测试观众做出错误负面预测的概率分别要高56%和55%，后两者往往会低估新颖而强有力的表演，在排位上将这类表演排低了5位甚至5位以上。

我们常常谈到群体智慧，但我们需要小心我们指的是哪一部分群体。平均而言，120位主管加在一起的预测并不比一位创作者的预测更准确。主管和测试观众倾向于关注某一类受欢迎的表演，而将其他类型排除在外。创作者则对不同种类的表演持更加开放的态度，他们能够在做空中和地面杂技的同行中看到潜力，也能够在技艺娴熟的杂耍和默剧中发现潜力。①

与其试图评估自身的原创想法或向主管寻求反馈意见，我们应该更多地寻求同事的意见。因为我们的同事不像主管和测试观众那样想着规避风险；他们思想开放，能看到不同寻常的可能性中的潜力，这就可以防止错误的负面预测。与此同时，他们并没有对我们的想法有特别的贡献，这就给他们足够的距离提供一个诚实的评估，防止错误的乐观主义。

这一论据有助于解释为什么很多演员享受观众的认可，但更渴望获得同行的欣赏。喜剧演员常说，最高的荣誉奖章是让其他喜剧演员大笑；魔术师喜欢让观众感到迷惑，但他们更追求将同行难住。人们通常将这种偏好解释为对地位的追求：我们渴望获得同行的认可，因为我们把他们视为与自

---

① 主管、测试观众和创作者普遍不喜欢一类马戏表演——小丑。《宋飞正传》有一集的故事正是围绕着小丑激起成年人和儿童内心深处的恐惧，这并非巧合。

离经叛道

己相似的人。但伯格的研究表明,我们希望获得同行的好评也是由于他们可以提供最可靠的判断。

当我们评价同行的想法时,我们以创造者的思维方式进行思考,从而可以更好地避免错误的负面预测。在一系列的实验中,伯格让1000名成人对市场中不同种类的创新产品在市场中可能获得成功的概率做出预测。有些是比较实用的发明,例如三维图像投影仪、模拟大地的地板系统、铺床机器人。其他一些产品则不太实用,例如防止蚂蚁破坏野餐的电气化桌布。还有一些是有着不同实用程度的传统想法,例如可用于微波炉的便携式容器和毛巾免提系统等。

伯格希望人们能够更准确地对既创新又实用的想法进行排名,而不是由于偏爱传统想法而做出错误的负面预测,或对那些创新但无实用价值的想法做出错误的乐观预测。他随机指定一半的参与者采用管理者的思维方式去思考,怎么做呢?那就是让这一半参与者先花6分钟时间列出评判新产品成功与否的三大标准。该小组随后对实用型创新想法的正确预测率是51%。第二组参与者做出的预测更准确,他们选出最有前途的新想法的正确率超过77%。他们之所以拥有更高的准确率,正在于他们在最初6分钟内所做的事情不同:面对要评估的想法,他们没有采用主管式的思维定式,而是进行创造性思考,自己先想出一些创新想法。仅仅6分钟的创新性思考就能使他们更容易接受创新,从而让他们提升更能发现不寻常事物的潜力。

从这些发现中,你可能会得出结论,认为只要确保主管有一些创造者那样的经验,我们就可以提高主管对创新想法的选择能力。但从伯格马戏团实验得出的数据来看,之前有过艺术家经历的主管并不比普通的主管做出的评价更准确;纯粹的艺术家仍然是最好的预测者。一旦你担任了管理者的角色,你就很难避免评价性心态,从而做出错误的负面预测。伯格在一项实验中证明了这一点。他要求被测试者先想出一些产品创意,然后再列出评判标准,接着他让实际用户来衡量这些创意成功与否。先像创造者一样思考,然后再扮演管理者的方式使被测试者的预测准确度降低至41%。当伯格颠倒顺序,让他们先扮演管理者,再像创造者一样思考,他们的正确率就上升到了65%。如果我们想要提高成功预测创新性想法的准确度,我们必须在审视他人的想法之前自己先想出一些创意。而这一点,恰恰能够解释为什么《宋飞正传》最后会大获成功。

经验是一把双刃剑

当测试观众对《宋飞正传》的试播集表达了严厉批评时,"这像是往胸口捅了一刀,"沃伦·利特菲尔德回忆道,"由于调查反映出观众的强烈反对,我们不敢贸然前进。"虽然喜剧剧作家是决定这部剧生死的最理想群体,但当时并没有一个纯粹的剧作家掌握着这样的权力。但瑞克·路德温(Rick Ludwin),这个最终使节目得以播出的人,可以说是继剧作家之后的最佳人选。

路德温之后还做了很多出名的事情。他支持过杰·雷诺(Jay Leno)[①],也曾为科南·奥布莱恩(Conan O'Brien)[②]出面,续订了之前并没有多少收视率的美剧《办公室》(The Office)。但他对电视产业的最大贡献还在于资助了《宋飞正传》的播出。

那时,瑞克·路德温甚至没有在喜剧部门工作过,而是正在处理专辑节目。由于《宋飞正传》试播集没有取得成功,他肩负了再给它一次机会的使命。他从节目时间表中找出了几小时的空当,把剧本分成半小时的节目,还从特别预算中拿出一部分钱来投资更多剧集的播放。"据我所知,这是有电视节目以来最小的订单。"路德温说。用杰里·宋飞(Jerry

---

① 他所主持的杰·雷诺深夜秀曾获艾美奖最佳综艺类节目奖。——译者注
② 《辛普森一家》的编辑兼制作人,他主持的科南·奥布莱恩深夜秀曾获艾美奖综艺节目最佳编剧奖。——译者注

离经叛道

Seinfeld)后来的话说,6集的订购"就像一记耳光",而NBC只订购了4集。

早在1982年,史蒂夫·乔布斯就说过:"如果你想进行创新性的联想[30],你要有同他人不一样的经历。"没有情景喜剧部门的工作经历可能是瑞克·路德温最大的优势。"拉里和杰里从来没有写过一部情景喜剧,而我工作的部门也没有制作过,"路德温回忆道,"我们是一对很好的搭档,因为我们不知道哪些规则不应该打破。"他的局外人身份使他能够不被情景喜剧的标准模式限制,从而能够去考虑一些不同的东西。大多数情景喜剧都是在22分钟一集的时间内拍摄几幕连续的场景;而《宋飞正传》则常常留下悬而未决的冲突,并有多达20个不同的场景集中在一集内。如果你只有拍摄情景喜剧的经验,那么这种拍摄方式无疑很让人困扰,但对于一个在每一集都想做出不同安排的人来说,这种方式似乎并没有什么不妥。

与此同时,路德温又的确有创作喜剧所需要的经验。在20世纪70年代,身为制片人的他曾写过段子并将它们卖给了著名喜剧演员鲍勃·霍普(Bob Hope),接着他还制作了一个白天档的综艺节目,内容是喜剧小品片段。"被喜剧作家们包围就像是去参加一个棒球梦幻训练营。你觉得你真的很不错,直到你拿起球拍开打,"他回忆道,"你不仅不能击到球,你甚至连球都看不到。我知道我和他们不是一个档次的,但我至少和他们有共同语言。"

只有当人们对某一领域只有一般水平的专业度时,他们才最能对极具创造性的想法持开放态度。路德温在喜剧方面的深刻经历让他对幽默有了一定的认识;他在情景剧之外的广泛经历则使他能够不落窠臼,眼界开阔。他并没有仔细钻研成功的情景剧是因为哪些因素而大受欢迎,而是以广阔的视野去研究喜剧获得成功的一般原因:

你永远不知道下一部引发轰动的作品来自哪里。它可能正好出现在你没留意的地方。如果你认为,"那不可能成功,因为它的制片人没有足够的经验,或者像那样的想法之前从未成功过",那么你脑中的这些障碍物会让你错失机遇。对我来说最好的一点就是,我从来没有制作过黄金时段的情景喜剧,但我已经习惯了另类且不同寻常的想法。我能够看出什么想法奏效、什么不奏效。阅读《周六夜现场》(Saturday Night Live)的剧本让我能够以更加开放的心态看待《宋飞正传》中另类的故事情节,如今这些情节已成为传奇。

广泛而且深刻的独特经历对创造性来说至关重要。在近期一项对诺贝尔奖获奖科学家的研究中,研究者将1901年到2005年间获得诺贝尔奖的科学家与同一时期普通的科学家进行比较,发现两组对象在他们各自领域都有深厚的专业知识。但诺贝尔奖获得者明显要比那些成就一般的科学家更多地参与艺术活动。表2-1是来自密歇根大学的15位研究人员对这两组人的调查结果。

表2-1 两组人员参与艺术活动的数量比例

艺术爱好	诺贝尔奖获得者与普通科学家参与此项活动的数量之比
音乐:弹奏乐器、作曲、指挥	2∶1
美术:素描、油画、版画、雕刻	7∶1
手工艺:木工、机械、电子、玻璃吹制	7.5∶1
写作:诗歌、剧本、小说、短篇故事、散文、通俗书籍	12∶1
表演:业余演员、跳舞、魔术师	22∶1

一项对数千名美国人进行的具有代表性的研究也显示了相似的结果。创办企业并获得很多专利的人比他们的同龄人拥有更多的业余爱好,例如

离经叛道

素描、油画、建筑、雕塑和文学。

企业家、发明家和杰出科学家对艺术的兴趣明显反映出他们的好奇心和才能。对科学和商业持开放态度的人往往对以图像、声音和文字表达的想法和情感十分着迷。[①] 但这并不只是创新人士寻求置身于艺术这么简单,艺术也会反过来成为创造性和洞察力的强大源泉。

当伽利略惊人地发现了月亮上的山脉,他的望远镜实际上没有足够的放大倍数以支持他获得这一结论。他只不过是认出了分割月亮明暗区域的锯齿形图案。其他天文学家也用类似的望远镜观看,但只有伽利略"能体会到黑暗和明亮区域的内涵"[31],西蒙顿评论道。他在物理学和天文学方面积累了丰富的经验,但他在油画和素描上也有丰富的经验。由于接受过训练,学过明暗对照法这种绘画技巧(其重点是关注光影的代表物),伽利略才能够探测到别人没有发现的山脉。

科学家、企业家和发明家经常通过扩大自己在艺术方面的知识面来发现新颖的想法,同样,我们可以通过扩大我们的文化视野来获得广度。研究表明,极富创意的成年人在童年时搬家的频率比同龄人更高,这给了他们接触不同文化和价值观的机会,并有助于他们提高灵活性和适应能力。在最近的一项研究中,由战略学教授弗雷德里克·高达特(Frédéric Godart)领导的研究小组探索了人的创新是否会受到其在海外生活时间长短的影响。他们以时尚界为研究对象,跟踪了买家和时装评论家对数百家时装公司在 21 个季度中所创作的产品的创造力的评级。研究人员仔细研究了创意总监的生

---

① 与艺术兴趣最相关的人格特质称为开放性,即在智力、美学和情感追求中寻求新颖性和多样性的趋势。心理学家罗伯特·麦克莱(Robert McCrae)分析了 51 种不同文化中的 48 个问题后,开放性的最好指标之一,就是与这种说法一致——有时候,我在读诗或看艺术品时,会因激动而感到一阵战栗或冲动。从美国到日本,从巴西到挪威,在世界各地,最具开放性的人在欣赏艺术或聆听优美的音乐时,都会感受到审美带来的战栗(颤抖和起鸡皮疙瘩)。查尔斯·达尔文(Charles Darwin)曾写道:"我对音乐有浓厚的兴趣,因此听国歌时,有时我的脊柱会颤抖。"——作者注

平，跟踪了行业大亨的国际经历，如乔治·阿玛尼（Giorgio Armani）、唐娜·凯伦（Donna Karan）、卡尔·拉格斐（Karl Lagerfeld）、唐娜泰拉·范思哲（Donatella Versace）和王薇薇（Vera Wang）。

研究表明，那些拥有最丰富海外经历的创意总监们往往能创造出最具创意的时装作品。

但对此容易存在3种曲解。首先，住在国外的时间长短并不重要，重要的是在国外工作的时间长短。积极参与设计工作的时间长短是预测他们的新品是否会获得成功的重要因素。那些设计出最具创造性产品的设计师曾在两个或三个不同的国家工作过。

其次，外国文化与本土文化的差异性越大，越有助于激发设计师的创造力。一个美国人在韩国或日本工作获得的创造性经验会比其在加拿大工作获得的创造性经验要多。

但是，仅在多个国家、在不同的文化背景下工作是不够的。第三个也是最重要的因素是深度——在国外工作的时间长短。短期的工作不会有太大帮助，因为设计师没有足够长的时间去吸收从外来文化中获得的新想法，并将这些新想法同他们旧有的观点相结合。当设计师在国外有35年的工作经验时，他们的创造力刚好可以达到顶峰。

瑞克·路德温的经历就与这种模式相契合。他在不同喜剧作品上有10多年的工作经历，这使他的经验有一定的深度。他在电视制作方面的经验很广，这就好像他在几个不同的国家生活过一样：他做过综艺节目和特别专题节目，也做过白天档和深夜档的脱口秀。他谙熟于多种电视语言，因此在其他人产生怀疑的地方看到了希望。在他使《宋飞正传》获得批准之后，路德温继续负责这部剧的每一季，他看好那些和他一样有着内外部经历的作家。《宋飞正传》的大部分编剧都来自深夜档节目，在《宋飞正传》之前，大多数人从来没有参与过情景喜剧的创作，这意味着"他们不会存在没有

离经叛道

创新想法的问题"[1]。

直觉的偶然性，又或者说史蒂夫·乔布斯错在哪里

史蒂夫·乔布斯第一次踩上赛格威就不愿下来。当迪恩·卡门转向其他潜在投资者时，乔布斯勉强拱手让人，但很快又插手干涉。乔布斯邀请卡门共进晚餐，如同记者史蒂夫·肯佩尔（Steve Kemper）所说，乔布斯"认为这个机器同迷人的个人计算机一样具有创新性，他认为他必须要参与"。

史蒂夫·乔布斯以凭借直觉下赌注而不是系统分析而闻名。为什么他在软件和硬件上的预测是准确的，而这次却失误了？3股强大的力量使他对赛格威的潜力过于自信：对相关领域的经验缺乏、傲慢和热情。

让我们先从经验谈起。许多NBC的高管对传统情景喜剧有太多经验以至于无法欣赏《宋飞正传》的不同寻常之处，然而赛格威的早期投资者存在相反的问题：他们在交通运输方面缺乏经验。乔布斯的专长在数字世界，杰夫·贝索斯是互联网零售业之王，约翰·杜尔的大部分财富来自对软件和互联网公司的投资，例如太阳微系统公司（Sun Microsystems）、网景（Netscape）、亚马逊和谷歌。他们都是各自领域的创新者，但在一个特定领域成为创造者并不会使你成为另一领域的伟大预测者。为准确预测一

---

[1] 各式各样的经验真的能够催生出创新力吗？或者说富有创新力的人会主动获取多样化的经验吗？在时尚界，或许那些最具创意的总监们会选择让自己尽可能长久地沉浸在新文化之中，但这可能只是故事的一面。证据显示，多样性的经验确实可以培育出创造力。当我们让自己的知识库变得多样化时，我们变得更有可能去尝试创新性的想法，得到非传统的知识。研究显示，当人们回忆自己旅居海外的经历时，他们会变得更有创造力；而能说两种语言的人往往要比只会一种语言的人更有创意。在一次实验中，研究人员给两组欧裔美国人观看了两组不同的幻灯片，第一组观看的45分钟幻灯片讲述的是中美融合文化，第二组欧裔美国人则只看了中国文化或美国文化的幻灯片，在随后为土耳其儿童写作《灰姑娘》的环节中，第一组明显要比第二组更具创造力。在一周之后的发散思维测试中，第一组也表现出了更富创造力的类比能力。——作者注

盲目的发明家与目光狭隘的投资者：识别原创想法的艺术和科学

个新想法获得成功的概率，你最好先成为该领域中的创造者。

埃里克·戴恩带队进行的一项新研究向我们展示了其中的原因：我们的直觉只有在我们拥有很多经验的领域才会准确。[32]在这项实验中，他让人们观察10只名牌手袋，判断哪些是正品哪些是仿制品。一半的参与者只有5秒钟时间进行猜测，这迫使他们不得不依靠自己的直觉。另外一半参与者有30秒时间，这让他们可以检查和分析手袋的特征。戴恩的研究小组还测量了参与者对手袋的经验：有些人有很丰富的经验，拥有3只以上的蔻驰（Coach）或路易威登（Louis Vuitton）的手袋，而其他人从未接触过名牌手袋。

如果你本身就拥有好几只大牌手袋，那么你检查它们的时间越短，你的判断就越准确。对于那些有名牌手袋购买经验的被试者来说，他们在5秒内做出的判断要比他们在30秒内做出的判断准确率高出22%。当你对手袋有多年的研究，你的直觉就会比分析更准确，因为你的潜意识擅长模式识别。① 这时候，如果你停下来去思考，反倒会只见树木、不见森林。

但如果你对手袋一无所知，那么直觉对你不会有任何帮助。在面对不熟悉的事物时，你需要退后一步，评估它们。非专业人士在做过深入分析后会做出更加合理的判断。当史蒂夫·乔布斯直觉上认为赛格威会对世界带来变革性的影响时，他只是被它的创新性吸引，并没有仔细审视它的实用性。哈佛大学心理学家特雷莎·阿玛比尔（Teresa Amabile）是创新领域最重要的权威学者之一，她提醒我们，一项发明要成功，不仅得是新的，更必须是实用的。在以无形的比特和字节为主导的数字世界中，乔布斯认为下一个突破性创新将发生在交通领域。赛格威是一个工程奇迹，骑在上面感觉很刺激。"它就像魔毯。作为一件产品，它本身是带有变革性的，"

---

① 模式识别是指对表征事物或现象的各种形式的（数值的、文字的和逻辑关系的）信息进行处理和分析，以对事物或现象进行描述、辨认、分类和解释的过程，它是人类的一项基本技能，也是信息科学和人工智能的重要组成部分。——译者注

离经叛道

当哈佛大学创业学教授比尔·萨尔曼（Bill Sahlman）把卡门介绍给杜尔时，他这样说道，"但产品本身并不创造价值，客户才会带来价值。"

对于一群在交通运输方面没有经验的人来说，他们需要做很多功课才能弄清楚赛格威是否真的实用。艾琳·李（Aileen Lee）是对这项投资提出担忧的为数不多的投资人之一，当时她在美国最大的风投公司凯鹏华盈（KPCB）内部任杜尔的助理合伙人。在董事会会议上，李对于赛格威的使用提出了一系列的问题：如何给它上锁？个人物品应该安放在车身的什么地方？她还提出了深切而现实的担忧：价格问题。"5000或8000美元的价格对普通人来说是很大一笔钱。"她回忆道，"我应该更加坚定地站起来说，'我们还没有把问题搞清楚'。"

另一个在投资早期就产生怀疑的人是兰迪·科密萨尔（Randy Komisar）。他创过业，担任过苹果公司高级顾问、卢卡斯艺术娱乐公司（LucasArts Entertainment）首席执行官以及TiVo公司的创始董事会成员。"我认为我的想法同其他企业家一样。我并不比那些人更聪明，但我看到了他们没有看到的地方。我认为他们看到的是一项杰出的技术，以一种十分新颖的应用方式呈现了出来。当我们踩上这台可以保持自我平衡的机器，在两个轮子上移来移去时，感觉非常神奇。"科密萨尔回忆道，"它给我的第一印象非常惊艳。但是后来为什么我没有对它信心十足呢？"

当科密萨尔仔细研究了市场之后，他发现赛格威并不太可能取代汽车，倒可能会成为代步工具或取代自行车。他认为这一产品并不适合普通消费者。"这需要消费者在行为上发生巨大的改变，这一改变的代价高昂，却价值有限，除了让人惊艳的第一印象外并无其他。"他解释说。即使它被批准在人行道上使用（当时这仍然是一个悬而未决的问题），而且价格变得更为实惠，人们也需要几年时间才会适应这种交通工具。他建议，应该关注这一工具在高尔夫球场、邮局、警察部门和迪士尼公园中的用途。"你会看到，在那些领域的应用存在成本—价值权衡，也许在这些领域中赛格威会有一

盲目的发明家与目光狭隘的投资者：识别原创想法的艺术和科学

些优势。"话虽这么说，但科密萨尔仍持有保留意见：

> 我仍旧认为这种设备需要消费者极大地改变他们的行为，并付出高昂的代价。我尚不清楚这一设备是否会改善邮递员的工作效率，考虑到邮政服务深受工会合同的压制，我甚至不确定提高工作效率是否会成为邮政服务的目标。而在高尔夫球场上，人们已经习惯于整天开着电动车跑来跑去，他们为什么要改用这种设备呢？

而乔布斯坚持自己对于创新的直觉："如果足够多的人看到了这一机器，你就不必说服他们围绕它来建设城市。人们是聪明的，它注定会获得成功。"

正如诺贝尔奖获奖心理学家丹尼尔·卡尼曼（Daniel Kahneman）和决策专家加里·克莱恩（Gary Klein）解释的那样，只有当人们在一个可预见的环境中积累了一定评判经验以后，他们才可以相信自己的直觉。无论是给病人治病，还是冲进一幢燃烧的房子去救火，你身为医生或消防员的职业经验会让你的直觉更准确。因为此时你已经熟悉的模式和你眼下遇到的模式之间存在稳定、坚固的联系。但是，如果你是一个股票经纪人或政治预测员，过去发生的事件并不能给现在带来可靠的暗示。卡尼曼和克莱恩证明：经验可以帮助物理学家、会计师、保险分析师和国际象棋大师——在他们工作的领域中，原因和结果的关系总是相当一致的。但是，对于招生人员、法官、情报分析员、精神科医生和股票经纪人来说，他们并不能从经验中获得太大的收益。在一个迅速变化的世界中，从经验中得出的教训会很容易把我们带向错误的方向。由于变化的速度在加快，我们的环境变得越来越难以预测。这使得我们在判断新想法的时候，凭直觉变得不那么可靠，我们越来越需要对分析给予重视。

鉴于乔布斯在交通运输方面并没有多少经验，他为什么如此相信自己的直觉呢？这就要谈到我先前提到的第二个因素了。"骄傲会伴随着成功而

离经叛道

来。"科密萨尔解释说,"如果我当时重申我的疑虑,乔布斯可能会说'你不懂。你太傻了'。"科密萨尔对于交通和航空业的研究佐证了他的观点:过去越成功的人,在新环境中的表现越差。他们过于自信,而且不太可能会听取别人的批评意见,即使他工作的新环境与之前是完全不同的。乔布斯就陷入这类成功陷阱:由于之前他的经历证明了反对者的想法是错误的,他觉得没必要听取相关领域的创造者提出的意见,他不需要用他们的观点来验证其直觉是否正确。当他遇到迪恩·卡门热情澎湃的产品展示时,直觉使他进一步误入歧途。

激情的风险

当卡门推销赛格威时,他满怀激情地谈到中国和印度等发展中国家的现状,它们每年都在建造像纽约这样大规模的城市。这些城市中心将出现汽车拥堵,这不利于环境保护;而赛格威可以解决这个问题。"卡门代表着大自然,"艾琳·李回忆道,"在环保方面,他掌握专业的技术,拥有丰富的经验,并充满激情,所以我们都被他打动了。"

美国东北大学(Northeastern University)创业学教授谢丽尔·米特尼斯(Cheryl Mitteness)带头做了一项研究,超过60位天使投资人对企业的宣传做了3500多份评估,并决定是否会给它们提供资金。接着研究人员让投资人填写了一份调查表,以观察他们的决策风格是更偏直觉还是更靠分析。然后,他们对每个企业家的热情和积极性进行了排名,并评估了每个初创企业获得资金的潜力。结果显示,越是凭直觉进行判断的投资人,越容易受到企业家热情的影响。

正如丹尼尔·卡尼曼在《思考,快与慢》(*Thinking, Fast and Slow*)中的解释:直觉是基于我们热切的情感而迅速行动,而理智是更缓慢、冷静的过程。直觉型的投资人很容易陷入企业家的热情当中;分析型投资人则更可

盲目的发明家与目光狭隘的投资者：识别原创想法的艺术和科学

能把重点放在事实上，对业务的可行性做冷静的判断。乔布斯的直觉风格使他更容易被卡门的激情和技术本身的创新力影响。他的傲慢和缺乏交通运输的经验使他容易相信最终被证明是错误的乐观预测。

当评估一个新想法的前景时，我们很容易被想法提出者的热情吸引。用谷歌高管埃里克·施密特（Eric Schmidt）和乔纳森·罗森伯格（Jonathan Rosenberg）的话来说："热情的人并不把他们的激情放在袖子里，他们把它藏在心里。"[33]我们难以从人们的情感表达中切实看到那种希望想法变为现实的热情。人们从话语、语气、肢体语言中展现出来的热情并不能成为判断其内在热情的线索，只能被视为演说技巧和性格的反映。例如，研究表明，外向的人往往比内向的人更富有表现力，这意味着外向的人能够表现出更多的激情。但是，我们外向与否从本质上说与我们是否会成为成功的企业家并没有关系。你可以钟爱一个想法，下定决心要获得成功，但仍然可以用一种保守的方式表达出来。

这并不是说，激情与企业成功无关。有大量证据表明，富有激情的企业家能够使企业成长得更快更成功。对卡门而言，他缺乏能够帮助他将想法从发明转变为实际影响力的热情。早期投资者们不应该被卡门创造赛格威的激情吸引，而应该对卡门对于建设公司，使产品成功推向市场的激情进行评估。要做到这一点，他们不应该把注意力放在他所说的话上，而是应该研究他所做的事情。

研究卡门的历史后，兰迪·科密萨尔得出结论，卡门是一位更令人印象深刻的发明者，但不是企业家。过去，卡门那些最成功的发明都是为了解决消费者的问题。20世纪70年代，他想出了便携式药物输液泵的创意。之所以会有这个想法，是因为他做医生的哥哥抱怨护士们不断手工上药，而上药过程的非自动化迫使本可以在家接受药物治疗的患者只能待在医院里。20世纪80年代，百特医疗用品公司（Baxter Healthcare）聘请他的公司改进糖尿病患者使用的肾透析仪，于是卡门发明了便携式透析机。卡门非常善于为别人提出的问题提供完美的解决方案,但却不擅长自己找到对的问题去钻研。以赛格威为例,他先想出了一个解决方案,然后再去寻找问题。他并不是应市场的需求去发明一种产品,而是自己创造了一个错误的产品,然后去寻找市场。

虽然卡门对赛格威充满激情,但他没有准备好成功地执行赛格威的方案。如果想提高对想法进行选择的能力,我们不应该只看到人们是否曾经获得过成功。我们需要跟踪他们是如何取得成功的。"当我们观察卡门,我们看到的是一个伟大的创始人,他发明的医疗设备获得很多成就,而与他一起发明这些产品的人仍旧追随着他,"艾琳·李说,"而论及产品研发,每一天的执行力和保证产品拥有高性价比是很重要的。"卡门没有这种经验。比尔·萨尔曼补充说:"重要的从来不是想法,而是执行。"

要预测一个创新想法的创造者是否会获得成功,我们不能只看他们在表达想法时的激情,还应该关注他们在执行力上的激情。瑞克·路德温看好杰里·宋飞和拉里·戴维(Lany David),并不是因为他们在介绍自己的剧本时看起来充满激情。之所以给了他们一个机会,是因为他看到他们认真地修改自己的想法,并观察到他们有能力把事情往正确的方向推动。"他俩会在第二天演出前在工作室待到半夜,努力对第二幕进行修改。你会看到杰里在工作中非常仔细。这就是你要找的激情。"

如何尽可能地选对创意

没有投资沃比帕克是我犯下的一个严重的负面预测反例。在阅读了关于想法选择的研究后,我很快意识到了我的局限之一:我既不是这一领域中的创造者,也不是客户。起初,我将我预测的失败归结为我满分的视力。如果你从没戴过眼镜,你就难以判断顾客的喜好。但反思后我意识到,我真正缺乏的是深入了解。我曾花了两年时间为一家眼睛保健公

盲目的发明家与目光狭隘的投资者：识别原创想法的艺术和科学

司做研究和咨询，这家公司的主要收入来源是销售眼镜，验光师提供给病人处方，然后病人进行试戴。我陷入了传统的眼镜买卖模式中。如果我在听到沃比帕克的公司宣传前花一点时间自己想出一些创意，或者浏览一下其他服装和配饰产品的网络销售模式，我也许会对沃比帕克的想法持更加开放的态度。

这4个创始人并没有受到这些传统思维的阻碍：他们有深刻的认识和广泛的经验。他们中有3个人戴眼镜，并且可以把各自在生物工程、医疗、咨询以及银行业方面的经验结合在一起。身为创始人之一的戴夫，曾有好几个月时间在国外旅游，在这期间，他不仅没带手机，而且丢失了眼镜。当他回到美国，他需要同时买一部手机和一副眼镜，这让他对于购买眼镜的方式产生了新的想法。尼尔·布卢门撒尔不戴眼镜，但他曾在过去5年里为一家非营利机构工作，负责培训亚洲、非洲和拉丁美洲的女性创业者。他教妇女销售的产品正是眼镜，这使他对眼镜业有了一定深度的了解：他知道眼镜完全可以以更低的价格制作、设计并出售。

在非传统眼镜销售渠道的工作经历使他能够采取一种新的销售眼镜的方式。"创新很少来自内行，"尼尔告诉我，"尤其是当他们在眼镜行业中拥有稳固地位，高枕无忧时。"

拥有多领域的经验使得沃比帕克的创始人们不受现有原型的阻碍或评价性心态的限制。与卡门充满激情的销售模式相反，他们没有假设他们的想法会行得通，他们首先大量寻求来自同行创造者和潜在客户的反馈。由于去掉了中间零售商，他们可以将通常要卖500美元的眼镜以45美元售出。一位营销专家对此提出了忠告，告诉他们这样的做法会使成本增加，而且价格被顾客视为质量的标志，价格太低也会带来负面影响。接受这一忠告之后，他们投放出一批模型产品进行调查，随机分配给客户不同的价格。他们发现，当价格在100美元左右时，购买的可能性达到峰值，随着价位升高，购买的可能性下降。他们和朋友一起测试了不同的网站设计，看哪

离经叛道

一种设计不仅可以获得最高的点击率，而且能获得最强烈的信任感。

由于其他公司也会很快开始在线销售眼镜，创始人们意识到，品牌是他们成功的关键。为了给公司命名，他们花了6个月时间想名字，建立了一份含有2000多个公司名的表格。他们将其中自己最喜欢的公司名挑出来，进行用户调查和焦点小组测试，结果发现，受作家凯鲁亚克启发得到的名字"沃比帕克"听起来有深度且独一无二，并且不会使消费者产生任何负面联想。于是，他们充满激情地开始执行创意。

沃比帕克获得的很多成功很大程度上归功于他们让同行参与了评估环节。在2014年，他们创建了一个名为Wables的项目，邀请公司里的每一个人在任何时间就新技术特性提出建议和要求。在Wables启动前，他们每季度会收到10到20条意见。实施新方案后，提交建议的数量跃升至近400条，因为员工们相信对新想法的选择是一个集思广益的过程。其中一个建议使公司重新改变了零售方式，另一个建议则催生出了新的预约订购系统。"尼尔和戴夫非常杰出，"沃比帕克的首席技术官龙·宾德（Lon Binder）说，"但他们的智慧还是无法同200人的智慧加在一起相比。"

与其不让员工参与创意过程，只由管理者决定应该执行哪些想法，不如让所有的建议都公开化，于是沃比帕克的创始人们建立了一份谷歌文档。公司里的每个人都可以读到这些建议，在线做出评论，并在双周会议上进行讨论。正如贾斯汀·伯格建议的那样，这意味着不只有管理者可以对这些想法做出评估，而是所有的想法提出者都可以参与进来，而后者往往对颠覆性的创新想法持更开放的态度。而员工们在思考创意上投入的时间，使得他们更有能力辨别哪些来自同事的建议是最有价值的。

技术团队则可以自主选择他们感兴趣的研发需求进行研发。这听起来很民主，但隐含一条限制：为了引导员工明白哪些建议代表着公司的战略重点，管理层会对每一项研发需求进行投票，选出最有前途的和最糟糕的建议。为了避免错误的乐观预测和负面预测，管理层的投票结果并没有约束效力。

技术团队可以否决这一投票结果，选择没有得到很多选票的建议，并用工作来证明它的价值。"他们不用等获得批准之后才能做某些事情，"曾在沃比帕克做过研究的应用心理学专家雷布·瑞贝尔（Reb Rebele）说，"但在将产品展示给同行和客户之前，他们会先从同行那里收集反馈。他们开始得很快，随后会慢下来。"

如果赛格威也经历过Warbles项目的流程，赛格威的制造者可能会获得很多批评意见，从而放弃生产这一产品，或者想出更加实用的设计。迪恩·卡门就可以及时将赛格威变得更实用，或者将技术授权给可以使其变得更实用的人。

赛格威也许失败了，但卡门仍然是一个杰出的发明家，杰夫·贝索斯仍然是一个有远见的企业家，约翰·杜尔仍然是一个精明的投资者。无论你是想出新创意，还是评估别人的创意，最好的办法就是用评判棒球击打者的标准对该创意进行评估。正如兰迪·科密萨尔所说："如果我的打击率是0.300，我就是个天才。这是因为未来是无法预测的。你越早意识到这一点，你就可以越快成为行家。"

继赛格威之后，迪恩·卡门又推出了一系列新发明，这些发明都聚焦于他早有建树的医疗领域。比如，他结合机器人技术发明了一种义肢，使士兵或截肢患者可以做出拿起葡萄和用手进行工作的动作，他把它命名为"卢克"（Luke），灵感来源于《星球大战》中的一个场景——主人公卢克·天行者(Luke Skywalker)在失去手臂后接上一段义肢。他还发明了一款新的斯特林发动机（Stirling engine），这个机器安静、省油，可以用来发电和供给热水。这种斯特林发动机为他发明的"弹弓"净水器提供电力，这种净水器可以从任何水源中蒸馏饮用水，不需要过滤器，并且可以将牛粪作为燃料。卡门费尽周折向科密萨尔宣传这一产品。科密萨尔再一次持怀疑态度。他亲自背着背包深入发展中国家实地考察，认为这一机器对于没有电网设施的地方太过复杂。一旦它停止运行，最终将成为垃圾堆里的废品。当然，

离经叛道

他的这一预测是否过于悲观还是个未知数。

　　作为一个发明家,卡门最好的选择是先创造出尽可能多的新想法,然后从同行创造者中收集更多的反馈,以提高自己识别新想法实用性的洞察力。作为一个投资者,你会看得比发明者更清楚,但你仍然可能做出目光狭隘的选择。与其孤注一掷,倒不如说最明智的投资行为可能是对卡门的所有发明下赌注。仅在 2013 年一年,美国就有超过 30 万项专利获得授权,这其中任何一项发明能够改变世界的概率是很小的。但作为一个毕生致力于想出新创意的发明家,他改变世界的概率就要大很多。当我们评判这些发明家的伟大程度时,我们关注的不是他们的平均值,而是他们的高峰值。

ORIGINALS

第三章

孤立无援:向上级说出真实想法

ORIGINALS

1

有伟大想法的人总是遭到平庸之辈的反对。[34]

——阿尔伯特·爱因斯坦 (Albert Einstein)

孤立无援：向上级说出真实想法

在20世纪90年代初，一位雄心勃勃的中情局分析师卡门·梅迪纳（Carmen Medina）赴西欧进行为期3年的工作。当她返回美国，她发现，出国工作耽误了她的职业生涯。她陷入一个又一个不适合自己技能和愿望的工作，于是她寻找出另一种做贡献的方式——她开始参加关于情报工作未来发展的工作组。

在中情局的职业生涯中，梅迪纳认识到在情报界通信的一个基本问题。默认的信息共享系统通过"成品情报报告"（finished intelligence reports）这一方式，每天发布一次，但在不同机构之间很难协调。当分析师有想法产生时，他们没有办法进行分享。由于知识在不断变化发展，所以要让恰当的人了解到重要的信息，这种方式花费的时间太长。由于涉及个人生命以及国家安全，每一秒都十分紧要。由于每个机构都有效地生产自己的日报，梅迪纳认为需要一个完全不同的系统，该系统将允许机构间实现信息更新的实时共享。为打破孤岛，加快沟通，她提出极其反传统的疯狂想法：情报机构不用在纸张上打印报告，而应该立即将他们的发现发布并传递在Intelink上，这是情报界的机密网络。

她的同事们很快否决了她的建议。梅迪纳提出的这种计划之前从未有人尝试过，因为人们认为互联网会对国家安全构成威胁，而没有把它视作资源。情报有充分理由进行秘密的服务。在现行体制下，他们可以确保打印的文档到达需要得到情报的指定接收人那里；而电子通信并不安全。如果情报信息落在错误的人手中，那么所有人都将处于危险之中。

梅迪纳不肯让步。如果这些组织的全部目的是探索未来，而她不能向当权者说真话，那她还能在哪里说真话呢？目睹了传真机是如何转变通信，使信息能够更有效分享的过程后，她相信，数字革命最终将撼动情报世界。她继续倡导建立一个互联网平台，使中情局可以同联邦调查局和国家安全局等其他机构之间来回传递情报，并传递给客户。

梅迪纳继续发表她的意见，但没有人听。一位资深的同事告诫她："小心你在这群人中说的话。如果你太诚实了，说出你的真实想法，那会毁了你的职业生涯。"很快，甚至连她的好朋友也开始疏远她。最后，由于忍受不了别人对她的不尊重，梅迪纳大怒一场，和同事发生了口角。这迫使她休了3天病假，然后开始寻找新的工作。

那时梅迪纳已经得罪了很多人，她试图离开中情局。当她找不到其他工作时，最后她做了一个远离执行部门的工作——这几乎是她在中情局中能找到的唯一工作。她保持安静了一段时间，但3年之后，她决定再次倡导建立在不同机构进行连续报道的实时在线系统。

不到10年，一个情报机构之间互相沟通联络信息的内部"情报百科"（Intellipedia）平台创立，卡门·梅迪纳在其中扮演了不可或缺的角色。这与中情局的传统做法大相径庭，用一位观察员的话说："这就像是在得克萨斯州推行素食主义。"①

截至2008年，Intellipedia是情报机构用于应对广泛挑战的重要资源，例如保护北京奥运会和识别孟买恐怖袭击事件背后的恐怖分子。几年之内，该网站在情报界累积了50多万注册用户，有超过100万网页和6.3亿的页面浏览量，并获得了"服务美国国土安全"奖章。一位高层领导人表示："毫不夸张地说，他们几乎一夜间做出了一个重大变革，没有花一分钱，而其他投资数百万美元的项目也没有实现这些成果。"

为什么梅迪纳在第一次发表想法时遭到失败，而她学到了什么使她能够在第二次提出想法时被接受？

在某些时候，我们都想过提出一个少数者的意见，抗议某一项没有意义的政策，倡导一种创新的办事方式，或者支持一个弱势群体。在这一章中，我将谈到应该何时发表意见，以及如何在不危害我们的事业和人际关系的情况下有效地做到这一点。什么时候是发表意见的恰当时机？我们可以采取哪些步骤才能获得倾听？随着我们叙述卡门·梅迪纳的故事，你将从一

---

a　得州畜牧业发达，长期以来以肉食为主。——译者注

个反向推销自己公司的企业家以及一个挑战史蒂夫·乔布斯的公司主管身上学到一些道理。你会明白为什么最支持你的管理者有时能给你的帮助却是最少的,性别和种族如何影响我们意见的发表,以及为什么我们在评判自己的照片和别人的照片时,标准有差异。我的目标是说明我们如何减少发表意见的风险,并获得发表意见的潜在好处。

没有地位的权力

虽然员工主动提供帮助、建立网络、收集新的知识并寻求反馈会得到领导者和管理者的欣赏,但有一种形式的主动倡议会遭到批评[35]:发表观点。一项覆盖制造业、服务业、零售业和非营利机构的研究发现,向上级发表意见越频繁的员工,他们在两年时间内获得加薪和晋升的概率就越小。在一项实验中,当个人表达了他们对种族主义的反对,那些没有发表反对意见的人会批评他们是伪善的人。当我们在道德梯子上爬得越高,我们会越感孤单,高处不胜寒。

要了解卡门·梅迪纳遇到的障碍,我们需要梳理出往往会混为一谈的社会等级的两个主要维度:权力和地位。权力涉及对他人施加控制或权威,地位则是受到尊重和钦佩。在一项由北卡罗来纳大学的教授艾莉森·法拉格(Alison Fragale)领导的实验中发现,人在没有地位的情况下行使权力会受到惩罚。当人在缺乏尊重时试图施加影响时,别人会认为此人是难以相处、强硬、自私自利的。因为此人还没有赢得别人的钦佩,因此我们觉得他无权告诉我们该怎么做,并反对他的想法。这正是发生在卡门·梅迪纳身上的:她多年的海外工作经历使她在局内没有多少地位,她还没有机会向同事证明自己的价值,所以他们对她的想法没有任何信任。由于人们轻视她的意见,她愈加沮丧。

当我们试图去影响他人,却发现他们不尊重我们时,这会激起愤恨,形成恶性循环。为强调我们自己的权威，我们的反应是诉诸越来越无礼的行为。这种恶性循环的最令人震惊的示范，是这样一个实验：研究人员让两人一对一起完成任务，其中一人拥有指派任务的权力，对方完成这指派的任务可得到 50 美元的奖金。当随机抽出的掌权者得知他们的同伴钦佩和尊敬他们时，他们选择了最合理的任务：为获得 50 美元的奖金，他们的同伴要讲一个有趣的笑话，或写自己前一天的经历。但是，当掌权者得知他们的同伴看不起他们，他们会选择一些丢人的任务来报复，比如让他们的同伴学 3 声狗叫，说 5 次"我是卑鄙下流的"，或者从 500 开始报出每减去 7 得到的结果。仅仅是被告知另一方不尊重他们，就使他们利用手中的权力贬损对方的概率增加了近 1 倍。

卡门·梅迪纳还没达到这种程度。但当她继续发表意见，她在没有地位的情况下努力行使权力的做法就引起越来越多的负面回应。地位不是要求别人给予的，而是必须靠自己赢得的。

多年后，在她第二次的努力过程中，梅迪纳不再尝试从下层攻击体制，从而避免牺牲自己工作的风险。她的目标是通过成为体制的一部分来赢得地位，然后试图从内部进行改变。正如著名导演弗朗西斯·福特·科波拉（Francis Ford Coppola）所说："获得权力的方式并不总是仅仅去挑战已有权力，而是首先在其中获得地位，然后再挑战已有权力。"梅迪纳冒险选择再次提出她的想法前，她申请了一份关注信息安全的工作来平衡风险组合，她的主要职责是确保信息安全。"这不是我通常愿意做的工作，这是非常保守的工作。"她回忆道：

我对确保出版物信息安全的工作并不感兴趣，只是不得不做。但我最终可以利用这个工作在小范围内来做我想做的事情。在我职责列表的最底层，是开始探索数字出版的选项，这正是我试图维护安全的事情。我有这个非常保守的上限，因此，这是一个平衡的风险组合。

孤立无援：向上级说出真实想法

梅迪纳工作的真正重点是防止安全漏洞，次要责任之一是探索数字出版物。此前，她主张的在互联网上共享信息听起来存在安全威胁；现在，她可以把它作为她保障安全职责的一部分。"人们看到我支持某件事情，而不仅仅反对现状。我想，如果我在那个位置上证明了自己，我会获得播撒种子的机会，从而实现更大的变化。"

由于梅迪纳从这些努力中获得了尊重，积累了心理学家埃德温·霍兰德（Edwin Hollander）所说的"性格信用"（idiosyncrasy credits）[36]——做与众人预期偏离的事情的自由度。性格信用通过尊重累积得来，而不是靠排名：它们基于贡献。我们打压那些试图挑战现状的地位低的成员，但会包容甚至有时赞赏地位高的明星的创新精神。

在西尔维娅·贝莱扎（Silvia Bellezza）领导的一项最新实验中，人们对一流大学中教授的地位和能力进行排名，当教授穿T恤并留胡子，他们的排名要比戴领带、胡子刮得干干净净的人高14%。大多数教授着装正式，而拒绝按常规着装通常需要承担一定风险。那些成功抵制传统的教授发出一种信号：他们已经赢得了"性格信用"，可以按自己喜好行事。

卡门·梅迪纳做安全工作之后，在接下来几年的时间里在数字领域取得重大进展。由于她使中情局的任务有了进展，她赢得了性格信用来支持她信息共享的愿景。她晋升为行政级别，当新一任领导班子开始进行改革议程，她被挖掘起用，任中情局情报副主管。

新的职位使她获得权威来支持Intellipedia的倡议。2005年，有越来越多的人认为几次重大情报失误——从"9·11"事件到误认伊拉克存在大规模杀伤性武器的悲剧，这些事件的发生是因为关键的数据没有得到共享和综合。来自中情局两个不同部门的情报分析师肖恩·邓尼西（Sean Dennehy）和唐·伯克（Don Burke）强强联手来打造"情报百科"网站，该网站有些类似于维基百科全书网站（Wikipedia），但不对公众开放，只有情报界人员可以访问浏览。许多管理人员对这一跨机构信息共享的百科的价值表示质疑。"想要在情报界应用这些工具，就如同告诉人们他们的父母抚养他们的方式是错的。"邓尼西坦言。他们在每一个阶段都遭到拒绝，直到他们找到卡门·梅迪纳，她暗地里已经在中情局聚集了一波具有反叛精神的人。她对这项羽翼未丰的行动提供了最需要的支持，使他们得以在保密的文化环境中引入开放资源的理念。

梅迪纳已经拥有了权威，因此她不必再顾虑提出异议的方式。但是一路走来，为了赢得地位，并最终获得权威，她的确需要改变与人交流的方式。她的策略转变与下面的故事有异曲同工之妙，这大概是你遇见过最奇怪的创业公司。

迈出最差的一步：赛瑞克效应（The Sarick Effect）

鲁弗斯·格里斯科姆（Rufus Griscom）和阿莉莎·沃克曼（Alisa Volkman）有了第一个孩子后，由于看到社会上存在大量误导性的育儿广告和糟糕建议而感到十分震惊。他们创办了一个叫作Babble的在线杂志和博客来挑战主流的关于育儿的陈词滥调，并用幽默来应对冷酷的真相。2009年，当格里斯科姆向风险投资者宣传Babble时，他做的与每个创业者的惯例完全相反：他展示了一个幻灯片，列出不对他的业务进行投资的5项理由。

这种做法本应该是对他的宣传的致命打击。投资者希望找到让他们进行投资的理由，而在他这里，他列出的是不让他们进行投资的理由。企业家应该说自己公司的优点，而不是缺点。但他这种有违常识的做法奏效了：那年，Babble获得了330万美元的投资。

两年后，格里斯科姆去迪士尼进行推销，看他们是否有兴趣收购Babble。这个推销在逻辑上是不可想象的——他一开始就介绍了缺点。承认你的初创企业存在问题并承诺会加以改进是一回事，但当你要推销一个已经成立的公司时，你有充分的理由去强调其优势，而不是一直停在谈论公司的不足之处上。

但奇怪的是，格里斯科姆居然再次成功了。他的一张幻灯片上写道："这就是你不应该收购 Babble 的原因。"

向迪士尼数字家庭部门展示时，他解释说：用户每次访问不到 3 个页面，用户参与度低于预期；Babble 应该是一个育儿网站，但 40% 的帖子是关于名人的；网站的后端程序亟须再次调整。

迪士尼最终以 4000 万美元的价格购买该公司。

这就是所谓的赛瑞克（Sarick）效应，它以社会科学家莱斯利·赛瑞克（Leslie Sarick）命名。

在以上两种情况下，格里斯科姆表达意见的对象比他拥有更多的权力，而且他还要试图说服他们提供他们的资源。我们大多数人认为，要想有说服力，我们应该强调我们的优势，尽量减少我们的弱点。的确，在我们的听众持支持态度的情况下，这种强大的沟通方式是有意义的。

但当你是在推销一个新的想法或一个带来变革的建议时，你的听众很可能是持怀疑态度的。投资者从你的论点中寻找漏洞，主管们寻找你的建议行不通的理由。在这种情况下，至少有 4 方面的原因可以说明，采用格里斯科姆强调想法中缺点的软弱沟通方式其实更有效。

第一个优势是，首先强调自己的弱点可以打消听众的疑虑。营销学教授玛丽安·弗里斯泰德（Marian Friestad）和彼得·怀特（Peter Wright）发现，当我们意识到有人试图说服我们，我们会自然而然地提高心理上的防御。过度泛滥的信心像一面红旗，给我们发出警告，告诉我们要防止别人给我们带来的影响。在 Babble 早期，格里斯科姆曾在头两次董事会会议的展示中谈到了公司的一切优势，希望能让董事对公司的发展势头和潜力充满热情。"每当我强调公司的优势所在，我就会得到董事怀疑的态度，"[37]他回忆说，"无限乐观这种推销手段看起来有点不诚实，因此受到质疑。每个人都会对这种推销感到反感，或产生怀疑。"

离经叛道

在董事会的第三次会议上，格里斯科姆改变了他的做法，首先开诚布公地讨论公司存在的所有问题以及让他彻夜难眠的担忧。虽然这种策略在辩论上很常见，但对一个企业家来说十分不同寻常。不过董事会成员这次的反应比以前会议上的更加积极，他们的注意力从自我防御变成解决问题。于是格里斯科姆决定用同样的方法面对投资者，他发现了相似的反应——他们放松了警惕。"当我放出一张幻灯片，上面写着'这就是你不应该购买这家公司的原因'，他们的第一反应是大笑起来。然后，你可以看到他们身体放松了下来。这种真诚的态度让人感觉不到一丝销售的感觉，他们没有一种被迫接受某物的感觉。"

在卡门·梅迪纳第一次尝试发表她的意见时，她没有承认其思想存在的局限性。她认为情报界需要更公开地分享信息是理所当然的，她仅仅强调了透明度的好处，这种论调其实非常危险。一个朋友向她透露说："卡门，你说话的方式似乎像是要每个人都接受你的意见你才会高兴和满意。"在之后几年第二次发表意见时，她的讲话更加平衡周到，在"遇到这些疑问时，她会说'也许我错了'"。

梅迪纳晋升为领导之后，她发现自己是宣传的接收端。当人们只吹捧他们想法的优点时，她很快得出结论说："这些想法千疮百孔，他们一点也没有认真思考过。他们在幻灯片中做出各种粉饰，就是要防止我发现他们的缺陷。但是当人们提出他们的缺点或不足时，我会成为一个盟友。因为他们不是在向我推销，而是给我一个问题去解决。"

改变交流框架的同时，坦言缺点会改变听众对我们的评价方式。在一项有趣的实验中，哈佛大学心理学家特雷莎·阿玛比尔让人们对书评家的智慧和专业知识进行评估。她想知道调整评论的语气是否会改变人们对评论家的判断。她从《纽约时报》中找出一篇书评，对它进行编辑，所以评价的内容是相同的，但情感一褒一贬。一半的参与者被随机分配去阅读积极的评价：

孤立无援：向上级说出真实想法

在128页极富创见的作品中，阿尔文·哈特（Alvin Harter）的第一部小说展现出他是一位才华横溢的年轻美国作家。《更长的黎明》（*A Longer Dawn*）是一部中篇小说，你也可以把它看作一部散文诗，这部作品影响巨大。它关涉最基本的元素：生命、爱情和死亡，但展现这些元素时激情澎湃，作品的每一页都创下了卓越写作的新高度。

另一半人阅读用批评语气撰写的同一篇评论，阿玛比尔在这篇评论中保持语言完好，但将表扬性的形容词换成了某些表达批判的形容词：

在128页毫无创见的作品中，阿尔文·哈特的第一部小说展示出他是一位能力平庸的年轻美国作家。《更长的黎明》是一部中篇小说，你也可以把它看作散文诗，它的影响甚微。它涉及最基础的元素：生命、爱情和死亡，但展现这些元素时绵软无力，作品的每一页都创下了拙劣写作的新纪录。

哪个版本让我们感觉评论员的水平更高？他们的水平应该是等同的。两篇评论稿件都是同一类型。词差不多，语法结构也差不多。写两个版本需要相同的能力水平。但人们认为，批判性的评论员比表扬性的评论员的才智要高14%，并且文学专长要高16%。

我们认为业余爱好者可以欣赏艺术，但需要专业人士来对艺术进行批判。仅仅是将几个词从褒义转变为贬义——"极富创见"变成"毫无创见"，"才华横溢"变为"能力平庸"，"影响巨大"变为"影响甚微"，"激情澎湃"变为"绵软无力"，"卓越写作的新高度"变为"拙劣写作的新纪录"，就足以使批评性的评论员听起来更聪明。"预知黑暗与毁灭会出现智慧和洞见，"阿玛比尔写道，"而乐观的陈述被视为天真的'盲目乐观'。"

离经叛道

首先强调自己的缺点的第二个好处是：它让你看起来聪明。[1]鲁弗斯·格里斯科姆在他的职业生涯之初在出版业中首先发现了这一现象。他认识到，"没有什么比写一篇乐观的评论更羞耻的了"。即使评论员喜爱一本书，他们也感到有必要在文章结尾再加一个段落指出这本书的缺点。用格里斯科姆的话来说，这是他们的说话方式，"我可不是一个笨蛋，我并没有完全被这个作者欺骗。我的眼睛是雪亮的"。当他告诉投资者 Babble 的问题时，他充分展示了自己没有被自己的想法蒙蔽，也没有试图去蒙蔽投资者的观点；他十分清楚自己的缺点。他非常聪明，做足了功课，预测到投资者可能会发现的一些问题。

首先强调自己缺点的第三个优势是，它使你更值得信赖。当格里斯科姆描述了他在生意上面对的障碍时，他不仅仅显得知识渊博，而且还显得诚实谦虚。当然，如果强调听众还没有发现的弱点可能会适得其反——他们就拥有了否决你想法的理由。但格里斯科姆的观众已经持怀疑态度，并且在尽职调查过程中，他们无论如何都要找出公司的许多问题。"投资者的任务是要弄清楚公司存在什么问题。我告诉他们这种商业模式存在哪些问题，等于是我为他们做了一些工作。这样就建立了信任。"格里斯科姆解释说。此外，坦率地谈到企业的弱点使他在谈到公司优势时更可信。"要做到谦逊，直面公司的问题，你需要足够的信心，"格里斯科姆说，"如果我愿意告诉他们公司存在哪些问题，投资者会认为，'一定没错'。"迪士尼非常信任格里斯科姆，以至于他们在收购 Babble 后，让他在业务部当了两年副总裁兼总经理。这意味着他在开发迪士尼互动数字化战略中扮演重要角色。赛瑞克效应再次产生作用。

---

[1] 正如你可能预想到的那样，如果你在宣传一个糟糕的想法，这种方法不起作用。斯坦福大学心理学家扎克·托马拉（Zak Tormala）发现，由于惊奇的因素，听众更容易相信专家表达的怀疑而不是肯定。我们预期一个企业家或一个推动变革者表示肯定。当他们不确定时，我们就会被吸引住，更加关注他们表达的信息——这意味着如果想法很震慑人心，我们会接受。只有当你在传达一个十分有说服力的信息时，赛瑞克效应才会起作用。——作者注

这种方法的第四个优点在于：由于我们在处理信息时存在偏见，这种方法使听众对想法本身的评价更积极。为了说明这一偏见，我经常让高管思考他们生活中的幸福之处，然后对自己的幸福感做一个评价。其中一组的任务是写下3件他们生活中的乐事；另一组要求列出12件。每个人都预计第二组会感到更幸福——写出的乐事越多，对自己的境况应该感觉越好。但大多数的时候，情况恰恰相反：列出3件乐事的幸福程度比列出12件的要更高。为什么会这样呢？

心理学家诺伯特·施瓦茨（Norbert Schwarz）向我们表明，越容易想到的事物，我们就越会认为它常见和重要。让高管想出生活中3件幸福的事情对他们来说是轻而易举的事，他们立即列出他们对孩子和配偶的爱以及他们对工作的热爱。由于列举两三条生活中的乐事非常容易，他们由此推断，他们的生活是相当幸福的。但是很显然，要列举生活中12件幸福的事并不那么容易。他们写了家庭和工作之后，高管们通常会提到他们的朋友，然后询问他们能不能把朋友一个个单独计算。他们费了很大力气才写出他们生活中12件幸福的事情，并由此得出结论，认为他们的生活并不那么好。①

这正是投资者们在鲁弗斯·格里斯科姆指出Babble的弱点时所想的。格里斯科姆承认了Babble最严重的一些问题，这就使得投资者们很难再想到公司存在的其他问题。当他们自己努力地去寻找Babble的其他问题时，就会认为Babble的问题实际上并没有那么严重。当格里斯科姆在Babble早期的董事会会议中测试他的颠倒宣传策略时，他就发现了这一点："当我一开始列出可能会对公司不利的因素时，董事会的反应却是完全相反的——

---

① 对于破坏了他们对自己生活的满意度，我心怀愧疚，于是做了补偿实验，我让这些高管们列出3件或12件生命中的坏事。说出3件坏事很容易，也让我们觉得生活实在不如意。但要想出整整12件坏事没那么容易，这会让我们意识到生活其实没那么糟。另一种补偿方式是让他们评价某个名人。心理学家杰弗瑞·汉多克（Geoffrey Haddock）曾做了实验，参与者数落了英国首相布莱尔的三五个缺点。再想出更多讨厌他的理由后，参与者反而更喜欢这位首相了。要想出布莱尔别的令人讨厌的地方实在太难，因此他们觉得布莱尔也没那么坏。——作者注

哦，这些东西并不那么糟。牛顿第三定律可以适用于人类动力学之中——每一个行为都有一个大小相等、方向相反的反作用力。"

正如展示自己的弱点反而可以使听众更难想到其他的弱点，能否有效表达，取决于我们是否能让想法的积极一面更容易被听众理解。而这一点又取决于是否能让听众对你所要表达的信息感到更加熟悉。

陌生产生轻视

请看以下列出的一些熟悉的歌曲。选择其中一曲，并在桌上敲出它的旋律：

- 《生日快乐歌》
- 《玛丽有只小绵羊》
- 《铃儿响叮当》
- 《昼夜摇滚》
- 《一闪一闪亮晶晶》
- 《划船歌》
- 《星条旗之歌》（美国国歌）

现在，你认为你的朋友能够听出你所敲旋律的歌曲的概率有多大？

多年来，我一直在让领导者和学生做这一练习，在派对上做这个练习十分有趣，又有教育意义。你预计结果如何？如果说概率为零，你要么是质疑自己的敲击技能，要么是严重怀疑你朋友的听力。在斯坦福大学最初的研究中，敲击的人认为听众很容易能猜到是什么歌曲，他们预测同伴会有50%的概率正确说出歌曲的名字。但当他们真正敲击歌曲旋律时，猜对的概率只有2.5%。在敲击的120首歌曲中，人们预计会有60首歌曲被猜对。而在现实中，只有3首被猜对。在众多机构中我发现了相同的结果。在摩根大通的高层领导团队会议上，首席执行官杰米·戴蒙（Jamie Dimon）预测，

孤立无援：向上级说出真实想法

坐在他旁边的高管100%会猜对。他碰巧猜对了。但大多数的时候，我们对自己的预测过于自信。这是为什么呢？

对于正常人来说，在头脑中没有听到歌曲曲调的情况下，是不可能敲击出一首歌的旋律的。因此我们无法想象，当你的听众在没有听到伴随的曲调的情况下，你敲出的断断续续的声音对他们来说意味着什么。正如奇普·希斯（Chip Heath）和丹·希斯（Dan Heath）在《粘住》（*Made to Stick*）中写道："听众无法听到那个曲调，他们所能听到的只是一堆断断续续的敲击声，就像是一种奇怪的莫尔斯电码。"

这就是说出创新想法时所面对的一个核心挑战。当你提出一个新的建议，你不仅在你的脑中听到一个曲调。

你还写了一首歌。

你已经花了好几个小时、好几天、好几周、好几个月，甚至好几年的时间构思琢磨。你仔细考虑了面临的问题、制订了解决方案并且进行排练。你将歌词和旋律熟记于心。但在这个时候，对于第一次听这首歌的听众来说，我们无法想象这首歌的曲调对他们来说意味着什么。

这就说明了为什么我们经常没有充分表达我们的想法。由于我们已经对我们的想法太熟悉，以至于低估了听众需要听多久才能理解并沉浸其中。几年前，哈佛大学教授约翰·科特（John Kotter）对变革推动者进行研究，他发现通常有10%的情况下，他们没有充分表达他们的愿景——平均而言，他们谈到变化方向的次数比他们的利益相关者需要听的次数要少得多。在3个月的时间段内，员工可能会接触到230万个词和数字。平均而言，在此期间，只有13400个词和数字是关于变化的愿景的——在一个30分钟的演讲中，或一个1小时的会议中，或者在简报和备忘录中。既然在这3个月中，99%以上的时间员工经历的沟通不涉及变革的愿景，又怎能指望他们的想法被理解，更不用说将它们内化了。变革推动者并没有意识到这一点，因为他们对他们自己的想法太熟悉了。

离经叛道

如果我们想让人们接受我们创新的想法,我们需要将它们表达出来,然后进行改进并反复陈述。为了说明这一点,以下两个词你更喜欢哪一个?

iktitaf sarick

如果你和大多数人一样,你会选择 sarick 而不是 iktitaf。但你的偏好与这两个词本身无关。

著名心理学家罗伯特·扎乔克(Robert Zajonc)把它称为纯粹接触效应(mere exposure effect)[38]:我们对什么东西接触得越多,我们就会越喜欢它。当他第一次向人们展示这两个无意义的词 iktitaf 和 sarick 时,实验证明人们对这两个词的偏好程度相同。但在比较实验中,扎乔克将其中任意一个词展示了两次,人们开始偏爱这个展示了两次的词,之后再将这个词展示了 5 次、10 次、25 次后,人们的偏好程度进一步增加。为了提高你对 sarick 的偏好,我在之前关于鲁弗斯·格里斯科姆那部分叙述中 5 次提到这个词。

根本就没有所谓的赛瑞克(Sarick)效应,也没有叫莱斯利·赛瑞克的社会科学家。我编造了这些是为了说明纯粹接触效应。(鲁弗斯·格里斯科姆是真实存在的,这本书中其他所有列出的人也都是真实存在的。)

纯粹接触效应已被复制多次,我们对一张脸、一个字母、一个数字、一种声音、一种味道、一个品牌或者一个汉字越熟悉,我们就会越喜欢它。在不同文化和不同物种中也是如此——鸡宝宝甚至也证明了这一点。我最喜欢的实验是让人们看自己和朋友的照片,有的是正常的,有的是左右颠倒的,仿佛在镜子里看到的那样。我们更喜欢我们朋友正常的照片,因为那是我们通常看到他们的样子,但我们喜欢颠倒照片中的自己,因为我们平时照镜子看到的就是这样的。"熟悉不会产生轻视,"[39]企业家霍华德·塔尔曼(Howard Tullman)说,"它会带来舒适感。"

对这种效应的一种解释是,接触可以让人们更容易理解。陌生的想法需要花更多的精力去理解。我们看到、听到、触摸到某项事物越多，我们就会对它感到越适应，越没有胁迫感。

就如同胶卷过度曝光会受到损坏，听太多遍歌曲往往会让我们感到烦扰，对某一想法太过熟悉会让我们感到厌倦。但在大声说出自己的想法时，人们很少充分地将自己的想法输出给他们的听众。证据表明，总体而言，当人们接触某一想法10~20次时，偏好程度会不断增加，对于更复杂的想法，更多的接触还是有用的。有趣的是，当接触时间短并且和其他想法混在一起时，会有助于保持听众的好奇心。最好在展示想法和评价想法之间引入一段延迟，这会给听众的理解消化提供时间。如果你向老板提出一个建议，你可能得先在周二的一次谈话中做一个30秒钟简明扼要的说明，然后在下周一进行简要回顾，最后在周末寻求反馈。

当卡门·梅迪纳在2005年成为中情局情报副主管时，她明白如果她想让情报分析师更加公开地分享信息，就必须经常向他们灌输她的想法。于是，她开通了一个保密的内部网络博客，这一模式与她所推崇的透明模式非常相像。她每周写两次简短的评论，表达她的观点，即需要更少的保密，更多的信息共享，并暗示这将是未来的发展趋势。起初，许多领导者本能地驳回了这一想法。但正如关于接触的研究显示，在其他对话之间穿插着简短的陈述，以及中间的延迟，使领导者重温梅迪纳的想法。不久，中情局的技术专家在内部网络开发一个平台，允许员工建立自己的博客——熟悉度进一步蔓延。人们开始赞扬梅迪纳开通博客的勇气[1]。如今，多亏了她的努力，情报界拥有了一个充满活力的博客，不同机构的分析师可以在其中用非正式的方式分享知识。

---

[1] 邓尼西和伯克刚开始鼓励大家给内部百科做贡献时，很多主管都不准下属使用。他们担心在机构之间发布和传递信息时有安全漏洞，质量退化，没有效率。但当他们接触得越多，就越感觉到发生变化时不需要通过指挥系统的层层审批——通过话题分享信息着实比通过机构传达来得有效。3年时间里，内部百科日编辑量超过4000次，梅迪纳提供的空间已经成为多个创新项目的起始点。——作者注

离经叛道

在离开之前放弃

当我得知卡门·梅迪纳的故事时,我实在不明白为什么她因为发表自己想法毁了自己的职业生涯后还是继续选择发表自己的想法。据经济学家阿尔伯特·赫希曼(Albert Hirschman)的一本经典著作介绍,应对不尽如人意的处境有4种不同的选择。几十年的研究表明,无论你对自己的工作、婚姻或者政府满不满意,你的选择不外乎退出、发出声音、保持忠诚和忽视这4种。退出意味着从这一处境中完全脱身:放弃一份痛苦的工作,结束一段耻辱的婚姻,或离开备受压抑的国家。发出声音包括积极设法改善境况:向你的老板表达你充实工作的想法,鼓励你的配偶寻求心理咨询,或是成为一个政治活动家以选出一个比较清廉的政府。忠诚是指咬紧牙关去忍受:即便工作令人窒息仍继续努力工作,强忍着和配偶在一起,或者即便反对政府的做法还是支持政府。忽视包括停留在当前境况,但不那么努力:工作做得马马虎虎不被解雇就行,选择新的爱好使你远离你的配偶,或者拒绝投票。

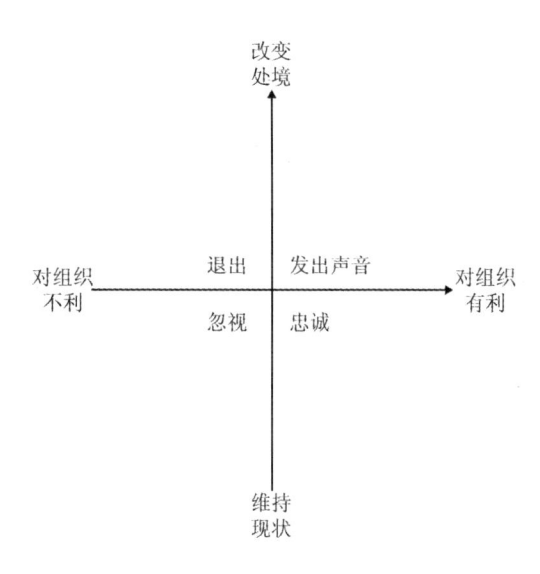

	改变处境	
对组织不利	退出　发出声音 忽视　忠诚	对组织有利
	维持现状	

孤立无援：向上级说出真实想法

从根本上说，这些选择都是基于控制感和献身精神。你相信你能实现变革吗？你在乎不断尝试吗？如果你认为你被困在当前的处境中，如果你不愿意献身，你会选择忽视。如果你有献身精神，你会选择忠于现状。如果你的确觉得可以有所作为，但对配偶、国家或组织没有献身精神，你会选择离开。只有当你极度在乎，并且相信你的行动十分重要，你才会考虑将自己的想法说出来。

在卡门·梅迪纳起初几次因为试图发表自己的想法而受到压制之后，她不再相信她能带来改变。她不是那种会忽视自己责任的人，但她的一些献身精神已经动摇："我像是船上的难民，在忽视和忠诚之间的某个地方。"即使过了几年之后，她还是不会忘记之前因为发表意见而使事业遭受重创的经历。"我当时很犹豫是不是要继续回去工作。我不确定时间是否已经过去得足够多了，"她仔细思索着回忆道，"你知道为什么我会疯狂到再做一遍？因为我的上司是迈克，在我职业生涯中，他是我最喜欢的老板。"

在工作中，我们的献身精神和控制感更多地依赖于我们的直接上司，而不是其他人。当我们有一个支持性的老板，我们同组织的纽带关系就会加强，感到自己有更大范围的影响力。我想象中的那个给予梅迪纳信心、使她再次发表意见的老板应该是一个温暖、可信、有合作精神的人。而当梅迪纳向我描述她的老板是一个"容易愤世嫉俗和善变"的人时，我非常惊讶。她描绘的老板的形象更像是一个令人讨厌的、对他人持批评和怀疑态度的人。虽然当我们冒风险时，通常最不会去找的就是这种令人讨厌的老板，而事实上，他们有时会是我们最好的支持者。

尽管和蔼可亲的人可能会喜欢我们，但他们通常更讨厌冲突。他们渴望取悦他人并保持和谐，这使他们容易退缩，而不是坚定地支持我们。"因为和蔼可亲的人重视合作，遵从规则，他们不愿惹出风波，破坏和谐的人际关系。"管理研究者杰夫·勒潘恩（Jeff LePine）和林恩·范·达因（Linn Van Dyne）在发表研究意见时写道。往往是说话带刺的主管更容易站在反对他人、反对传统的立场上。正如一名谷歌员工所说的那样,他们的用户界面可能很糟糕[40],但他们的操作系统很出色。

在由心理学家史蒂芬·柯特(Stéphane Coté)领导的一项研究中,成年人填写一份个性调查表,衡量他们的性格是随和的还是不容易相处的。在接下来的3个星期里,他们每天报告6次他们在做什么,以及他们的感受。随和的人最幸福的时刻是当他们对别人进行恭维和赞美、微笑、同他人一起欢笑、表达喜爱之情、安慰别人、做出妥协或让步以取悦他人时。不易相处的人则相反,当他们在批评、反对或挑战他人时感到最幸福。

在决定说出自己的想法的时候,选择听众和选择传递信息的方式一样重要。当我们的听众是随和的人,他们的直觉是点头和微笑。由于他们努力去包容和避免冲突,他们往往尽量避免提供批评性的反馈。不容易相处的管理者则更倾向于挑战我们,提高我们有效表达的能力。"冷嘲热讽在很多时候是对的,只要不是太过分,"梅迪纳说,"我认为迈克从没有完全相信这是中情局应该采用的方式,但他尊重思想的多样性。尽管他不一定同意,我们的确在一些事情上有分歧,但我觉得我可以同他坦诚相待,他会给我足够的空间,但实际上当我走到死路之前他会让我悬崖勒马。"

我们不应该找那些非常随和的人做我们的听众,而最好去找那些拥有创新历史的人提出建议。研究表明,如果管理者曾经有过挑战现状的历史,他们往往对新的想法持更加开放的态度。他们更关心如何使组织变得更好,而不是捍卫它当前的状况。他们积极主动地承担推进组织的使命,这意味着他们不会忠诚到对组织的缺点视而不见。"迈克热爱中情局,但他愿意持批判态度。在他谈论到中情局的使命时,他会热泪盈眶,"梅迪纳说,"与中情局的其他管理人员相比,他对不称职的人和怪人有更高的包容。"

梅迪纳的上司难以相处,但他的第一要务是增强中情局的实力,因此,梅迪纳重新获得控制感和献身精神。因为她知道她的上司会在背后支持她,她准备重新开始,继续努力,促使信息分析更加开放。

孤立无援：向上级说出真实想法

当梅迪纳在中情局的地位不断攀升，她注意到她的同事们变得更容易接纳她的建议，虽然大多数中层管理人员表示轻视。社会科学家很早以前就证明了这种中等地位服从效应。[41]如果你在顶层，人们认为你应该与众不同，因此你可以不走寻常路。同样，如果你仍然停留在底层，你没有什么可担心会失去的，就可以毫无顾忌地追求创新。但如果你是一个机构中的中层员工——这一部分群体往往在组织中占大多数，你会有着强烈的不安全感。你既然已经获得了几分敬意，就会十分重视你在群体中的地位而不想破坏它。为了维持并取得地位，你对领导唯命是从，从而证明你作为团队成员的价值。正如社会学家乔治·霍曼斯（George Homans）所发现的："中层阶级保守主义反映出那些渴望跻身高层，但又担心被剥夺选举权的人所经历的焦虑。"从底层降到更低的地位不会有什么太大损失，但从中层降低到底层则是毁灭性的打击。

不久前，有人要我在台上对谷歌首席执行官拉里·佩奇进行采访。在活动开始前一天的晚宴上，我问他为什么在谷歌建成之初，他和谢尔盖·布林一直非常犹豫是否从斯坦福大学退学，并全身心投入谷歌公司的工作。他的回答关注的是他们职业生涯所处的阶段。如果他们已经成为学术明星，他们便可以投身到谷歌，不用担心会对自己的职业带来任何风险。而如果在职业生涯早期，他们毫无地位，也完全不用害怕承担风险——佩奇在大学里忙着发明太阳能汽车，用乐高玩具制作一台打印机。但是，一旦当他们在获得博士学位的路上取得了显著进步，他们退学的损失就会更大。

在中等阶层服从（middle-status conformity）的影响下，我们选择已经尝试过的安全稳妥的路径，而不是冒风险去走很少人走过的创新之路。哥伦比亚大学社会学家达蒙·菲利普斯（Damon Phillips）和麻省理工学院的以斯拉·朱克曼（Ezra Zuckerman）发现，当证券分析师处于中层，或者雇用他们的银行处于中等地位，他们就不太可能去发布股票负面评级。因为提出出售股票的建议会激怒那些对股票看好的企业高管和投资者。在

81

离经叛道

小银行工作的业绩平平的分析师即使冒风险也不会有太大损失，而在顶尖银行工作的明星分析师有一个安全网。但对于在中等水平银行中工作的、已经小有成就并希望获得晋升的分析师来说，提出负面建议可能会对其职业发展带来重大打击。[1]

随着卡门·梅迪纳的地位不断提高，她明白向上和向下表达自己的想法更有效，并减少向中层管理人员提出建议的时间。高层领导认为她是不可多得的人才，能够发现机构的问题，并且相信可以带来改变；并且由于单位的下级同事的青睐，她的威信进一步加强。当她同中情局的新星分享她的看法，他们感到非常兴奋，并将她提拔到更高的位置。"年轻的员工非常欣赏她新颖的想法，并把她作为真正的榜样，这就使得别人更加难以反对，"梅迪纳的同事苏珊·本杰明（Susan Benjamin）说，"这巩固了她的声誉，并且使越来越多的人了解到她的想法。"

发声＋女性身份，双重少数身份带来双重风险

对于任何人来说，将倾向于规避风险的中层管理人员当作听众去发表自己的意见是一种挑战，对于卡门·梅迪纳来说尤其如此——她在一个以男性为主导的组织工作。当我第一次听到她的故事，我天真地认为"男人来自火星，女人来自金星"这样的想法已经是很久远的事了，最终我们会

---

① 难道真的是中间状态使我们选择了服从而不是创新？也许传统的人仅仅会选择中间地位的角色，或者有足够的雄心到达中间地位，但他们缺乏到达顶层的创新精神。事实并非如此。有新的证据表明，处于中间等级会减少我们的创新能力。[42] 心理学家米歇尔·杜吉德（Michelle Duguid）和杰克·贡萨洛（Jack Goncalo）做了一个实验，当参与者被分配为中层管理者的角色而不是主席或助理的角色时，他们产生的想法数量减少了34%。在另一项实验中，仅仅让参与者思考他们处于一个中间角色，就使参与者产生的想法数量减少20%～25%，并且他们想法的创新程度比他们设想自己处于顶层或底层状态时还低16%。由于处于中间等级的人一旦失败会冒更大风险，他们十分犹豫是否要用创新的方式来完成一项任务。——作者注

依照想法的质量来进行评估,而不是依照陈述想法的人的性别。但当我看到证据,我沮丧地发现,即使在今天,女性发表意见仍然是非常困难的。在不同文化中,有相当多的证据显示人们仍旧持有强烈的性别角色的刻板印象——认为男人是有决断力的,女人是热心于公共事业的。当女性发表意见,她们会冒违背性别刻板印象的风险,导致听众认为她们太好强。发表意见是领导力的表现,正如脸书首席运营官谢丽尔·桑德伯格在《向前一步》中写道:"当一个女孩尝试领导者角色时,她常被贴上'爱使唤人'[43]的标签。"

当我分析自己收集的数据,结果令人深感不安。在一家国际银行和医疗保健公司,我发现,提出新的创新想法会让男性的业绩评估分数更高,而女性则不然。其他研究显示,发表意见次数多的男性主管会获得奖励,但如果是女性主管发表意见,则会同时受到来自男性和女性的贬低。同样,当女性提出改进建议,管理者会认为她们的忠诚度比男性低,而且不太可能将她们的建议付诸实施。尤其是在以男性为主导的组织中,女性会因发表意见而付出代价。①[44]

在卡门·梅迪纳第一次尝试发表意见时,她为此付出了代价。她说:"女性可接受的行为范围比男性的要窄。"在她第二次复出期间,她有了不同的体验。由于她工作的一部分职责是将信息放到网上,因此她在发表提高透明度的意见时不再需要担心显得过于激进。"20世纪90年代初,当我把一切弄砸时,我把对实现变革的投入与职业生涯没有进步而感到的沮丧相混淆了。所以我总是以'我'为中心,"梅迪纳告诉我,"而第二次则与第一次有

---

① 这有助于解释性骚扰的模式。在3项研究中,性别问题专家珍妮弗·伯达尔(Jennifer Berdahl)发现,性骚扰并不是主要受性欲驱使的:符合美的标准的女性并不是受到性骚扰次数最多的。相反,"主要是受惩罚违背性别角色的人而驱使的。因此,性骚扰是冲着那些违反女性标准的女性的,"伯达尔发现,"自信、有主见、独立的女性"面临的骚扰最多,特别是在男性占主导地位的组织中。她得出结论,性骚扰主要是针对那些"傲慢自大的女性"。——作者注

很大的不同。我以任务为核心。"大量研究表明，女性代表别人发表意见时，她们不再遭到强烈的反抗，因为别人觉得她们是"热心于公共事业"的。

毫无疑问，梅迪纳面临的道路更加崎岖，因为她身处一个以男性为主导的中央情报局中，而她又是波多黎各人，这使她不仅仅属于一个，而是两个少数群体。新的研究表明，她的双重少数群体的身份可能会使她发表意见时付出的成本和得到的回报倍增。管理研究员阿什利·罗塞蒂（Ashleigh Rosette）——一位非裔美国人，发现如果她比白人女性和黑人男性在领导中更果断，她所受到的对待会不同。她与同事合作研究发现，双重少数族群身份的成员面临双重危险。[45]当黑人女性失败后，人们对她的评价比对黑人男性和白人男性或女性领导者的更严厉。她们作为女性和少数族群，不符合人们的刻板印象——即领导者应该是白人和男性，并且一旦她们犯了错误，她们会遭到更多责备。罗塞蒂的研究小组指出，对于双重少数群体的人，失败是注定的。

不过有趣的是，罗塞蒂和她的同事发现，当黑人女性在行动中更强势时，她们却不会面临同白人女性和黑人男性一样的惩罚。作为双重少数群体的身份，人们无法将她们进行归类。因为人们不知道哪种刻板印象适用于她们，因此她们会有更大的灵活度，无论她们的行为举止更像"黑人"还是"女性"，她们都不会违反人们的刻板印象。

但这只有在有确凿证据表明她们十分有能力的情况下才会成立。对于少数群体中的成员来说，在行使权力之前赢得地位至关重要。卡门·梅迪纳暗暗地将推进情报在线分享作为她工作的一部分，这使她能够逐渐积累一些成功，而不引起太多的关注。"我能够在雷达下飞行，"她说，"没有人真正注意到我在做什么，我不断地重申要让组织随时发布信息，我取得了进展。这几乎就像是在后院中做实验。我几乎不受什么限制，可以继续实施我的计划。"

一旦梅迪纳积累了足够的成功经验，开始再次发表意见，这个时候，人们都愿意去倾听了。罗塞蒂发现，当女性登上顶层，很明显，她们成了掌舵者。人们认识到，既然她们已经克服了偏见和双重标准，她们一定有不同寻常的进取心和才华。但是，如果人们对发表的意见置若罔闻，情况会怎么样呢？

未选择的路

唐娜·杜宾斯基（Donna Dubinsky）年近三十，这是她一生中最忙碌的时候。她于 1985 年任苹果公司的发行和销售经理，几乎是马不停蹄地从早工作到晚，疯狂地关注着计算机的装运工作，以满足爆炸性的需求。突然，史蒂夫·乔布斯提出要取消美国全部 6 个仓库，降低库存，开始采用即时生产体系。电脑会根据订单进行组装，并通过联邦快递隔日送到。

杜宾斯基认为这是一个巨大的错误，会危及公司所有的未来发展前景。"在我看来，苹果的成功依赖于发行的成功。"[46]她说。她暂时忽略了这件事，认为它自然会被否决，但它没有。于是杜宾斯基便开始证明自己是对的。发行工作进行得十分顺利，她坚称：她的团队在该季度创下纪录，并且几乎不存在任何投诉。

尽管她对发行领域十分精通，但她的反对意见被驳回。最终，她被分配到了一个工作小组，花几个月的时间对乔布斯的建议进行审议。在最后一次工作小组会议上，她老板的老板问，是否每个人都同意这个即时生产体系。乔布斯拥有权力，大部分人都追随他的想法；与杜宾斯基持相同意见的是少数。她应该发表自己的意见吗？她应该挑战这个以机智善变著称的创始人兼董事长吗？她是否应该保持安静以取悦乔布斯？

杜宾斯基是 20 世纪 80 年代苹果电脑公司中少有的担任管理职务的女性之一，"我从来没想过性别会是个问题"。她非常敬业，她全身心地献身于公司；她有控制力，她负责分销部门的一部分；她决定坚持己见，并重申

离经叛道

她对乔布斯建议的反对。她知道她需要更多的时间来证明她的想法,她见了她老板的老板,并发出了最后通牒:如果30天内,她没有准备好自己的反提案,她就自行离开苹果。

画出如此鲜明的界线是一个危险的举动,但她的请求获得了批准。杜宾斯基制订出一个新的用来巩固客户服务中心的提案,而不是改为采用即时生产体系,这将会在没有风险的情况下获得一些预期收益。她的提案被接受。

杜宾斯基解释说:"我的意见之所以被倾听,是因为我做出的成果和影响。人们把我视作可以让想法变为现实的人。如果你成为可以带来成果的人,做你的工作并把它做好,你就建立了别人对你的尊重。"她在行使权力之前已经赢得了地位,因此她有可以使用的性格信用。

在外界看来,反对史蒂夫·乔布斯的意见似乎败局已定。尽管乔布斯不容易相处,但他正是那种可以向其提出反对意见的人。杜宾斯基知道乔布斯尊重那些敢于同他对质的人,并且对于采用新的做事方式持开放态度。此外,她并不是为自己说话,而是为维护苹果的利益。

由于杜宾斯基敢于挑战她认为错误的想法,她获得了提拔。她并不是唯一的一个。从1981年开始,麦金塔(Macintosh)团队已经开始每年选出一位敢于挑战乔布斯的人,授予其奖章,乔布斯还会提拔获奖者负责经营苹果的主要部门。

将卡门·梅迪纳的经历同唐娜·杜宾斯基的经历进行比较,我们不禁提出一个重要的问题:什么是处理不满的最好方式?为追求创新,忽视并不是一种选择。忠诚是赢得发言权的临时途径,但从长远来看,忠诚同忽视一样只是维持现状,而不能解决不满。要改变这种状况,退出和发表意见是唯一可行的替代方案。

多年前,经济学家阿尔伯特·赫希曼提醒了我们退出的一大缺点——虽然它能够改变你自己的情况,但不会使其他人的状况变得更好,因为现状仍旧持续。赫希曼在他的经典著作中说:"在缺乏退出机会的情况下,人们选择发表意见。"[47]

在1995年大发雷霆之后,卡门·梅迪纳决定离开中情局,开始在情报界之外寻找工作,但她一个都没找到。近年来,世界发生很大变化,放弃一个工作变得非常容易,一辈子在一个单位工作已成为历史——动态的劳动力市场使许多人可以在其他用人单位获得新的岗位。由于全球化、社交媒体以及便捷的交通和先进通信技术的出现,我们比以往任何时候拥有更多的流动性。鉴于这些优势,如果你对你的工作不满意,你可以很容易地换个工作,为什么还要为发表意见而付出代价呢?

在赫希曼看来,退出不利于创新,但唐娜·杜宾斯基的经历呈现了退出的另一面。在赢得苹果的经销战斗后,她在Claris(苹果公司的一家软件子公司)获得国际销售和营销的高级职位。几年之内,她所带领团队的销售业绩占Claris全部销售额的一半。1991年,苹果拒绝将Claris分拆成一个独立的公司,杜宾斯基因为自己无法有所作为而感到非常沮丧,她选择了退出。她飞往巴黎进行为期一年的休假。她一边学习绘画,一边思考如何完成一个更大的使命。之后,她遇到一个名为杰夫·霍金斯(Jeff Hawkins)的企业家,认为他的初创公司Palm会成为下一轮技术大浪潮,于是接受了Palm公司首席执行官的职位。

在杜宾斯基的领导下,Palm公司开发了掌上电脑,这在新兴的个人数字设备市场上是头一个巨大成功。掌上电脑发布于1996年,在一年半的时间内销量超过百万台。但在1997年,Palm被3Com公司收购,杜宾斯基不同意一些战略决策。例如,当金融集团想要求各部门削减10%的预算时,杜宾斯基发出抗议,要求该公司投资那些获得成功的领域,削减那些没有成功的领域。结果她得到的回应是:"你不是一个很优秀的企业公民。你需要回去做你该做的事。"

杜宾斯基感到很沮丧。霍金斯离开Palm,并在1998年建了一个新公

离经叛道

司 Handspring。仅仅一年后，Handspring 公司推出 Visor 掌上电脑，迅速赢得 1/4 的市场份额。成功研制 Treo 智能手机之后，Handspring 公司于 2003 年兼并了 Palm。几年后，史蒂夫·乔布斯推出了 iPhone 手机。

杜宾斯基记得多年以前她与史蒂夫·乔布斯坐在一间卧室，"他说：'我绝不可能发明一个电话。'他会承认他是受到我们的影响吗？因为我们做出了一部伟大的手机，他才改变了主意？不，他绝不会承认这一点。但尽管他很固执，还是转变了想法"。

由于卡门·梅迪纳不可能退出，才使得她推动了国家安全的发展；由于唐娜·杜宾斯基有退出的可能，她开启了智能手机的革命。从这里获得的经验是，发表意见并不胜过退出，在某些情况下，离开一个令人窒息的组织可能是进行创新的更好路径。我们最应该做的就是表达我们的意见并减少投资组合的风险，如有必要，就要做好退出的准备。如果我们的老板改变了想法——就如同乔布斯所做的，我们要坚定自己的想法，并且表达出我们的意见，证明我们的想法的正确性。但如果他们不改变，我们的听众缺乏开放性，不去考虑其他想法，我们可能会在其他地方找到更好的机会。

我们还可能会存有一些疑问。假如梅迪纳离开了中情局，她还会在其他领域倡导透明度吗？如果杜宾斯基留在苹果公司，苹果公司会开发出 iPhone 或者催生一系列创新产品吗？

我们永远无法对这些与事实相反的情况获得答案，但我们可以从梅迪纳和杜宾斯基所做的决定中学到一些东西。虽然她们中一个最终选择了发表意见而另一个选择了退出，但她们的选择有一点是一样的：她们都选择说出意见，而不是保持沉默；选择采取行动，而不是停滞不前。研究表明，从长远来看，令我们感到遗憾的不是采取行动做某事犯的错误，而是不采取行动做某事的错误。如果我们能重新选择，我们中的大多数人不会选择闭口不言，而是会选择表达我们的想法和价值观。这正是卡门·梅迪纳和唐娜·杜宾斯基所做的，这使她们不会留有太多遗憾。

ORIGINALS

第四章

急躁的愚人：选择时机、战术性拖延和先动劣势

ORIGINALS

后天能做的事儿就别赶着明天做了。[48]

——马克·吐温 (Mark Twain)

急躁的愚人：选择时机、战术性拖延和先动劣势

已是夜深，在一间酒店房间中，一名年轻男子盯着桌上的一张空白的纸。他充满焦虑，拿起电话向一个住在楼下的顾问提出一些想法，然后那个顾问迅速上了楼，一起讨论一篇将改变历史的讲稿。凌晨3时许，这位男子仍在疯狂地工作着，"他已经精疲力竭了，几近崩溃"。1963年8月，华盛顿民权大游行第二天早晨就要开始了，但马丁·路德·金还未准备好他的闭幕词。

"他整个晚上都在苦思冥想该如何写，通宵达旦，"金的妻子科利塔（Coretta）回忆道，"他是最后一位发言者，他说的话将通过电视和电台转播给成千上万的美国人和世界各地的人们，因此此次演讲至关重要，既要鼓舞人心，又要富有智慧。"

早在两个月前，此次游行就已经向新闻界宣布了；金明白这将成为一次在历史上有着重大意义的行动。随着媒体的纷纷报道，预计至少将会有10万人参加游行。金负责招募一批名流来参加该次游行以此获得支持。参加者包括民权先驱罗莎·帕克斯和杰基·罗宾森，演员马龙·白兰度（Marlon Brando）和西德尼·波蒂埃（Sidney Poitier），以及歌手哈利·贝拉方特（Harry Belafonte）和鲍勃·迪伦（Bob Dylan）。

由于金有两个多月的时间来准备闭幕词，显然他本应该早就动笔开始打草稿了。由于每个演讲者最初只有5分钟的发言时间，他必须要小心翼翼地措辞。历史上伟大的思想家，不论是本杰明·富兰克林（Benjamin Franklin）、亨利·戴维·梭罗（Henry David Thoreau），还是与金同名的马丁·路德（Martin Luther），都发现与长篇大论相比，写一篇简短的演讲稿需要花费的时间更长。"如果要我做一个10分钟的演讲，我将会花上两周的时间来准备，"威尔逊总统说，"如果我可以想讲多久就讲多久，那我根本无须准备。"但金直到开始发表演讲的前一晚的10点钟才开始写他的演讲稿。

父母和老师一直要求孩子们尽早开始写作业，而不是拖到最后一分钟

才去做。在自食其力的世界中,所有行业都在为克服拖延而努力。但会不会正是拖延本身,使金发表出了他人生中最好的演讲呢?

在工作和生活中,我们不断听到这样的教导:早早行动是成功的关键,因为"当断不断,必受其患"。当我们得到一个有意义的任务时,别人建议我们要提早完成;当我们有一个创新的想法来研发一个产品或是经营一家公司时,别人会鼓励我们要抢占先机。当然,迅速采取行动有其明显的优势:确保完成任务,在市场中击败其他竞争对手。但在研究创新人物的过程中,我发现一个令人惊讶的现象——迅速行动、拔得头筹的优势远远小于其劣势。的确,早起的鸟儿有虫吃,但我们不能忘记,早起的虫往往会被逮住。

在这一章中,我们会讨论该在何时采取富有创新性的行动。当你准备做一项具有颠覆性的事情时,你就要选择是在破晓时分开始行动,还是等到正午,或是一直推迟到黄昏时分。而在此,我的目标是审视拖延带来的意想不到的好处,尤其是拖延任务的开始或结束时机,以及向世界宣告我们的想法的时机,推翻我们在创新道路上对时机的固有观念。我将在这里讨论为什么拖延作为一项恶习会有优点,为何抢占先机的企业家总是需要面对一场艰苦的战斗,为什么有时年长的创新者会胜过年轻的创新者,以及为什么成功推动变革的领导者是那些耐心等待恰当时机的人。虽然拖延看起来有风险,但你会发现,等待实际上可以防止你把所有的鸡蛋放在一个篮子里,从而降低风险。要成为一个创新者,你不必做第一个吃螃蟹的人,最成功的创新者并不总是按时完成任务。他们常常是那些在派对上迟到一小会儿的人。

另一个达·芬奇密码

近日,一个极富创造力的博士生基哈尔·信(Jihae Shin)向我提出了一个不同寻常的想法:拖延可能有利于创新。[49]当你拖延,你是在故意耽

急躁的愚人：选择时机、战术性拖延和先动劣势

误你所需要完成的工作。你也许正在考虑这项任务，但你却没有切实地采取措施推进这项任务的完成，而是做一些其他低效的事情。信认为，当你拖延一项任务，你就使自己获得时间进行发散性思考，而不是拘泥于一种特定的想法。这样一来，你可以考虑的创新概念就愈加广泛，因而可以最终选择一个比较新颖的方式。我对此保持怀疑，想让她通过测试来向我证明。

信让一组大学生写商业计划书，内容是关于一片大学校园空地的使用，这片空地过去是一家便利店。那些立即动笔写的参与者，他们提出的想法往往比较传统，比如在此处建另一家便利店；信随机选取一些参与者不立即动笔写，而是让他们去玩诸如扫雷、接龙、纸牌之类的电脑游戏，这群人产生出了更多新颖的经营理念，例如开一个家教中心或建设贮存设施。独立评分员对最终方案进行评级，他们不知道谁是立刻开始完成任务的，谁是拖延一段时间后才完成任务的。拖延者所提出的有创意的建议比立即完成者提出的要多出28%。

虽然这些结果让我们感到兴奋，但我们担心，拖延并不是带来创造力的真正原因。也许是玩游戏给人带来精神刺激，让参与者有精力进行更多富有创新的思考，或者仅仅是让他们思考时能够从任务的束缚中摆脱出来。但实验结果显示，不论是玩游戏还是休息，都不是提升创造力的原因。当人们在不知道任务之前就打游戏，他们并没有提出更多创新性的建议。只有在他们脑中明白他们要给商家写建议的任务之后再去玩游戏，这种拖延才使他们提出更多有创新的建议。如果他们立即开始工作，然后在完成任务前进行休息，由于任务已经取得太多进展，他们已经无法重新思考。只有让他们先开始思考任务，然后故意拖延，才会有想得更远的可能性，并产生更多的创意。延迟取得的进展使他们能够花更多的时间去考虑用不同的方式来完成它，而不是在一个特定的策略上"卡住和僵化"。

信的发现在现实世界中能站得住脚吗？为了找到答案，她从一家韩国家具公司收集数据。那些经常拖延的员工花了更多的时间进行发散性思维，

离经叛道

管理者给他们创新能力的评分更高。但不是每次拖延都能推动创意：如果员工没有内在的动力去解决重大问题，拖延只是让他们落在后面。但是，若是他们热衷于提出新的想法，那么拖延会使他们想出更多富有创意的解决方案。

拖延也许是高效的宿敌，但它可以是一种获得创造性的资源。工业革命和新教徒辛勤工作的职业道德让现代社会的人们非常热衷于效率，但在很久以前，古老文明已经承认了拖延带来的好处。在古埃及，人们用两种不同的动词表达拖延一词：一个意思是懒惰，而另一个的意思却是等待合适的时机。

历史上一些最有创造力的思想家和发明家都有拖延症，这并非巧合。一个典型的例子是莱奥纳多·达·芬奇（Leonardo da Vinci），他在绘画、雕刻、建筑、音乐、数学、工程、地质、制图、解剖学和植物学上都颇有造诣。学者估计，达·芬奇从1503年开始创作《蒙娜丽莎》这幅作品，其间断断续续，直到他1519年去世前才完成。批评家认为，由于他把时间浪费在做光学实验和其他令人分心的事上，他无法专心完成他的作品。不过这些干扰恰恰对他作品的创造性至关重要。正如历史学家威廉·帕纳派克（William Pannapacker）解释道：

> 莱奥纳多对光线如何照射球体的研究，对他的作品《蒙娜丽莎》和《施洗者圣约翰》带来影响。他在光学上花费的时间可能会推迟他完成一幅作品，但他最终在绘画上取得的成绩却取决于他的这些实验……这些实验对他来说并不是一种干扰——如与他同时代的许多人想的那样，他们是在用一生的时间进行思考，来创作出最伟大的作品。……选择性拖延或许耽误了莱奥纳多完成某些任务，但这些任务和他内心的浩瀚宇宙相比简直微不足道，只有深深着迷于现代社会对效率狂热追求的人才会认为他这样做是错的。平庸而追求效率的人只会走平凡的道路，既非常安全，又不会威胁到任何人。平庸的

急躁的愚人：选择时机、战术性拖延和先动劣势

人不会带来什么改变……但是，天才是不受控制的，也是不可控制的。你不可能根据一个计划或一份提纲来创造出天才般的惊人之作。

达·芬奇花了大约15年的时间构思《最后的晚餐》这部作品，同时他也在做许多其他工作。这幅画一开始的草图是主人公们坐在长椅上。十几年后，它发展成了最终名画里长桌边并排而坐的13个人。虽然他经常为他自己的拖延感到恼火，但达·芬奇意识到，创意不能操之过急。他指出："有时候，当天才工作的时间最少时，他完成的量才最多，因为他在对发明进行周密思考，并在他头脑中形成最完美的想法。"[1]

拖延的纪律

拖延成为富有创造力的思想家和伟大的决策者共有的习惯。想一想那些"科学天才奖"的获奖者——这一奖项被称为美国高三学生的"科学界超级碗"[2]。以心理学家瑞纳·苏伯尼克（Rena Subotnik）为首的团队在这些获奖者获奖10多年后，也就是他们三十出头时对他们进行采访，询问他们在例行公事和创造性工作，以及社会生活和健康行为中是否会拖延。超过

---

[1] 拖延可能对创造力尤其有利，我们在昏昏沉沉时也能解决很多问题。心理学家马瑞科·维茨（Mareike Wieth）和罗丝·扎克斯（Rose Zacks）曾调查学生的生活习惯是早鸟派还是夜猫子，然后让他们在早上8点或下午4点半解决分析型问题和顿悟型问题。他们在任何时间解决分析型问题都同样出色。但在顿悟型问题上，夜猫子早上完成得更好，早鸟派下午做得更好。其中一个顿悟型问题要求学生解释古董商如何识别一枚假的铜币。硬币上一面有一个皇帝的头像，另一面标着"554 BC"。处于清醒状态时，他们更可能选择过度结构化的线性思维，无法产生新奇的想法。但当他们状态不佳时，他们更容易产生随机想法，约20%的人突然想起了"BC"代表"公元前"，即耶稣基督降生之前。既然耶稣还没出生，硬币只可能在500多年后出现。如果你感觉在清醒时开始一个创造性的工作任务有压力，不如稍微拖延一下，直到你有点困倦。——作者注

[2] "超级碗"是美国国家美式足球联盟的年度冠军赛。——译者注

离经叛道

68%的人承认他们在以上4个方面中的两个方面存在拖延。拖延对创造性的工作尤其有用：他们"将拖延作为一段潜伏期[50]，以避免在对科学问题或解决方案上的选择不够成熟"。正如一个人解释的那样："通常，当我在拖延时，我的确把有些事情搁置在一边，我需要时间来解决另一些问题。"另一个人说，"在科学工作中，想法需要一定的时间才能成熟"，拖延是"克制冲动，避免过早做出回应"的一种方式。仔细研究了对这些早熟思想家和行动家的采访之后，苏伯尼克的团队得出了一个奇怪的结论。"很矛盾的是，"他们写道，"在创意领域中，肩负极大风险或全无后顾之忧的人是最有可能去拖延的人。"

在美国历史上，可能只有一篇演讲同金的演讲一样著名：亚伯拉罕·林肯的葛底斯堡演说。在短短的272个字中，林肯将内战重新定义为《独立宣言》中承诺的对自由和平等的追求。林肯在大约两周以前才收到发表讲话的正式邀请函。在他前往葛底斯堡的前一天，他只完成了大约一半的演讲稿。他的秘书，约翰·尼柯莱（John Nicolay）写道："在这种事情上，林肯可能遵循了他惯常的做法，他会用很大力气酝酿他的想法，使语句成型，直到达到满意的形式他才会动笔写下。"直到演讲前夜，林肯才最终写下结尾，演讲当日的早晨，他最终定稿。他等待着，因为他想写出最震慑人心的主题。

我们通常认为自律是一种优良品质，能够激励我们尽早开始工作。但创新者也同样有一种自律，这种自律让他们抵制住尽早完成任务的冲动。在心理学家沃尔特·米歇尔（Walter Mischel）所做的著名棉花糖实验中，能够不立刻吃糖，之后再获得两块糖的孩子最终在学术上和社交上更加成功。

在发表《我有一个梦想》的演讲之前的那个夏天，金就在内容和语气上向3位亲近的顾问寻求建议。然后，金与他的律师和演讲稿撰写人克拉伦斯·琼斯（Clarence Jones）就演讲进行了深入交谈。之后，金让琼斯和另一名活动家开始撰写一篇草稿。

急躁的愚人：选择时机、战术性拖延和先动劣势

在随后的几个星期，金抵制住了提前定下主题或方向的诱惑。直到游行前4天，他才开始积极准备演讲。游行前的晚上，金召集了一批顾问，回到初始阶段。琼斯回忆道，金说"这是'我们民权斗争中的一个重要里程碑'，我们应该尽一切努力从这场运动中的关键人物那里收集最佳的想法"。金在会议一开始就解释道，他"想要重新审视想法，获得最好的方案"。

金推迟了充实并确定演讲稿的任务，他让琼斯从蔡格尼克记忆效应（Zeigarnik Effect，又称蔡格尼克效应）[51]中受益——1927年，俄罗斯心理学家布鲁玛·蔡格尼克（Bluma Zeigarnik）表明，人们对于尚未处理完的事情，比已处理完成的事情印象更加深刻。一旦任务完成，我们就不再考虑这件事了。但当它被中断，或者未完成，它在我们的脑海中仍保持活跃。琼斯将他早期的草稿同当晚讨论的话题进行比较，"有些事情从我的潜意识中涌出"①。

4个月前，琼斯见了州长纳尔逊·洛克菲勒（Nelson Rockefeller），他是一位著名的慈善家，他的家族非常支持民权运动。琼斯希望能筹集资金将金从伯明翰监狱中保释出来。洛克菲勒在一个周六开了一个银行账户，给了琼斯一个装有10万美元的公文包。银行法规要求琼斯签下期票，洛克菲勒支付这张期票。金在发表演讲之前的晚上，琼斯回忆起那段经历，他意识到期票可以是一个强有力的比喻。第二天，金在讲话中开始的部分就使用了这一比喻："我们共和国的缔造者在拟写宪法和《独立宣言》的辉煌篇章时，就签署了一张期票……然而，今天美国显然对她的有色公民拖欠着这张期票。"

---

① 我在写这一章时故意拖延。我没有按照计划完成这一章，相反，我拖着没有完成，而是在写作的过程中停下来回复电子邮件。第二天早上，我才突然恍悟蔡格尼克效应的重要性。蔡格尼克可能会感到很高兴，因为我是在留下一个未完成的任务后想起了她关于未完成任务的记忆研究。当然，拖延有时可能做得太过极端。"我喜欢最后期限，"[52]道格拉斯·亚当斯（Douglas Adams）说，"我喜欢在最后期限过去后，人们快速工作发出的嗖嗖声。"——作者注

离经叛道

当金最后让琼斯上楼共同完成一个完整的草稿时,琼斯脑中充满各种想法。但这并不是拖延唯一的优点。

自由飞翔和祈祷

金发表他的重要演讲半个世纪后,有一组词一直铭刻在我们共同的记忆之中:"我有一个梦想。"它是人类修辞历史上最有名的词组之一,因为它描绘了一幅栩栩如生的美好未来的画面。但我吃惊地发现,关于"梦想"这一想法根本没有写进讲话中。它并没有出现在琼斯的草稿中,金也没有将它写在演讲稿中。

在演讲过程中,金最喜爱的福音歌手玛哈莉亚·杰克逊(Mahalia Jackson)在他身后喊道:"告诉他们这个梦想,马丁!"他继续按着讲稿进行演讲,玛哈莉亚又再次鼓励他。面对着现场25万听众,以及数百万在电视前收看的观众,金临时进行即兴演讲,将他的讲稿放到一边,发表他对未来的憧憬,振奋人心。"面对所有这些人,摄像头和麦克风,"克拉伦斯·琼斯思索道,"马丁发表了即兴演讲。"

拖延除了给我们提供时间去思考新的想法,它还有另一个好处:为我们进行即兴创作打开大门。当我们已经提前做好了计划,我们往往会坚持已经设计好的结构,而排除其他可能会出现的有创意的想法。几年前,心理学家发现,美国最有创意的建筑师往往比那些技术娴熟但无创新的建筑师表现得更率性自然、无拘无束。那些技术娴熟但无创新的建筑师认为自己在自控力和认真程度上表现得更好。在我与弗朗西斯·吉诺(Francesca Gino)和戴维·霍夫曼(David Hofmann)进行的一项对比萨连锁店的研究中,我们发现,最赚钱的比萨店店长认为自己最没有效率、办事最拖沓。同样,战略研究员苏奇塔·纳德卡尼(Sucheta Nadkarni)和波尔·赫尔曼(Pol Herrmann)对印度近200家公司进行研究,他们之后发现,那些经济效益最好的公司的首席执行官大都认为自己的效率最低、最不准时。

在以上两种情况中，最成功的组织的主管都承认他们经常会在完成工作之前浪费很多时间，有时不能给自己设定时间规划以按时完成任务。尽管这些习惯可能会妨碍到他们工作的进展，但这使他们能够在战略上更加灵活。在对印度公司的研究中，每家公司的高层管理团队中的多个成员对他们公司首席执行官的战略灵活性进行评分。对于那些仔细认真计划，喜欢尽早采取行动，并且工作勤奋的首席执行官，他们得到的评分显示出他们更加僵化——一旦制定了一项战略，他们就会继续坚持这一战略。而那些倾向于拖延工作的首席执行官则更加灵活，他们会适时改变战略，以利用新的机会并防患于未然。①

在金走上讲台发表演讲之时，即便到他走到麦克风前，他还在修改着他的演讲。"就在金快要上台之前，"政治家德鲁·汉森（Drew Hansen）写道，"他在等待上场的时间里还在写写画画，增删内容，似乎直到金走到讲台上发表，还一直在修改他的演讲稿。"在普利策奖获奖图书《耶稣受难记》（*Bearing the Cross*）中，历史学家戴维·加罗（David Garrow）认为，金像"某些爵士乐音乐家那样"进行即兴演讲。金表现自如,开始进行一些即兴发挥。

---

① 新领导接手一个团队或组织后，往往热衷于来点变化。但是耐心一点更有价值。在一项实验中，卡内基梅隆大学的教授安妮塔·伍利（Anita Woolley）让球队在50分钟内用乐高积木打造一个住宅结构，根据大小、坚固程度和造型美观评分。她随机挑选小组，让他们在任务开始时或25分钟后讨论策略。中途评估战略的团队比一开始就讨论的团队效率高80％。对任何讨论来说，任务刚开始都不是成熟的时机。成员对任务还不熟悉，他们不知道该如何设置有效策略。在中点时间暂停也很有讲究，它能让团队的乐高建筑高大美观，空间充足，还十分坚固。耶鲁大学研究员康妮·格斯克（Connie Gersick）发现，任务的中点往往是领导者提出变化的最佳时机，因为这是群体最开放、最能接受独创性的时机。他们仍然有足够的时间去尝试新的东西，因此他们能接受完全不同的方法。另外，由于他们已经用了一半的时间，所以会非常积极地选择一个好的策略。这就是半场休息在篮球和足球中如此具有影响力的原因之一：允许教练在团队最适合接纳新战略的时机进行干预。——作者注

演讲稿开头有一部分称宪法和《独立宣言》是"承诺所有人都拥有生命、自由和追求幸福的不可剥夺的权利"。在讲台上，金扩充了这一部分，强调了种族平等："保证所有人——黑人及白人——拥有不可剥夺权利的承诺。"

金的演讲进行到11分钟时，玛哈莉亚·杰克逊呼吁金分享他的梦想。他当时是否听到她说的话，现在并不清楚。但"就在一刹那，我决定了"，金回忆道。他融入了当时的氛围中，将他的梦想娓娓道来。演讲结束时，汉森指出，"金在预先的演讲中增添了很多新材料，以至于他的演讲时长增加了近一倍"。

伟大的创新者是伟大的拖延者，但他们并不是完全没有规划。他们有战略地推进，通过不断测试和优化不同的可能性，循序渐进地取得进展。虽然令人铭记的梦想金句是金即兴发表的，但在早先的演讲中就已有不同形式的排练。在近一年前，也就是1962年11月在奥尔巴尼，他就谈到过自己的梦想，并在随后的几个月，从伯明翰到底特律，他屡次提到。仅在他发表"我有一个梦想"讲话的那一年中，据估计，他走了27.5万英里（1英里约等于1.61千米），并发表了超过350次演讲。

虽然金可能拖延了演讲稿的写作，但他有丰富的素材供他使用，他可以即兴发挥，这使他的表达更加真实。"金收集了一系列演讲素材——他自己在布道时所做的出彩文章，其他传教士的作品、故事、圣经诗，最喜欢的诗人的诗句中的片段。"汉森解释道，"与其说金是撰写，不如说他在组装他的演讲稿，他将以前用过许多次的素材重新安排和调整。金在他演讲的过程中可以进行灵活的调整，如果他不选择脱稿讲的话，他在游行中的讲话内容是否会被后人铭记，就值得怀疑了。"

开拓者和定居者

创意实验室创始人比尔·格罗斯（Bill Gross）在参与了100多家公司

急躁的愚人：选择时机、战术性拖延和先动劣势

的创办之后进行了一项分析，解释为什么有的公司会成功，有的公司会失败。最重要的因素并不是独特的想法、团队才能和执行力、商业模式的质量，或者可用资金。格罗斯称，"最重要的是时机。[53] 42%的情况下都是时机决定了最后的成败"。

研究表明，在美国文化中，人们坚信先发制人的优势。我们希望成为领导者，而不是追随者。科学家们急于在他们的对手之前有新发现，发明家急于在他们的对手之前申请专利，企业家们渴望在自己的竞争对手之前上市产品。如果你最先推出一个新产品、提供一项服务或技术，你可以更早地上移学习曲线，占据主要空间，并垄断客户。这些有利条件可以为竞争者进入市场制造障碍：他们为创新做出的努力会由于你的专利和卓越的性能而遭到扼杀，他们的增长将受到抑制，因为要说服客户做出改变要付出高昂的代价。

在一项经典的研究中，营销研究员彼得·戈尔德（Peter Golder）和杰拉尔德·特利斯（Gerald Tellis）将开拓型企业同定居型企业的成功率进行比较。开拓型企业是先行者，它们最先开发或销售某一产品。定居型企业出手速度较慢，直到开拓型企业已经创造好一个市场，它们才进入。戈尔德和特利斯分析了36个不同类别产品中数百种品牌，发现这些品牌在失败率上的惊人差异：开拓型企业的失败率为47%，而定居型企业仅为8%。开拓型企业失败的概率大约是定居型企业的6倍。即使开拓型企业生存下来，它们也只能获得平均10%的市场份额，而定居型企业能获得28%的份额。

令人惊讶的是，做先发制人者的缺点往往超过其好处。总的来说，研究表明，开拓者有时可能会夺取更大的市场份额，但最终存活下来的概率更低，利润也较低。正如市场研究者丽莎·博尔顿（Lisa Bolton）的总结："虽然先发制人者在某些产业有一些优势，但学术研究结果仍然喜忧参半，并不支持整体上的先发优势。"

如果你是一个很急于进入一个新的领域的人，这些知识会让你不要冲

动,并使你仔细思考何时是最佳时机。但博尔顿发现了一些令人震惊的地方:即使人们了解了这些证据并不支持先发具有优势,他们仍然相信先发制人是对的。基于易得性偏差(availability bias),我们很容易想到那些成功的开拓者;失败的开拓者早已被人遗忘,所以我们假设在开拓中失败者是很罕见的。打破先发优势这一错误理念的最好的办法是:让人们思考有哪些理由可以说明先发劣势。根据你的经验,成为开拓者有哪些弊端?

定居者往往被冠以模仿者之名,但这种刻板印象有失偏颇。他们并不是去顺应现有的需求,相反,他们等待时机,直到他们做好准备来推出一些新的东西。他们往往进入缓慢,因为他们正在努力推出所属行业中革命性的产品、服务或技术。家庭视频游戏机的先驱是1972年马格纳沃克斯公司发行的奥德赛游戏机,它只有基本的体育游戏。定居型企业任天堂游戏公司于1975年收购了奥德赛在日本的发行权,在接下来的10年中,任天堂研发了原创的任天堂娱乐系统,这一系统中有游戏超级马里奥兄弟和塞尔达传说,这给马格纳沃克斯公司带来沉重的打击。任天堂对游戏进行改变,改用操作方便的控制器,增加复杂的人物角色以及交互式角色扮演的功能。成为创新者并不需要是第一个行动的人,它只需要有所不同,有所突破。

当创新者急于成为开拓者,他们往往会做过头。在互联网泡沫破灭之前,一位名叫约瑟夫·帕克(Joseph Park)的年轻的高盛银行家坐在他的公寓,对于进入娱乐界所需付出的努力感到沮丧。他为什么要长途跋涉向百事达公司(Blockbuster)租一部电影?他本来只需要打开一个网页,挑选一部电影,让人快递给他。

尽管帕克创建的Kozmo公司(美国的一家在线配送公司)筹集到大约2.5亿美元的资金,但该公司在2001年还是破产了。他最大的错误就是承诺1小时内可以让几乎所有商品送货上门,他还对支持国家发展的项目进行投资,但一直没有任何起色。一项对3000多家初创企业的研究表明,大约3/4的公司之所以失败,是因为过早地扩大规模[54]——在市场还未成熟

急躁的愚人：选择时机、战术性拖延和先动劣势

之时进行投资。

假如帕克进展得慢一些，他可能会注意到，在当前技术条件下，1 小时内交货不仅不切实际，而且利润微薄。但是，在线电影租赁的需求是巨大的。当时奈飞公司刚刚启动，Kozmo 公司本可以先做邮购租赁业务，然后再进入在线电影租赁的领域。之后，他也许还可以利用技术变革使 Instacart[①]构建一个可以使 1 小时内运送杂货获得盈利的大型物流平台。当其他定居者进入市场时，市场更加明确，他们可以专注于提供卓越品质的产品和服务，而不是首先去思考要提供哪些产品和服务。"你难道不愿第二个或第三个进入市场，先看看第一个家伙是怎么做的，然后再去改进吗？"马尔科姆·格拉德威尔在采访中问道。"当想法真正变得复杂，当世界变得复杂，认为第一个做的人能够解决一切这种想法是十分愚蠢的，"格拉德威尔说，"大多数好的东西都需要很长时间才能弄明白。"[②]

我们有理由相信，那些选择推迟行动的人也许更有可能获得成功。成为第一对于喜欢冒风险的人很有吸引力，而且他们容易做出冲动的决定。与此同时，更多倾向于规避风险的企业家在一旁观看，等待合适的机会，在进入之前先平衡他们的风险投资组合。在一项对软件初创公司的研究中，

---

① 美国一家专门给居民运送日常食品杂货的初创企业。——译者注
② 走得太快是赛格威失败的原因之一。兰迪·科密萨尔"劝告他要有耐心"，记者史蒂夫·肯佩尔在《重新发明轮子》（*Reinventing the Wheel*）一书中建议迪恩·卡门的团队"走慢一些，并建立一个跟踪记录"。在产品推出前，史蒂夫·乔布斯敦促卡门的团队去重新设计。然后，他们应该在一些大学校园和在迪士尼做安全性和可用性研究，这样人们就可以在产品上市之前看到它是怎么用的，并激发他们购买的渴望。但卡门的团队没有倾听这些建议，他们在没有解决客户、安全、法律、定价和设计问题之前就匆匆将赛格威推向市场。哈佛大学的创业学教授比尔·萨尔曼从一开始就参与其中，直到今天，他想知道如果赛格威的团队放慢速度，在产品推出前证明该产品的安全性，改进其设计，降低成本，并获得在主要城市人行道上行驶的许可，赛格威又会有着什么样的命运。"如果它看起来不那么愚蠢，如果它只有 25 磅重，价格只要 700 美元，那事情又会是怎样呢？"他若有所思地说。——作者注

离经叛道

战略研究人员伊丽莎白·彭迪克斯（Elizabeth Pontikes）和比尔·巴尼特（Bill Barnett）发现，如果企业家们急于跟风大肆炒作的市场，他们的初创企业不太可能获得生存和发展。而如果企业家们等待市场降温，他们有更高的成功概率："不墨守成规的人……那些逆潮流而上的人最有可能留在市场上，获得资金，并最终上市。"

由于定居者没有那么大的雄心，他们会改进竞争对手的技术，使产品质量更好。如果你是第一个进入市场的人，你必须自己承担一切损失。同时，定居者可以在一旁观看，从你所犯的错误中学习。Friendster 于 2002 年成立，是全球首家社交网站，在一年之内就拥有了 300 万名会员。由于领导者急于扩张，他们没有注意到超过一半的网站流量在东南亚，这不会对他们获得广告收入有好处。当脸书在 2004 年推出时，他们首先针对大学生这一比较小的群体，领导者耐心地了解用户的偏好，这为他们之后增加"创建群组""新鲜事""聊天"功能铺平了道路。脸书看到 MySpace（另一家社交网站）中的广告混乱无效，于是与广告商合作，进行有条理、有针对性、人性化的广告。"先发制人是一种手段，而不是最终的目的，"彼得·泰尔（Peter Thiel）在《从 0 到 1》（*Zero to One*）一书中写道："如果之后进入的人赶上你并把你打败，那做第一个进入的人不会给你带来任何好处。"

开拓者往往会停留在其早期的产品中，而定居者可以观察市场变化以及不断变化的消费者需求，并做出相应调整。对近一个世纪以来美国汽车行业的研究发现，开拓者存活的概率更低，因为他们要努力奔走以建立合法性，所开拓的道路并不符合市场的要求，并且随着消费者需求的变化而变得过时。定居者享有的好处是可以等市场做好准备。沃比帕克建立之时，电子商务企业已经蓬勃发展了 10 多年，虽然其他试图在网上销售眼镜的企业收效甚微。"如果我们很早以前开始做，我们绝对不会获得成功，"联合首席执行官尼尔·布卢门撒尔告诉我，"我们要等人们习惯了在诸如亚马逊、

急躁的愚人：选择时机、战术性拖延和先动劣势

美捷步、Blue Nile①网站上购买他们通常不会在网上订购的东西。"

在商界以外的其他领域也同样如此。许多有创新精神的人的创新想法和行动都失败了，因为他们太超前了。在20世纪90年代初的中情局，当卡门·梅迪纳一开始说出她在网上更迅速地共享数字信息的想法时，该机构还没有准备好考虑她的这一想法。但随着电子通信变得更安全、更为人们所熟悉，人们变得更容易接受她的这一想法。"9·11"恐怖袭击事件则更加清楚地表明，如果情报机构之间不能有效地共享信息，那么它们会承担巨大的后果。"时机就是一切，"梅迪纳的同事苏珊·本杰明说，"在这间隔期间，很明显连傻子都知道要采取不同的行动方式了——这是时代的需求。对于任何有点脑子的人来说，都很难不去接受她的想法并同意这是未来发展的趋势。"

19世纪40年代，匈牙利医生依格南兹·塞麦尔维斯（Ignaz Semmelweis）发现让医学生洗手可以大大降低分娩过程中的死亡率，但他被同事嘲笑，最后在疗养院郁郁而终。20年后，直到巴斯德和科赫奠定了细菌理论的基础，塞麦尔维斯的想法才得到科学认可。正如物理学家马克斯·普朗克（Max Planck）曾经说过："一个新的科学真理获得胜利[55]，并不是因为它说服了对手并让他们看到了光明，而是因为其对手最终死亡。"

我并不是说成为第一永远都是不明智的。如果所有人都等待别人先采取行动，就不会有任何创新出现。我们需要一些人成为开拓者，他们也会获得相应的回报。当涉及专利技术时，或者是有很强的网络效应（当用户数量越多，产品或服务就变得越有价值时，例如电话或社交媒体产品）时，先发优势往往会占上风。但在大多数情况下，成功的概率并不高。如果市场不确定、处于未知状态或者还不成熟，做开拓者就有明显的劣势。这里的一个关键教训是，如果你有一个创新性的想法，仅仅是因为想击败你的竞争对手就匆匆行动，这样的做法是错误的。正如拖延可以让我们有一定的

---

① 目前世界最大的在线钻石珠宝销售商。——译者注

灵活度去完成任务，推迟进入市场可以让我们进行学习和适应，使我们能够减少与创新相关的风险。

但是，当我们扩大我们的视野，不仅仅局限于某一任务的具体时间表和产品的生命周期，我们会发现什么呢？在人的一生中，等待太久再采取行动有没有风险呢？

创造力的两个生命周期：年轻的天才和年长的大师

人们通常认为，创新出自年轻人之手。用著名的风险投资家维诺德·科斯拉（Vinod Khosla）的话来说："35岁以下的人是带来变革的人，超过45岁的人基本上就已经没有新的想法了。"在爱因斯坦20多岁发表他惊人的相对论之后，他也提出了类似的看法："在30岁之前没有对科学做出过巨大贡献，以后就永远也不会做出了。"可悲的是，创新者常常随着时间推移而失去其创新精神。爱因斯坦的两篇关于相对论的论文给物理界带来重大变革，之后，他反对量子力学，而量子力学却成为该领域的下一个重大革命。爱因斯坦感叹道："为了惩罚我对权威的蔑视，命运让我自己成了权威。"

但这种创新水平的下降并非无法避免。当企业向员工征集意见[56]，有证据表明，与年轻的同事相比，老员工往往会提出更多和更高质量的想法，最有价值的建议是55岁以上员工提出来的。在艺术和科学领域，芝加哥经济学家戴维·盖伦森（David Galenson）向人们说明，虽然我们会很容易记住年轻时就攀上事业顶峰的天才，但有很多人是在年纪更大时攀登到顶峰的。在医学界，詹姆斯·沃森（James Watson）年仅25岁就发现了DNA的双螺旋结构，但同时有罗杰·斯佩里（Roger Sperry）——他在49岁发现了大脑左右半球之间不同的分工。在电影界，奥森·威尔斯（Orson Welles）在25岁时拍摄了其第一部传记体影片《公民凯恩》(*Citizen Kane*)，同时还有阿尔弗雷德·希区柯克（Alfred Hitchcock），他的3部最热门的电影是在他职业生涯 30 年后才拍摄出的,分别是在 59 岁(《迷魂记》*Vertigo*)、60 岁(《西北偏北》*North by Northwest*)和 61 岁(《惊魂记》*Psycho*)。在诗歌界,卡明斯(Cummings)在他 22 岁时写下他第一篇有影响力的作品,并且有一大半作品是在 40 岁之前写的,而罗伯特·弗罗斯特 92% 的著名作品是在他 40 岁之后完成的。如何解释这些截然不同的创造性生命周期——为什么一些人的创造力很早就到达高峰,而其他人到得更迟一些呢?

我们何时会达到创意峰值并且会持续多久,取决于我们的思维方式。当盖伦森对创新者进行研究,他发现了两种完全不同的创新风格:概念型和实验型。概念型创新者想出一个伟大创意,并开始着手执行。实验型创新者通过反复尝试来解决问题,在进行的过程中学习和不断变化。他们着手应对一个特定问题,但他们在一开始头脑中没有一个具体的解决方案。他们并没有预先做好规划,而是在做的过程中思考。套用作家福斯特的话来说,在我能看到我说的是什么之前,我怎么能知道我在想什么。

据盖伦森称,概念型创新者如同短跑运动员[57],实验型创新者则如同马拉松选手。当他对获得诺贝尔奖的经济学家进行研究时,他发现,平均而言,概念型创新者在 43 岁时达成了他们最有影响力的成就,而实验型创新者在 61 岁时才做出。当他对著名诗人流传最多的诗做分析时,他发现概念型创新者在 28 岁时完成最著名的作品,而实验型创新者在 39 岁才完成。在对每一个获得诺贝尔奖的物理学家的独立研究中,对于 30 岁以下获奖的年轻天才,正好有一半是那些做理论工作的概念型创新者。而在 45 岁及以上的物理学家中,92% 的人进行实验工作。

概念型和实验型创新者之间这些根本的差异可以说明为什么有些创新者的创新峰值来得早,而有些来得晚。概念型创新可以很快完成,因为它不需要多年来系统性的调查。当沃森和克里克发现了 DNA 的双螺旋结构,他们并不需要等待数据的积累——他们构建了一个三维理论模型,并检验了由罗莎琳德·富兰克林(Rosalind Franklin)提供的 X 射线图像。此外,

离经叛道

概念型洞见往往发生在一个人的生命早期，因为当我们用全新视野解决一个问题时，是最容易得出一个惊人的创新性洞见的。"概念型创新者通常在他们第一次接触到某学科不久之后做出对这门学科最重要的贡献。"盖伦森发现。由于这个原因，一旦概念型创新者禁锢于传统的解决问题的方式，他们的创新能力就会减弱。如同盖伦森解释的那样："年纪大的概念型创新者无法同他们年轻时做出的杰出成就相比，并不是因为他们江郎才尽。相反，它是受到长期积累的经验的影响……概念型创新者的真正敌人是思维定式……他们可能会成为早期重要成果的俘虏。"

作为一个概念型创新者，这正是爱因斯坦的问题。当他发展出狭义相对论时，他并没有进行科学研究，而是进行思想实验——他想象自己追随着一束光。他对科学的主要贡献是其思想和理论，这些思想和理论可以用来解释别人的实验结果。当爱因斯坦内化了相对论的原则，他努力为适应量子物理学的需要而改造那些原则。在诗歌领域，盖伦森指出，卡明斯面临着类似的障碍。卡明斯在二十出头时想象了他自己的语言规则、语法规则和标点符号规则，到他50岁时，一位评论家说："卡明斯仍然是一个实验中的实验者。有趣的是，他总是在谈论成长，但始终保持一成不变。"之后，当卡明斯65岁时，另一位评论家说，"卡明斯是一个勇于创新的诗人"，但"他的书都是完全一样的"。套用心理学家亚伯拉罕·马斯洛（Abraham Maslow）的话说，如果你有一把锤子[58]，那么一切事情在你看来都像钉子。

相反，尽管实验型创新可能需要几年或几十年的时间来积累必要的知识和技能，但这些是创新更为持续的源泉。罗杰·斯佩里花了多年时间对裂脑猫和裂脑病人进行实验，以确定大脑半球是如何运作的。罗伯特·弗罗斯特在20多岁时并没有写出他经久不衰的诗篇，在30多岁时也只做出8%的诗篇，在他40多岁时终于崭露头角，之后在他60多岁时才创作出许多不朽诗篇。诗人罗伯特·洛厄尔（Robert Lowell）发现，弗罗斯特"循序渐进地检验他对地点和人物的观察，直到他最好的诗篇像伟大的小说那样丰富多彩"。弗罗斯特如同一个探险家，到世界各地冒险，收集素材，仔细倾听真正的对话。"我从不会用一个我在人们说话中从未听过的词或词组"，弗罗斯特承认，每首诗都是一种对不同元素进行混合的实验。"作家不会感到惊讶，读者也不会感到惊讶，"他喜欢说，"当我开始创作一首未知的诗——我不希望在诗中可以看出它是朝着一个好的结局发展……你一定要快乐地去探索诗的最终结局。"

概念型创新者往往很早就产生创新的想法，但他们冒着自我复制的风险。实验型的方法往往需要花更长时间，但拥有更强的再生能力——通过实验，我们不会复制我们过去的观念，而是能够不断发现新的观念。学者指出，马克·吐温在49岁出版的《哈克贝利·费恩历险记》中就使用了"试错法"。他们"发现在他写作的过程中，情节灵活多变，脑海里没有一个明确的方案或计划"。吐温自己说："随着短篇故事发展成为长篇故事，最初的构想（或主题）很容易被推翻，被一个完全不同的想法所取代。"

随着年龄的增长，我们不断积累专业知识，要想保持我们的创新精神，最好的办法是采取一种实验型的方法。在创作中，我们可以预先做更少的计划，并开始对不同种类的初步想法和解决方案进行检验。最后，如果我们足够有耐心，我们会碰上新颖有用的东西。实验型方法使达·芬奇受益匪浅，他完成《最后的晚餐》时已经46岁，在50多岁时才开始创作《蒙娜丽莎》。"只有通过绘画，他才真正开始明白，他的视野才变得清晰。"一位学者写道。另一些人评论道："莱昂纳多就如同用黏土进行雕塑的雕塑家，他从不接受任何最终的造型，只是不断去创造，甚至不惜冒着掩盖其最初独创想法的风险。"

马丁·路德·金同样也是实验型创新者。尽管他发表《我有一个梦想》的演讲时只有34岁，但他在公开场合就民权发表演说已有20年了。在15岁时，他因为公开发表关于民权的演讲而在决赛中胜出。在接下来的几十年时间，他尝试一系列可能的措辞来表达他的愿景。在他发表过的成千上

离经叛道

万的演讲中,他不断地排练不同的韵律和叠句。在他获得了年长者的经验后,正如卡尔·韦克(Karl Weick)描述的那样,他通过"把旧的东西放在新的组合中,以及将新的东西放在旧的组合中而实现创新"。

那些耐心等待的人会有所收获,对于实验家来说,成为创新者永远不会太晚。在弗兰克·劳埃德·赖特(Frank Lloyd Wright)获得流水别墅(Fallingwater,他最有名的作品)的合同后,他拖延了近一年,其间零零碎碎创作出一些草图,直到68岁时才最终完成设计。雷蒙德·戴维斯(Raymond Davis)获得诺贝尔物理奖,他51岁时才开始进行实验,直到80岁高龄时才完成。做的实验越多,你受自己过去想法的束缚就越少。你通过从你在观众中、画布上或在数据中发现的东西进行学习。你不应该深陷于自己想象中的狭隘视野,而应该通过观察外面的世界,来提高你对其他领域的洞察力。

短跑对年轻天才来说是一个很好的策略,但要成为一名年长的大师,需要有耐心跑完马拉松。两者都是通往创新的路径。然而,对于那些没有获得灵光一闪的人来说,缓慢而稳定的实验可以照亮他们通往创新的更长久的路径。"当然,不是每一个没有成就的65岁的人都是未被发现的实验型创新者,"作家丹·平克(Dan Pink)说道,"但这一想法或许会增进那些不屈不挠、不断尝试、无所无惧的人的决心。"[59]

ORIGINALS

第五章

金发姑娘和特洛伊木马：创造和维护联盟

O R I G I N A L S

现在,星肚史尼奇的肚子上有星星。
光肚史尼奇的肚子上没有星星。
这些星星没那么大,他们真的很小。
你可能会认为这样小的事情根本不重要。

但是,因为他们有星星,所有的星肚史尼奇
会吹牛说:"我们是海滩上最好的一种史尼奇。"
他们趾高气扬,他们会对别人嗤之以鼻,发出轻蔑的哼哼声。
"我们与光肚史尼奇没有任何来往!"[60]

——苏斯博士(Dr. Seuss)

金发姑娘和特洛伊木马：创造和维护联盟

人们对露西·斯通（Lucy Stone）的记忆已经淡去，但在美国历史上，没有其他人比她对妇女选举权运动所付出的努力更多。1855年，她坚定站在妇女权利的立场上，感染了成千上万的人追随她的脚步。为表示敬意，他们称自己为"露西·斯通们"（Lucy Stoner）。在接下来的一个世纪里，"露西·斯通们"的联盟中包括了飞行员阿梅莉亚·埃尔哈特（Amelia Earhart）、诗人埃德娜·圣文森特·米莱（Edna St. Vincent Millay）和艺术家格鲁吉亚·奥基夫（Georgia O'Keeffe）。在今天，可以称得上是"露西·斯通们"的女性有碧昂丝·诺斯（Beyoncé Knowles）、谢丽尔·桑德伯格、莎拉·杰西卡·帕克（Sarah Jessica Parker）和Spanx内衣公司的创始人萨拉·布雷克里。

露西·斯通是美国第一位在结婚后不冠夫姓的女性。这只是她的众多创举之一：她是马萨诸塞州第一位获得学士学位的女性。作为美国第一位全职就妇女权利发表演讲的演说家，她动员了无数的支持者，并将众多对手转化为自己阵营中的同盟者。她成为少数敢在公开场合发表讲话的女性之一，更不用说她就妇女权利发表过的演讲了。她领导全美代表大会。她创办了全国最重要的女性报纸《女报》（*Woman's Journal*）——这份报纸发行了达半个世纪之久。后来，妇女参政论者嘉莉·查普曼·凯特（Carrie Chapman Catt）成功领导妇女选举权运动，这场运动使第19条修正案成功出台，赋予女性选举权。用她的话来说，"如果没有《女报》的话，如今妇女选举权运动的成功是无法想象的"。

1851年，斯通创办了女权大会，但她直到最后一天才走上主席台发表演讲："我们希望自己不仅仅是社会的附属品。"斯通宣告，呼吁女性向州议会请愿要求获得投票权和财产权。这一演讲成了女权运动的导火索，斯通的话越过大西洋，传到英国，英国哲学家约翰·斯图亚特·穆勒（John Stuart Mill）和哈里特·泰勒·穆勒（Harriet Taylor Mill）受其启发，出版了关于妇女选举权的著名文章，这些文章鼓舞了英国女性选举权活动家们。

离经叛道

在美国，受斯通的演讲影响最大的或许是罗切斯特的一位教师苏珊·安东尼（Susan B. Anthony）——斯通的言论促使她加入了妇女参政权运动。两年后，那个时代中另一位伟大的妇女参政主义者伊丽莎白·卡迪·斯坦顿（Elizabeth Cady Stanton）给安东尼写了一张著名的纸条，上面提到她对斯通的评价："没有女性可同她相提并论。"

在接下来的15年里，斯通、安东尼与斯坦顿合作，成为妇女参政权十字军的著名领袖。但是远在认识到她们的共同目标——女性获得平等的投票权之前，她们的联盟就土崩瓦解了。

1869年，安东尼和斯坦顿切断了与斯通的合作，组织了自己的妇女选举权组织。之前的盟友成为对手，相互间进行残酷的斗争。她们各自办报纸，各自进行请愿和筹款活动，并各自向立法机构游说。历史学家让·贝克感叹道："这一分裂导致妇女选举权运动付出更多的精力，参与人数更少，组织能力受到限制。"这也加深了人们对女性的刻板印象，即女性不适合政治生活，促使报纸把重点聚焦于"母鸡间战争"的故事，而不是女性选举权运动这一伟大的事业上。安东尼策划了一场阴谋，将斯通组织中的领导者挖走，安东尼和斯坦顿对斯通抱有如此强烈的敌意，以至于她们在写选举权运动历史时没有提到斯通的组织。这一行为甚至让斯坦顿的女儿都感到十分震惊，为纠正这一遗漏，她单独写了一章说明斯通付出的努力。3位领导人对同一事业都有着同样深刻的热忱，为什么最终却以如此激烈、破坏性的冲突终结？

本章讨论的问题是：创新者如何形成联盟来推进自己的目标，以及如何克服那些阻碍联盟获得成功的障碍。从实质上看，大部分改变现状的行动，都是由少数人发起对多数人进行挑战的运动。联盟是强大有力的，但它同时又有内在的不稳定性，因为它严重依赖于成员之间的关系。露西·斯通与苏珊·安东尼和伊丽莎白·卡迪·斯坦顿之间的冲突使选举权运动中最重要的联盟分裂，几乎导致了运动的失败。本章对她们面临的挑战进行了分析，此外还叙述了一位才华横溢的企业家是如何努力说服他人给她的想法一个机会，让一部差点没机会制作的电影成为一部轰动性的迪士尼影片，以及占领华尔街运动崩溃的原因。从这些事例中，你会发现建立有效的联盟需要在崇高的美德和务实的策略之间保持微妙的平衡。在此过程中，你会明白为何唱《啊，加拿大》（加拿大国歌）可以帮助我们结成联盟，为何共同的策略可能比共同的价值观更具影响力，为何美国西部各州比东部和南部各州更早赢得妇女选举权运动的胜利，以及为何与敌人而不是友敌合作更加明智。

关于联盟的组成方式，"金发姑娘理论"（Goldilocks theory）[①]是一个核心观点。发起运动的创新者往往是联盟中最激进的成员，他的思想和理念对于那些追随者来说太过狂热。要与持反对意见的群体组成联盟，我们最好要缓和激进的行为，尽可能保持冷静。然而，要吸引盟友加入事业本身，我们需要传递一个适度缓和的信息，它既不太热也不太冷，而是恰到好处。

微小差异的自我陶醉

我们以为共同目标可以将不同群体的人结合在一起，但现实是，它们常常是导致群体分裂的原因。据达特茅斯（Dartmouth）学院心理学家朱迪思·怀特（Judith White）称，认识这些裂隙的关键是水平敌意（horizontal hostility）这一概念。尽管拥有一个基本的目标，但激进群体经常会贬低那些更随主流而行的群体，认为他们是骗子和叛徒。正如弗洛伊德在一个世纪前写的："在大体上基本相似的两个人中，正是他们之间细微的差别会形成他们之间的陌生感和敌对的情绪。"

怀特注意到这种水平敌意无处不在。当一个聋哑女性赢得了美国小姐

[①] 金发姑娘理论：形容不冷不热，恰到好处，源于童话《金发姑娘和三只熊》。——译者注

的桂冠,聋哑活动家们并不是将她视为开拓者,为她欢呼,而是表示抗议——因为她用口头发言,而不是使用手语发言,所以她不算是真正的"聋哑人"。当一个浅肤色的黑人女性被任命为一所大学的法学教授,学校的黑人学生协会却表示反对,理由是她的肤色不够黑。一个激进的环保人士会蔑视更偏向主流的绿色和平组织(Greenpeace),认为它是一个"受生态盈利驱动的无意识的怪物",并"不断对绿色运动的完整性带来威胁"。为了理解为什么会产生这种敌对心态,怀特对许多不同的运动和少数群体中出现的水平敌对现象进行了研究,这项研究十分有趣。

在一项研究中,纯素食主义者和普通的素食主义者对自己所属的小组成员和其他小组成员进行评价。纯素食主义者对普通的素食主义者表现出的偏见比后者对前者的偏见多出近两倍。在更极端的纯素食主义者的眼里,普通的素食主义者只是崇拜者——如果他们真正关心素食主义这一事业,他们不会吃诸如鸡蛋之类的动物性食品。在希腊进行的另一项研究中,最为保守的党派的成员对与其类似的党派的评价比对进步党的评价要差,而最为自由的党派的成员对进步党的评价比对保守党的评价更为严厉。东正教犹太教徒对保守的犹太教女性的评价比对根本不信和不过宗教节日的犹太女性的评价更差。我们从中可以得到一条很明显的信息:如果你是一个真正的信徒,你会在所有方面都表现得虔诚,你对一个群体的认同感越深,你就越努力地寻求将自己同那些可能会对你所属的群体带来威胁、有着更温和价值观的团体区别开来。

正是这种水平敌意,导致苏珊·安东尼和伊丽莎白·卡迪·斯坦顿同露西·斯通发生分裂——安东尼和斯坦顿更为激进,斯通则更为主流。1866年,由于安东尼和斯坦顿同一个有名的种族主义者乔治·弗朗西斯·崔恩(George Francis Train)合作,斯通与她们之间的关系出现裂隙。崔恩支持女性选举权运动,因为他认为这有助于削减非裔美国人的政治影响力。斯通对她们与崔恩合作并且允许他为女性选举权运动提供资金支持而感到十分愤怒。

金发姑娘和特洛伊木马：创造和维护联盟

由于安东尼和斯坦顿反对第15条修正案，即赋予非裔美国人投票权，3人之间的裂隙进一步加深。她们与斯通划清了界线——如果女性没有获得投票权，其他少数群体也不能获得投票权。她们的立场是激进的，不仅因为它缺乏灵活性，而且还因为她们试图接近赞成第15条修正案的自由派选民。斯通对废奴主义者的事业更加同情。在平权大会上，她试图建立起黑人活动家与安东尼和斯坦顿之间的桥梁，宣布她支持继续维持联盟：

> 也许两者都是正确的……如果我们偏离中间原则，为一方辩护，我们就会失败……女性有诸多的委屈，黑人也有数不清的委屈……我祈求上帝让第15条修正案得以通过，并希望它在每一个州得以实施。如果有人可以摆脱那个可怕的深渊，我的灵魂会倍加感激。

安东尼和斯坦顿认为斯通支持黑人获得选举权的做法是对女性事业的背叛。她们违背了她们共同合作的承诺，并宣布在接下来一周，即1869年5月，建立自己的全国妇女选举权组织。斯通和一群同事发表公开信，呼吁建立更全面的组织，但是无济于事。到了秋天，她们别无选择，只能建立自己的组织。20多年来，两个组织保持着距离，在一些情况下独立行事，有些事上则有交织重合。

随着妇女选举权运动出现分裂，露西·斯通需要新的盟友，安东尼和斯坦顿也一样。她们都在一个意想不到的组织中获得了支持——基督教妇女戒酒联合会（WCTU），这一组织形成的初衷是为了打击酒后暴力的行为，因为醉酒的男人经常虐待自己的妻子，使家庭陷于贫困之中。与妇女选举权组织截然不同的是，WCTU极度保守，其成员往往是有着很强宗教信仰和传统价值观的中产阶级和上层阶级女性。然而不知何故，WCTU同妇女选举权组织形成的联盟几乎在全国每一个州都如雨后春笋般涌现。两者间合作的原因很明显：由于妇女选举权运动逐渐对立法产生影响，反妇女选

离经叛道

举权的组织正在形成，抵制她们的工作，造成妇女选举权组织的成员减少。截至19世纪80年代初，斯坦顿和安东尼组织的成员数量大大下降，仅有100名成员。与此同时，WCTU的成员数量增长十分迅速，从1874年的几千人增长到1876年的1.3万人，到1890年，人数超过了10万。在全国最大的妇女组织的支持下，妇女参政主义者得以获得重大进展。但让人不解的是，为什么WCTU会同意与妇女参政主义者合作？

斯坦福大学的研究员斯科特·维尔特姆斯（Scott Wiltermuth）和奇普·希斯进行了一个巧妙的实验，他们随机分配3人一组中的一个人在不同的状态下听加拿大国歌《啊，加拿大》。在控制条件下，在播放歌曲时参与者默读歌词。在同步状态下，他们一起齐声演唱这首歌曲。在不同步状态下，他们也大声唱了这首歌，但不是在一起合唱——每个人听到的是不同的节奏。

参与者以为研究人员正在对他们的歌唱进行测试，但这其实是个障眼法。唱歌之后，他们被转而进行另一项看似不相关的实验。在这一实验中，他们可以选择自己独享一笔钱，或与小组其他成员共享这笔钱。由于之前唱歌只花了几分钟的时间，所以理论上应该不会影响他们的行为，但事实上，这的确对他们产生了影响：在一起唱歌的小组明显更多地选择和小组成员分享。同其他条件下的小组相比，他们感觉他们彼此间更为相似，更像一个团队。[①]

在寻求同我们价值观相同的群体建立联盟时，我们往往忽略了共享战略战术的重要性。近日，西北大学的社会学家吴思克·郑（Woosek Jung）、布雷登·金（Brayden King）以及斯坦福大学的萨拉·索尔（Sarah Soule）跟踪了不同社会运动之间结成的不寻常的联盟——例如环保主义者和同性恋权利活动者之间，妇女运动与和平运动之间，一个海洋基地和一个美

[①] 在一项由耶鲁大学心理学家艾瑞卡·布斯比（Erica Boothby）领导的实验中，当人们和他人一起吃巧克力时，他们会更喜欢巧克力。我讨厌巧克力，因此这个实验对我不奏效——但他们随后的调查显示，与他人同时吃非常苦的巧克力，会感到更不舒服。很明显，当我们与他人一起分享时，积极和消极的体验都会被放大，导致相同的感情变得更强烈。——作者注

金发姑娘和特洛伊木马：创造和维护联盟

国原住民部落之间。他们发现，共同的策略是不同组织之间建立联盟的一个重要指标。即使他们关心不同的事业，也会因为使用相同的策略而对彼此产生亲近感。如果你花了 10 年时间参与抗议和游行，就很容易对另一个采取同样方式的组织感到亲近。

露西·斯通认识到，共同的目标不足以使一个联盟发展壮大，她指出："对于什么是最好的方法和手段，人们会产生分歧。"斯坦顿方面则指出："方法的差异是造成组织分裂的'重要原因'。"斯通致力于在州一级竞选，而安东尼和斯坦顿则希望通过联邦宪法修正案；斯通允许男性加入她们的组织，而安东尼和斯坦顿则认为只有女性才可以加入；斯通力求通过演讲和会议的方式带来变革，而安东尼和斯坦顿则更倾向于用对抗的方式——安东尼进行非法投票，并鼓励其他女性效仿。

与 WCTU 形成联盟的妇女参政主义者采取的是较为温和的方法，这使得两个组织找到了共同点。在 WCTU 成员组建当地 WCTU 俱乐部的同时，露西·斯通建立了选举权俱乐部。两个组织都长期进行游说和出版工作，于是她们开始一起游说，并在州议会前发表演说，出版文章和发行图书，举行公开选举权会议，并召开集会和辩论。① 在妇女参政主义者和戒酒

---

① 共享战术的作用仅仅是方便联盟成员达成一个共同点。当组织之间的战术重叠率超过 61%，形成联盟的可能性就变得比较小了。当他们的方法大同小异时，组织之间可以互相学习和获得的东西就很少，他们的努力就很可能会变得多余。尽管 WCTU 和选举权组织共享了一系列战术，但它们仍然分别有很多独特的方法可以教给对方。妇女参政主义者开始组织游行，并在各种活动中设置展位；WCTU 则更多地开始进行请愿活动。此外，社会地位的差异也很重要：当一方比另一方的地位略高一些时，联盟更容易形成。如果双方地位平等或差异极大，情况则相反。很明显，一个社会地位较低的运动组织通过与一个地位高的伙伴结盟，能获得更高的知名度。但是这对于地位高的组织来说也是有好处的。社会学家郑、金和索尔解释道："作为既定社会秩序的挑战者，运动组织必须不断更新他们的活动安排，以使自己看起来是最前沿、最正宗和最具有意义的。如果他们的活动安排没有新意，它就会显得过时，并与最初的支持者失去联系。出于这个原因，高地位的运动组织可能会试图囊括新出现的问题或以前被忽视的老问题。"——作者注

离经叛道

活动家的共同说服下,有几个州允许了女性参与投票。在这一过程中,妇女参政主义者发现了一个获得盟友的重要原则。这一原则在一位年轻且富有远见的企业家身上得到最佳诠释,这位企业家发现了一个令人惊讶的方法,让她的反对者愿意倾听她的意见。

温和的激进分子

2011年,一个名叫梅雷迪思·佩里(Meredith Perry)的大学四年级学生注意到一个非常基本的技术不足。她现在已经不需要通过电话线来拨打电话或用网线来上网了,过去一切要用到有线的地方如今已经使用无线,除了一件东西。坐在宿舍中,她仍旧被她的设备中最古老的一个部件连接在墙上:充电电源。要使用手机和电脑,她必须把它们接上电源线。她希望能够进行无线充电。

她开始思考什么东西可以通过空气放射能量。电视遥控器的信号太弱,无线电波的效率太低,X射线又太危险。然后,她偶然发现有一种装置,可以将物理振动转化成能量。例如,把它放在火车下面,就可以获得火车产生的能量。虽然让人们聚在火车附近充电是不现实的,但她意识到,声音可以通过空气振动传播。那么她是否可以用无形无声的超声波使空气产生振动,并将振动转化成无须电线的电能呢?

她的物理学教授说这是不可能的,超声波工程师也这么认为。一些世界上最受人尊敬的科学家告诉她,把工夫花在这上面是在浪费时间。她的这个想法不久之后在一个发明竞赛中获奖,但有一位记者向她发出挑战,让她在仅仅4周后的数字会议上演示她的模型。她当时只有概念支撑,但还没有可以运作的原型,因此她面临一个鸡和蛋的问题:她需要资金来造一个样机,但她的想法过于激进,因而投资者想先看到一个样机。作为一个技术初创公司中的单独创始人,她却没有工科背景,因此她需要盟友来推进她的想法。

3年后,我在谷歌主办的一次活动中遇到佩里。在她从马克·库班(Mark Cuban)、玛丽莎·梅耶(Marissa Mayer)和彼得·泰尔的创始人基金(Funders Fund)中获得75万美元的启动资金后,她的团队刚刚完成了第一个功能样机。它可以在比有线更远的距离给设备充电,且充电速度更快,两年内可以投入市场。截至2014年年底,她的公司uBeam已经积累了18项专利和1000万美元的风险投资。

佩里在台上就座,坐在一起的还有著名说唱歌手史努比·道格(Snoop Dogg)、一位诺贝尔奖得主和前总统比尔·克林顿。在这一席人中,佩里是唯一一个获得观众起立鼓掌的人。关于产品能否良好运作尚存争议,但她已经克服了最根本的障碍——证明这一技术的可行性。"现在在公司工作的每一个人当初要么认为它不可能实现,要么非常怀疑。"佩里说。

佩里面临的是创新者在挑战现状所做斗争的一个最难模式:打消潜在的关键利益相关者的怀疑。她最初的努力以失败告终——她联系了几十位技术专家,但他们很快指出她的想法在数学和物理上存在的缺陷,表示根本不会考虑与她合作。因此,即使她主动提出用后付款的方式聘请他们也根本就没有吸引力,因为他们觉得可能永远都见不到那张支票。

最后,佩里想出了一个挑战所有传统智慧的方法:她干脆不再告诉专家她试图创造什么。她不再对她创造无线充电的计划做出解释,只是提供她想要的技术规格。她过去说:"我想创造一个能够通过空气放射电力的传感器。"而新的说法则掩盖了她的目的:"我正在找人设计一个符合这些参数的传感器,你能完成这部分吗?"

这个方法奏效了。她说服了两位声学专家设计了一个发射器,另一位专家设计了一个接收器,并让一位电气工程师来构造电子装置。"在我头脑中,它们已经成为整体。最坏的情况是,有人会起诉我,"佩里承认,"但是鉴于我的知识和技能水平,我没有别的办法。"不久,她同牛津大学和斯

离经叛道

坦福大学的博士建立了合作,用数学和模拟从理论上论证了其想法是可行的。这足以为她吸引第一轮投资以及一位之前持怀疑态度的才华横溢的首席技术官。"当我给他展示了所有的专利,他说:'哦,可恶,这居然真行得通。'"[61]

在西蒙·斯涅克(Simon Sinek)一次很受欢迎的TED演讲和他的书籍中,他认为,如果我们想激励其他人,我们应该从说明为什么开始。如果我们告诉对方想法背后的愿景、引导产品的宗旨,人们就会对此趋之若鹜。这是一个极好的建议——除非你是在进行一项挑战现状的创新。当呼吁道德变革的人解释他们为什么这样做,就会面临与根深蒂固的信念发生冲突的风险;同样,当富有创意、不墨守成规的人解释他们为什么这样做,就可能会违背人们对可能性所持有的共同观念。

研究人员德布拉·迈耶森(Debra Meyerson)和莫林·斯卡利(Maureen Scully)发现,要想成功,创新者在多数情况下必须变成温和的激进分子。他们相信与传统背道而驰的价值观和不同寻常的想法,但他们已学会了采用不那么令人震惊、更吸引主流观众的方式去陈述他们的信念和想法,从而淡化他们想法的激进程度。梅雷迪思·佩里是一个温和的激进分子:她通过掩盖其想法最极端的特征,使一个原本令人难以置信的想法变得可信。当她无法说服技术专家同她一起做一个大胆的尝试时,她通过掩盖她的目的,劝服专家们采取一些尝试。

将重心从为什么转移到怎么办,可以帮助人们变得不那么激进。在一系列的实验中,当研究人员让那些持有极端政治观点的人解释为何他们偏好某些政策时,他们变得更加坚持己见,因为解释为什么给了他们一个机会来确认他们的信念。但是,当研究人员让他们解释他们支持的政策是如何运作的时候,他们变得更温和。思考如何实现这一问题,引导他们意识到自己的知识欠缺,并发现自己的一些极端想法是不切实际的。

为了组成联盟,创新者可以把自己真正的愿景藏进"特洛伊木马",来调和自己的激进主义。美国海军中尉约什·斯坦曼（Josh Steinman）有一个宏伟愿景，即在硅谷成立一个中心，以使军队向外部技术敞开。他知道，一开始就提出一个激进而笼统的建议来从根本上改变海军的创新方式，必然会遭遇阻力。所以，他先提出了一些温和的建议，向海军作战部长乔纳森·格林纳特（Jonathan Greenert）上将展示了一些可以用于空中实时更新的新技术。这激起了格林纳特上将的好奇心，于是他问接下来会出现什么。海军少将斯科特·斯特尼（Scott Stearney）将问题抛给斯坦曼，询问军方应该如何看待技术未来。"这时候，我们的机会来了。"[62]斯坦曼回忆道。他回答："先生，未来将会是软件的未来，而不是硬件。我们需要在硅谷中拥有一个美国海军的实体。"

几个月后，其他下级军官也提出了软件的重要性。之后，海军作战部部长发表了演讲倡导这一理念，这一理念也在五角大楼中传播开来。过了不久，美国国防部部长宣布在硅谷成立一个使馆。斯坦曼利用的正是心理学家罗伯特·西奥迪尼（Robert Cialdini）所说的得寸进尺法（foot-in-the-door technique），一开始提出一个小小的要求，以确保在提出大的要求前能获得接受。通过以温和的要求而非极端的要求作为开端，斯坦曼获得了同盟。

如果人们拒绝缓和他们的激进观点，联盟往往会土崩瓦解。这就是始于2011年的反对经济和社会不平等的占领华尔街运动失败的主要原因之一。2011年民意调查显示，大多数美国人支持这一运动，但它很快就土崩瓦解了。塞尔维亚活动家斯尔加·波波维奇（Srdja Popovic）惊奇地发现，正是这场运动持有的极端定位疏远了大部分的潜在盟友。他认为，这场运动的致命错误是以"露营"这一激进策略命名，很少有人觉得这个策略有吸引力。他认为，只要组织简单地将自己重新命名为"99%"，[63]它可能现在仍然存在。"占领华尔街"这个名称暗示，"只有当你放弃了你在做的一切事情并占领了什么，你才算加入这个团体中"，波波维奇写道，"占领

离经叛道

只是和平抗议的方式之一，更重要的是，它趋向于只邀请特定类型的人……如果一场运动——始终会是艰苦的战斗，想要获得成功，要吸引一些不是很热心的参与人"。"99%"这个名称更加包容——它邀请所有人参与进来，并用自己喜爱的策略展开行动。通过让这一运动的名称显得不那么激进并拓展行动策略，它也许会获得更多的主流民众的支持。

在妇女选举权运动中，微小差异的自我陶醉带来了恶果。当安东尼和斯坦顿于1867年与种族主义者乔治·弗朗西斯·崔恩合作时，斯通写道，崔恩对妇女选举权运动的支持"足以让那些还没有被说服的人彻底反对我们的运动"。她的丈夫警告安东尼，该联盟将"对妇女和黑人选举权运动都带来不可逆转的伤害"。[①]

但是安东尼并没有放弃她激进的想法——如果妇女无法获得表决权，黑人也不应该获得。她与崔恩在整个堪萨斯州共同参加竞选，并接受了他的资金来创办一份要求选举权的报纸。当斯通质疑她与崔恩合作玷污了平等权利协会的声誉，安东尼辩护道："我知道你有什么问题。这只是你在羡慕嫉妒和憎恨，因为我有报纸，你没有。"斯坦顿站在安东尼这边，支持她与崔恩合作的决定："接受魔鬼的援助是正确和明智的，"她说，"只要他没有怂恿我们去降低我们的标准。"

这一联盟付出了惨重的代价：堪萨斯州本有机会成为第一个赋予妇女选举权的州，但提案最终却未获通过，黑人投票权的提案也是如此。许多业内人士认为这两次失败应该归咎于与崔恩结盟。几年后，当斯坦顿和安东尼组织了自己的协会，她们仍然没有从过去吸取教训，而是拒绝缓和她

[①] 妇女运动长期的盟友威廉·劳埃德·加里森（William Lloyd Garrison）恳求安东尼不要与崔恩结盟："看在我们的友谊以及我对女性权利运动的崇敬的份上，听闻您和斯坦顿女士同一个愚蠢的疯子乔治·弗朗西斯·崔恩结伴同行并共同演讲的消息，我不得不表达遗憾和惊讶……此举只会使您受到嘲笑和谴责，还会让您正投身的运动为人们所蔑视……他也许有助于您引起人们的关注，但一只袋鼠、一只大猩猩或河马也有同样的效果。"——作者注

金发姑娘和特洛伊木马：创造和维护联盟

们的极端立场，坚持认为任何支持妇女选举权的人都可以成为朋友。斯坦顿又与激进分子维多利亚·伍德哈尔（Victoria Woodhull）结盟，给妇女选举权运动蒙上一层阴影，让这一运动变得更为激进。伍德哈尔是第一位竞选美国总统的女性，过去曾做过妓女和江湖郎中，主张性自由，宣称她拥有"不可分割、合乎宪法和自然的权利去爱我所爱，根据能力决定持续长久或短暂，根据个人喜好决定是否每天改变所爱"的权利。

妇女选举权的反对者将伍德哈尔的立场作为证据，认为这场运动真正关心的是滥交，而不是投票权。大量成员退出了安东尼和斯坦顿的组织，导致这一组织甚至无法凑够开会的人数。即使是支持妇女参政权的立法者，也建议妇女参政主义者将关注点放在选举权上。妇女参政主义者指出，伍德哈尔的竞选"是让别人不敢加入我们行列的最有效代表"，并"使运动倒退20年"。这一联盟"引发了一场激烈的批评"，安东尼的传记作家后来写道，之前的批评同这一次批评相比，就如同是"与夏天的阵雨和密苏里州的龙卷风相比"。

在与伍德哈尔保持联盟的过程中，斯坦顿仍然没有认识到缓和激进主义的价值。由于忽视了内部和外部人士对联盟看法的巨大区别，她推开了斯通与其他许多过去和潜在的盟友。她的错误在管理学研究者布雷克·阿什福思（Blake Ashforth）和彼得·瑞根（Peter Reingen）进行的一项新的研究中得到充分体现。他们发现，内部人士和外部人士对于联盟的代表人物有截然不同的想法。对于内部人士来说，联盟的主要代表人物是组织最核心、与组织联系最紧密的人。对于妇女参政主义者来说，这显然是斯坦顿和安东尼。但对于外部人士来说，组织的代表人物是持有最极端观点的人，那就是伍德哈尔——她的个人绯闻给要求选举权事业蒙上阴影，疏远了许多对女性投票权这一温和想法持开放态度，但对女性性独立的激进想法持反对意见的人。由于外部人士用安东尼和斯坦顿的结盟者伍德哈尔来评价妇女参政权运动，斯通别无选择，只能将她的组织同她俩的联盟进一步疏远。

与敌人而不是友敌结盟

在《教父》第二部中,迈克尔·柯里昂(Michael Corleone)建议:"要亲近你的朋友,但更要亲近你的敌人。"但对于不属于以上任何一类的人,我们该怎么应对呢?

通常情况下,我们把自己与他人的关系放在一个从积极到消极的连续区间里。我们最亲密的朋友会支持我们,而我们最大的敌人在努力对付我们。但研究表明,我们需要绘制两个独立的坐标轴:一个用于描述关系积极的程度,另一个则用于描述关系消极的程度。除了完全积极和完全消极的关系,我们还会有积极和消极混合的关系,心理学家称它们为矛盾关系,即我们所知道的"友敌",这种人有时会支持你,有时会伤害你。

斯通与斯坦顿和安东尼两人的关系就是充满矛盾的,她们既是盟友也是对手。一方面,她很敬仰斯坦顿的智慧和安东尼的勤奋,并且她们之前有过富有成效的合作;另一方面,斯通反对她们"疯狂的朋友"和"狂野的联盟",因为它们威胁到妇女参政权运动的声誉。而安东尼和斯坦顿曾经欺瞒斯通,在没有她允许的情况下将她的名字签在一个赞扬种族主义赞助者的广告上。斯通曾在1869年的秋天致函斯坦顿,提出"同各界朋友积极合作,比单独行动要好",并向她保证自己的组织"永远不会成为你的敌人"。然而在斯通组织的成立大会上,安东尼设计了一个"政变"把斯坦顿选为主席。当斯通邀请安东尼到讲台上讲话时,安东尼却在讲话结尾指责她试图"废除和粉碎"她的组织。

金发姑娘和特洛伊木马：创造和维护联盟

	积极关系	
	低	高
消极关系 低	相识的人：漠视	朋友：一直支持
高	敌人：一直伤害	友敌：矛盾态度

1872年，斯坦顿与斯通进行接触，要求和解，敦促她"既往不咎，让所有人为我们面前的任务而共同奋斗"。于是斯通做出了一些和解的举措，在她的报纸上分享了斯坦顿的文章和言论。然后，安东尼又来信提出"合作进行一个系统性的竞选"，邀请斯通去罗切斯特"作为一个伟大女性解决我们共同应对的问题"，但斯通拒绝了。

现在来看，我们很容易判断斯通拒绝她是一个错误。如果她当时接受了邀请，这一组织可能会更早获得投票权。但是如果你就矛盾关系对我们的压力水平的影响进行研究，你会发现斯通的拒绝中蕴含的智慧。

为了发现最有效的处理矛盾关系的方法，美国明尼苏达大学的管理学教授米歇尔·达菲（Michelle Duffy）领导了一项对于警察的调查，主要研究他们受到亲密同事的伤害和支持的频率，以及他们的压力水平和缺勤情况。不出所料，消极关系令人紧张。当警官感到自己被最亲密的同事伤害，他们对工作的投入就会减少，会在未经允许的情况下休息，缺勤也更加频繁。

如果暗中使坏的同事有时也会支持你，情况会怎样呢？结果是，情况并没有变得更好，而是更糟。同一个人既暗中使坏也表示支持，结果使得警察投入工作的时间越少，缺勤的时间越多。[①] 消极的关系不令人愉快，但是是可以预测到的：如果一个同事总是伤害你，你可以与他保持距离，并做

---

① 好消息是，如果一名警察被一个人伤害，但是获得了其他人的帮助，情况就会有好转。来自同事或上级的支持起到了缓冲作用，使他遭到伤害时不会感到巨大的压力，并因此缺勤。——作者注

好最坏的打算。但当你面对的是一个矛盾的关系，你不得不时刻保持警惕，不断思考这个人在什么时候可以信任。正如达菲的团队解释道："应对易变的人，需要投入更多精力和应对策略。"

在一系列开创性研究中，心理学家贝特·乌奇内（Bert Uchino）发现矛盾关系实际上比消极关系还要糟糕。一项研究表明，要应对更多矛盾关系的人压力更大、更抑郁，对生活更加不满。在另一项研究中，要求老年人评价他们与人生中最重要的10个人的关系，然后完成两个引发焦虑的任务：在没有准备时间的情况下发表演讲和参加一个数学小测试。评价中的矛盾关系越多，他们在进行这两项任务时心率上升得越快。

露西·斯通明白与具有矛盾关系的人结盟的风险。1871年她写道，最好"不要与那些人联手……他们之前是我们的敌人。我们不知道他们是不是我们的朋友"。美国研究专家兼传记作者安德烈·摩尔·克尔（Andrea Moore Kerr）指出，斯通"无法预测或控制斯坦顿和安东尼的行为"。让·贝克也说，斯通"希望她的组织不受斯坦顿和安东尼势力'可怕梦魇'的影响"。

我们的直觉告诉我们，要切断与我们敌人的关系，并转化我们与友敌的关系。但是证据表明，我们应做的正好相反——切断我们与友敌的关系，并尝试转化我们的敌人。

在努力挑战现状时，创新者往往忽略了自己的对手。如果遇到有人已经在抵制变化，一般的逻辑是：在他身上浪费时间没有任何意义，我们应该同那些已经支持你的人加强关系。

但是，我们最好的盟友并不是一直支持我们的人，而是那些一开始反对我们，然后转向支持我们的人。

半个世纪前，著名心理学家埃利奥特·阿伦森（Elliot Aronson）进行的一系列实验表明，相比起受到尊重的程度，我们对获得或失去尊重更为敏感。当有人一直支持我们时，我们将其视为理所当然，不重视他们。但我们把那些一开始反对我们，之后全身心支持我们的人视为真正的拥护者。

金发姑娘和特洛伊木马：创造和维护联盟

"我们更喜欢那些逐渐喜欢我们的人，而不是一直都喜欢我们的人，"阿伦森解释，"比起那些一直喜欢我们的人，我们会觉得那些最初不喜欢，但后来逐渐喜欢我们的人更有价值。"

对那些后来转而支持我们的人，我们有一种特别强烈的亲近感，他们是否也会有同样的感受呢？答案是肯定的。这也是将敌人转化为朋友的第二个好处。为了喜欢上我们，他们要尤为努力地去克服最初对我们的负面印象，告诉自己"我之前对那个人的看法肯定是错的"。之后为了避免再次改变主意造成认知失调，他们会特别积极地维护这一积极关系。

第三，也是最重要的一点，我们以前的敌人可以有效地说服其他人加入我们的行动。他们可以代表我们提出更好的论证，因为他们了解反对者或骑墙派持有的疑虑，而且他们是更可靠的消息来源，因为他们不是一直以来盲目乐观的追随者或"应声虫"。在阿伦森的一项研究中发现，一开始反对但后来支持我们的人可以说服最多的人转变意见。而最近，公司高管们会受与他们最初争论但后来达成一致的董事会成员的微妙影响——因为这意味着自己的意见"似乎是经得起严格审查的"①[64]。

露西·斯通没有回避她的敌人，而是把他们找出来，并积极与他们进行沟通。她转变了曾写出《共和国战歌》(*The Battle Hymn of the Republic*)的著名女诗人朱莉亚·沃德·豪(Julia Ward Howe)对她的看法。豪曾出于无奈受邀参加了一个选举权会议，她"心中充满敌对情绪"，将斯通视为她"讨厌的人"。不过在听完斯通的演讲后，豪成为女性选举权运动的亲密盟友以及这一运动的伟大领导者之一。

1855年，一个人起哄称女性参政主义者不适合结婚，并将运动贬损为

---

① 当然，并不是所有的消极关系都可以被扭转。散文家查克·克罗斯特曼(Chuck Klosterman)将普通的敌人（可能被转化的）同顽固的敌人做出了区分："对于普通敌人，尽管你有点儿鄙视，但也有点儿喜欢。如果他们邀你参加一个鸡尾酒会，你会接受……但你绝不会和顽固敌人一起喝酒，除非你想在他的酒里下毒。"——作者注

离经叛道

"一些失望女性"的运动,以搅乱一场大会。露西·斯通并没有无视他,而是在讲话中直接告诉他:

> 最后一位发言者提到,这一运动是那几个失望女性的运动。的确,在我的记忆里,我一直是一个失望的女人……在我谋一份工作时我感到很失望……除了教师、裁缝、家政这样的职业,其他所有职业都不对我开放。在教育、婚姻、宗教等所有领域,失望都是妇女所面临的命运。在每个女性的心中加深这种失望感,直到她们不再屈服于此,是我一生的使命。

听众对此报以热烈的掌声。

当斯通四处张贴宣传支持废奴演讲的海报时,经常有年轻人跟在她后面把海报撕下来。斯通问他们是否爱自己的母亲。当然爱,他们回答。是否爱自己的姐妹,答案也是当然爱。然后她解释说,在南方,就有像他们那么大年龄的男子被卖为奴隶,再也看不到家人。正如传记作者克尔所说:"然后,她邀请他们作为'特殊嘉宾'参加当晚的演讲。事实证明,这些从街上招募的人是非常有用的盟友,能够化解其他麻烦制造者带来的危险。"

1859年,一个名叫弗朗西斯·威拉德(Frances Willard)的大学生在她的日记里提到露西·斯通正在这座城市里,并写道:"我不喜欢她的意见。"鉴于自己的保守观点,威拉德参加了禁酒运动。但几年后,她却成为妇女选举权运动中最有影响力的领袖。她回忆道,在背后推动她内心发生重大转变的力量正是斯通:

> 我记得当时我非常害怕苏珊,也害怕露西。但现在我十分爱戴和尊敬这些女性,我无法用言语表达我有多么荣幸能遇到她们,从而使像我一样胆怯的人继续前进,能够获得工作。如果没有她们为我们披荆斩棘,开拓前进的道路,我们根本不敢走上这条路。

金发姑娘和特洛伊木马：创造和维护联盟

1876年，威拉德促成了妇女选举权运动和戒酒运动的成员共同行动。后来的研究显示，在接下来的20年中，威拉德每访问一个州，那里的妇女选举权运动的成员同WCTU的成员结为联盟的概率就会飙升。她是如何说服保守的WCTU成员与妇女参政主义者进行合作的呢？我们可以用一个好莱坞电影的例子来探究她获得成功的原因。在好莱坞，电影的存亡取决于编剧能否让管理层接受他的想法。

熟悉产生美

在20世纪90年代初，一群编剧提出了一件迪士尼从未涉足过的事——他们想基于原创概念制作动画电影。他们不想再依靠半个世纪以来大受欢迎的经典著作《灰姑娘》《白雪公主》等，而是决心从头开始写一个新的故事。工作室主席杰弗瑞·卡森伯格（Jeffrey Katzenberg）对此持怀疑态度，并让他的同事将此视作一个试验。"没有人对此有任何信心，"导演罗伯·明科夫（Rob Minkoff）回忆道，"这在迪士尼被看作是B级影片。"[1]

根据这个剧本最终制作出来的电影叫作《狮子王》，它成为1994年票房收入最高的电影，赢得两项奥斯卡奖和一项金球奖。卡森伯格曾说，如果这部电影能带来5000万美元的收入，他就会跪下来感谢天地了。但截至2014年，它已经获得了超过10亿美元的收入。

和许多原创想法一样，这部电影差点就没能面世。最初，人们将其设想为类似"小鹿斑比"的故事（主角是狮子而非小鹿）。但在第一个脚本失败之后，5个编剧聚在一起重新构思。他们坐在一起苦思冥想了两天，仔细讨论各种想法，编织出一个关于王位继承的史诗般的故事，然后他们向一群迪士尼高管宣传这个剧本。第一个做出回应的是CEO迈克尔·艾斯纳（Michael Eisner），他对剧本并没怎么搞明白。为了便于理解，他问道："你

---

[1] B级影片：拍摄时间短且制作预算低的影片。——译者注

能不能让这个剧本变成《李尔王》?"

巧合的是,明科夫曾在几周前重读过莎士比亚的这个剧本,于是他解释了为什么这个概念并不适合。然后从房间的后面,一个叫莫林·唐利(Maureen Donley)的制片人提出另一个莎士比亚的建议:"不,这是《哈姆雷特》。"

突然间,所有人都恍然大悟。"大家都对这一想法表示了认可,"明科夫说,"当然,这是《哈姆雷特》[65]——叔叔杀死了父亲,儿子要为父亲的死报仇。于是我们决定,这将是狮子的《哈姆雷特》的故事。"在这一关键时刻,这部电影获得了通过。

为了理解为何这部电影能够免于胎死腹中,我向贾斯汀·伯格求助——他是斯坦福大学的创意学专家。伯格解释说,编剧必须从狮子开始思考才行,如果他们一开始就打算从《哈姆雷特》借鉴,最终的动画片就会成为莎士比亚作品的山寨动画。从一个独特的原型出发是原创性的关键,但它颇具挑战性。

在一项实验中,伯格要求参与者设计一款帮助大学生在求职面试中获得成功的新产品。他指示参与者从"三孔活页夹"这一熟悉的概念出发,想出一些新颖的东西。之后由书店主管和客户对产生的想法的创新性进行排名时,他们都判定这些想法是完全传统的。

根据伯格的实验,产生想法的出发点就如同画家在画布上画出的第一笔:它为整幅作品剩下的部分塑造了路径,制约了我们眼中的可能性。以三孔活页夹为开头,使参与者们走上平凡的道路,提出彻底常规的想法——如放简历和名片的文件夹,几乎没有一个具有变革性的创意。要想出一个具有创意的想法,我们需要从一个更陌生的地方开始。

这一次,伯格没有给参与者"三孔活页夹"的提示,而是在一开始给出了一个更新颖的起点:一只轮滑鞋。突然间,他们不再受传统观念的束缚了,想出的产品的创新性得分比上一次高出 37%。一位参与者注意到面试时往往很难知道已经过去多长时间，而面试者也不好意思打断与面试官的目光交流而去看手表，这样会显得失礼。他提出了一个解决方案：设计一个可以通过触摸来掌握时间的手表，这种手表具有轮滑鞋轮子那样的物理属性，可以随时间改变形状或质地。

虽然一个独特的起点的确有助于提高我们想法的创新性，但它并不一定会符合他人的胃口并满足他们的需求。虽然从轮滑鞋的想法使人产生掌握时间的创造性想法，但按压手表仍然是个奇怪的行为。为解决这个问题，伯格仍然给参与者提出轮滑鞋这个起点，但增加了一个机关：当参与者有了想法后，他向他们展示了人们在面试时通常使用的东西的图片，并要求他们再花额外的几分钟来提炼他们的概念。对于那些想要采取礼貌方式掌握时间的人，这产生了重大的影响。他们没有提出通过触摸能知道时间的手表，取而代之的是能通过触摸掌握时间的笔。

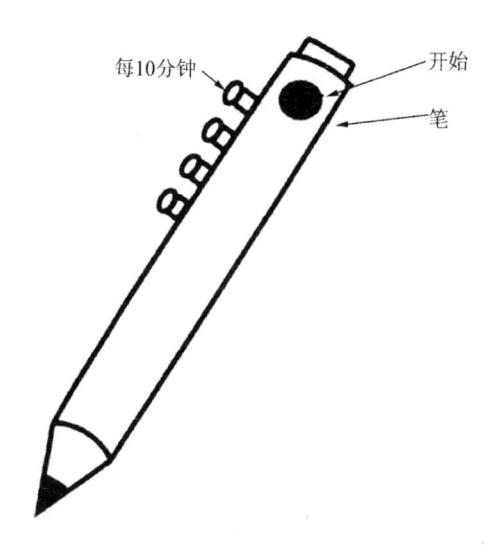

最有希望获得成功的想法是那些在最初新颖起点的基础上增加熟悉度的想法，这利用了我们前面介绍的纯粹接触效应。平均来说，在新颖起点之上增加熟悉元素的想法，其实用性得分要高14%，且不会牺牲其任何创

新性。正如伯格所指出的,如果你一开始选择笔而不是轮滑鞋作为实验对象,你最终设计出的东西可能很像传统的笔。但是,在面试的背景下以一个意想不到的东西为起点——就像轮滑鞋,然后将其同一个我们熟悉的元素——笔相结合,你会想出一个既新颖又实用的点子。

这就是《狮子王》的例子中,莫林·唐利建议剧本可以像《哈姆雷特》那样时所发生的。熟悉的元素帮助高管们将新颖的热带草原脚本与一个经典的故事相联系。"这给了一大群人一个参考点,"明科夫说,"如果采用完全原创,你会失去一大群人。高管们需要把它卖出去,所以他们必须找到一个着力点。这给他们一些可以依靠的东西。"《狮子王》制作团队继续从《哈姆雷特》中得到提示,意识到他们需要一个"生存还是毁灭"的时刻,于是增加了一个场景——狒狒拉飞奇给辛巴上了一课,让他认识到铭记自己是谁的重要性。

在妇女选举权运动中,直到一个新兴领导者注入一个大家熟悉的元素之后,禁酒工作者才逐渐崭露头角。范德比尔特大学的社会学家霍利·麦克卡蒙(Holly McCammon)指出了妇女参政主义者在寻求获得投票权的过程中使用的两个主要论点:正义和社会改革。正义的论点集中在公平[66],强调女性天然有投票权。社会改革的论点集中在社会福祉,突出女性抚养子女、照顾家庭和其道德素质,将如何改善国家。当时,正义的说法被认为是激进的,因为她们提出男女在所有领域都是平等的,这一说法违反了传统的性别角色刻板印象;而在社会改革方面的说法是比较温和的,因为它通过暗示保守派原本就已重视的妇女在个人生活中的独特品质也可促进公共生活,肯定了人们对性别角色的刻板印象。获得选举权之后,妇女可以以"大众母亲"的形象促进教育、限制政府腐败和帮助穷人来造福社会。

当麦克卡蒙和他的同事开始编纂选举权运动在过去超过25年中所产生的演讲稿、报纸专栏、标语和手册时,他们发现关于公正的辩论出现得最早,也最频繁。总体而言,参政主义者在言论中提及"公正"一词的案例占了总案例数的30%，是提及"社会改革"次数的几乎一半以上。但WCTU成员对正义的论点置若罔闻，因为她们固守传统的性别角色，拒绝男女平等的观念。社会改革的说法也没能与人们熟悉的价值观产生共鸣，因为保守的WCTU成员希望稳定，而不是改变。但是新一任WCTU的领袖弗朗西斯·威拉德巧妙地重新定义了宣传口号，使其获得了广泛接受。

西部是如何胜利的

弗朗西斯·威拉德没有使用"公正"或"社会改革"的说法，她甚至没有提出女性参政的概念。

相反，她把它叫作"投票保卫家庭"（home protection ballot）。

威拉德将投票权视作"保护家人避免饮酒过度的武器"。她将投票权比作"一个强大的凸透镜"，承诺要用它来"燃烧酒吧，直到它变得枯萎，最后蒸发成空中的雾气"。保护家庭是WCTU成员熟悉的一个目标，现在，投票权可以作为一种实现其终极理想的手段：如果禁酒令倡导者想打击酗酒，她们需要有投票权。正如历史学家贝克写的：

这是一种以提出保护家庭的宗教理由为基础，间接支持女性投票权的方法，但它使得美国两个最有影响力的女性改革运动结为联盟。选举权在安东尼和斯坦顿看来是人们与生俱来的权利，对威拉德来说则是吸引家庭主妇的一种策略。

麦克卡蒙对40年来WCTU同妇女参政主义者之间建立的联盟进行了研究。数据表明，参政主义者在某一州发表关于公正的辩论后，在接下来的一年，该州的WCTU与妇女参政主义者结盟的可能性没有任何增加——事实上，结盟的可能性还稍微有所下降。但是一旦参政主义者提出保护家庭的说法,她们在该州与 WCTU 结盟的可能性就会显著增加,该州最终通过选举权法案的概率也在增加。①最终在威拉德的领导下,女性在几个州获得完全选举权,在 19 个州的学校董事会选举中获得投票权。这种论调在西部各州尤为有效。在第 19 条宪法修正案给予妇女完全投票权之前,81% 的西部各州和地区通过了女性选举权法,而东部只有两个州,南部一个都没有。

弗朗西斯·威拉德本来极其不可能开启妇女选举权运动。贾斯汀·伯格的研究表明,如果女性一开始就以保护家庭这一人们所熟悉的目标为开端,她们可能根本就不会考虑到投票。激进的想法对于创新的开端来说常常是必要的,但是一旦投票这一激进想法已经被植入人们的脑海中,具有创新精神的参政主义者就需要缓和她们的措辞,从而吸引更广泛的群众加入。弗朗西斯·威拉德在 WCTU 的成员中具有独一无二的信誉,因为她的演讲中常常借用 WCTU 成员熟悉的想法。她大量使用宗教语言,从圣经中引经据典。

弗朗西斯·威拉德是有节制的激进分子的典型。让·贝克写道,"在威拉德的领导下,似乎没有任何激进的地方",甚至"当她朝更进步的事业前进时"。从她的行动中,我们可以就如何说服潜在的合作伙伴结为联盟借鉴两点。首先,我们需要换个角度对价值观进行思考。我们不应假设其他人会赞同我们的价值观,或者试图说服他们采用我们的价值观,相反,我们应该向他们展示,采用我们的价值观可以让他们实现自己的价值观。我们很难扭转别人的信念,但将我们自己的价值观同对方已经熟悉的价值观相联系,则要简单得多。

---

① 威拉德的家庭保护的说法的影响力不断在变化,其大小取决于时机。当 WCTU 受到威胁时,它具有最大的影响力。在某些州的禁酒立法失败或酒吧数量更多时,如果她访问这些州,WCTU 与女性参政主义者的结盟可能性会更大。此时,保守的 WCTU 成员感到自己的使命岌岌可危,并将女性参政视作与酒精斗争的宝贵武器。"威拉德告诉她们,这是由于她们在政治方面不够强大,从而帮助 WCTU 成员意识到她们在政治上的失败。"麦克卡蒙和他的同事这样解释,"通过告诉 WCTU 成员,妇女投票权将有助于通过禁酒法,威拉德使 WCTU 与女性参政主义者在思想上取得了一致。"——作者注

金发姑娘和特洛伊木马：创造和维护联盟

其次，正如我们在梅雷迪斯·佩里的案例中所看到的——她掩饰自己想实现无线充电的真正目的——透明度并不总是最好的策略。尽管创新者想与潜在的合作伙伴坦率沟通，但他们偶尔也需要重新构建自己的想法来吸引他们的观众，就像威拉德将实现选举权的目标隐藏在打击酗酒的招牌下。

但这样的说法并不是对于每一个群体都奏效。正义的说法吸引了最激进的女性加入这一事业，因为她们赞成男女平等。对于高度保守的戒酒运动成员，保护家庭这一最温和的说法巩固了联盟。但要转变其他盟友让他们实际参与到参政权运动中，保护家庭的说法又太温和了。麦克卡蒙的研究表明，要让更多的女性将参政权作为目的而不仅是实现另一目标的手段，一种不冷不热的宣传是必要的：一种适度的社会改革的说法。运动的领导者要想"成功将潜在的合作者组织起来，就必须在与现有的文化产生共鸣和挑战现状之间保持平衡"。用正义或保护家庭之类的措辞描述目标时，州参政权组织的成员并没有变化，但在开始强调女性可以改善社会后，成员快速增加了——女性选举权法也很快通过了。"每个人都想追求创新性，但这有一个最佳点，"《狮子王》的导演罗伯·明科夫解释道，"如果创新不够，它会变得无聊或平庸。如果太具有创新性，它又可能很难为观众所理解。我们的目标是开拓疆域，而不是分割疆域。"

在露西·斯通的生涯中，她在对已经参与进参政权运动的女性讲话时，会不断提及正义和平等的概念。但对外人发表演讲时，她会更加谨慎地将社会改革的说法纳入其中，并尊重传统的性别角色。在1853年，当一个不守规矩的观众扰乱了妇女权利大会的进行，斯通走上了讲台。她没有以正义开头，而是先肯定了妇女在家庭领域的贡献："我认为，一位站在自己家庭的宝座上的女性，比石阶上任何君主的地位都高。她们富有爱心，拥有宽容、爱好和平的美德，并将这些美德传递给这个世界上的优秀男性，而他们会有助于使世界变得更美好。"她认为，女性可以做出更多的贡献，并描述了她们如何进入职场,注意不把女性同男性相比。当她提到一个成为牧师的女性时,那个观众发出嘘声,斯通再次提醒他,她支持女性在家庭中的角色:"有些人嘘,是因为他们的母亲没有教好他们。"

携手前进:在冲突阵营之间结成联盟

经过20年来的冲突,这两个选举权组织最终开始在理念和战术上达成一致。伊丽莎白·卡迪·斯坦顿和苏珊·安东尼已经有10多年避免了与激进者联盟,她们开始将精力投身于公众教育。斯坦顿领导了一批人撰写这一运动的历史,安东尼走遍全国各地发表演讲,进行游说。她和露西·斯通都认为与WCTU结盟十分重要,而且认识到需要将注意力集中在较温和的选举权运动上,而不是其他的女性问题上。

几年前,哈佛大学心理学家赫伯特·凯尔曼(Herbert Kelman)在研究以色列和巴勒斯坦之间的冲突时,发现两国间的冲突常常是由各自的内部矛盾产生和激化的。同样,虽然斯通的组织在统一的利益上是一致的,但安东尼和斯坦顿的组织内部存在纷争。斯坦顿反对与WCTU的成员结盟,并反对只关注投票权;很多成员质疑投票权应在州还是联邦层面上制定,以及应针对所有女性还是部分女性。

尽管在改造盟友上斯通的行动很有成效,但她不是同安东尼进行谈判的合适人选。如果两个领导者像她们一样相互之间有如此大的不信任感,联盟中起冲突的人就不能作为领导人发挥作用,而是会招惹麻烦。正如管理专家布雷克·阿什福思和彼得·瑞根写的那样,这可能使双方组织的成员将"竞争的分歧"归咎于斯坦顿的激进立场,使"各方成员把冲突愈演愈烈的责任归咎于另一方煽风点火",同时也让他们做好了"与敌对团体合作的准备"。凯尔曼认为,要建立跨越冲突的联盟,派鹰派进行谈判很难会有成效。需要每个群体中的鸽派坐下来,倾听对方的观点,找出他们共同

金发姑娘和特洛伊木马：创造和维护联盟

的目标和方法，并共同来解决问题。①

斯通和安东尼承认在谈判中除去鹰派十分重要，她们同意各自指定其组织中的 7 名成员形成一个联合委员会，商讨联合协议的条款。但是，斯通和安东尼制定的原则不足以建立达成共识的基础，因为来自安东尼组织的委员会存在极大的不和谐，以至于她们不得不任命一个独立的 8 人委员会来帮助她们。当她们最终达成一致，她们的提议却已远离达成一致的原则范围，这使得斯通的委员会没有权力做出决定。

1890 年，在斯通为统一付出 3 年努力之后，她终于认识到了团结的难度和传承的价值："年轻人想要团结起来，那些记着分歧原因的老人们将很快消失。"她的女儿和丈夫成功地与安东尼的委员会商定了联盟条款，并将她们的组织合并。而安东尼也开始明白缓和激进主义的价值，以至于斯坦顿抱怨道："露西和苏珊都只能看到投票权，她们没有看到宗教和社会的束缚。无论哪一个团体的年轻女性都没有看到，因此，她们最好结合起来，因为她们只有一种想法和一种目标。"

虽然安东尼和斯坦顿从未和斯通修复关系，但当斯通离开人世的时候，她所做出的巨大贡献迫使她们对她大加赞赏。"没有人比露西·斯通更成功，"安东尼称，"在我们整个 50 年的运动中，我们中从未有过一个女性可以像她一样站在观众面前，融化每个人的心。她独树一帜。"

在斯坦顿的眼中，"在美国，没有一个女性的去世可以引发公众如此的尊重和敬意"，斯通是"第一个让全国人民因为女性的委屈而激起内心震撼

---

① 1990 年，凯尔曼汇集一批来自以色列和巴勒斯坦有影响力的领导人，进行了一系列非正式研讨会，他们在 3 年内定期举行会议。一般来说，每次会议每个国家有 3～6 个代表以及 2～4 个协调人参加。代表们分享他们的观点，避免互相埋怨和证明自己的观点是合理的，并着重分析冲突对双方产生的影响。在所有参会者表达了他们的关切、理解，并认可了其他人的发言后，他们致力于共同解决问题。在 1993 年研讨会结束后不久，《奥斯陆协议》（Oslo Accord）就签订了。这是以色列政府与巴勒斯坦解放组织首次面对面达成协议。领导人由此获得了诺贝尔和平奖，业内人士将此归功于凯尔曼的撮合。——作者注

的女性",她们之前多年的分歧是因为斯通"觉得奴隶们遭受的委屈比她自己的更深,而我的想法则更加自私"。

哲学家乔治·桑塔亚那(George Santayana)写道:"不记得历史的人注定要重蹈覆辙。"在美国妇女选举权运动中,至少有两次可以证明这一点是真实的。1890年,安东尼组织中的两名成员对于她决定创建一个全国性组织并日趋温和的做法感到十分愤怒,于是从组织中分离出来试图阻止形成全国统一组织。安东尼和斯坦顿推翻了这个团体,但她们忘了提醒继任者们一心固守微小差异的风险。在20世纪之交,她们的垂暮之年,她们将领导全国普选组织的任务交给了嘉莉·查普曼·凯特,她是WCTU的活动家和基督教妇女禁酒联合会的成员。

但是,有个叫爱丽丝·保罗(Alice Paul)的女性更加激进,她并不满足于用诸如讲课、写作和游说的温和策略来开展选举权运动,而是希望采取更大胆的行动。她开始用绝食的方式表示抗议,并反对凯特的无党派立场,指责民主党没有给予女性选举权。保罗的行动如此激进,以至于她被驱逐出全国普选组织。1916年,她组建了自己的组织。截至1918年,全国普选组织已有上百万名成员,而保罗的组织只有1万名成员。像她的前辈那样,她避免与非裔美国人结盟,她的组织在白宫举行抗议,并嘲笑伍德罗·威尔逊(Woodrow Wilson)总统,而他本可以给她们帮助。"但最终是凯特的领导——进步但不激进——使威尔逊总统在修正案背后提供支持。"一位旁观者写道。

1893年露西·斯通临终时,她向女儿喃喃低语:"让世界变得更美好。"27年之后,第19条修正案才得以通过。但当女性获得了全国范围内的完全投票权时,斯通温和的策略留下强有力的印记。正如克尔总结道:"由斯通提供的这种组织模型被嘉莉·查普曼·凯特采用,从而使宪法修正案最终于1920年成功出台。"

ORIGINALS

第六章

给叛逆一个理由：兄弟姐妹、父母和榜样是如何影响你的创新性的

ORIGINALS

我们不仅是我们兄弟的守护者……

在无数大大小小的方面,我们还是我们兄弟的塑造者。[67]

——哈利·欧威特利和博纳罗·欧威特利（Harry and Bonaro Overstreet）

给叛逆一个理由：兄弟姐妹、父母和榜样是如何影响你的创新性的

就在不久前，他还在三垒平静地站着整理帽子。而现在，他正飞快地从场地的一边冲向另一边，从垒包旁边跑开。他已准备好了要在本垒抢占先机。

他是棒球场上最伟大的人之一，他以前也打过这个位置。他曾 4 次将其球队领入世界系列赛①，但 4 次都输给了纽约洋基。这一次，他希望结局会有所不同。这是总冠军争夺战的首场比赛，也是他第 5 次对抗纽约洋基，他的球队在第 8 局以 6∶4 落后，两人出局②。他面临一个两难境地：他应该指望队友让他上垒，还是孤注一掷，试图盗本垒？

盗垒是所有棒球中最危险的动作之一[68]，它使球队得分的概率增加不到 3%，而要成功做到这一点，你通常需要滑到垒板，这可能意味着与垒手发生痛苦的身体冲撞。盗本垒的风险更大——与试图盗二垒或三垒时投手背对你不同，此时投手已经面对本垒板了，便于直接投球。投手只需掷球让球在空中飞 60 英尺（1 英尺等于 0.3048 米），而跑者需要脚踏实地地跑 90 英尺。因此从本质上讲，你要跑得比球还快。而且，即使你认为自己可以成功盗垒，与盗其他垒的冲撞相比，盗本垒中受伤的概率会翻两番。

在整个 2012 年赛季中，只有 3 名球员试图盗本垒。虽然棒球创纪录的盗垒王[69]瑞基·亨德森（Rickey Henderson）一生中盗了 1400 多个垒，但其中只有一个是盗本垒。职业生涯中盗垒第二多的是娄·布洛克（Lou Brock），但他 938 个成功的盗垒中没有一个是盗本垒的。

但是这个人与众不同。在现代棒球中，他盗本垒的次数是最多的——19 次。在近一个世纪以来，除他以外，只有两位球员盗本垒的次数达到过两位数。

他曾两次领导球队盗垒，但如果你认为他之所以盗垒是因为速度快，

---

① 世界系列赛：美国职业棒球大联盟每年 10 月举行的总冠军赛，是美国以及加拿大职业棒球最高等级的赛事。——译者注
② 棒球中 3 人出局就是回合结束，攻守互换。——译者注

离经叛道

那你就误会了。他已经 36 岁,早已过了巅峰时期。由于伤病,他已经错过了 1/3 的常规赛。6 年前,他在一个赛季就盗了 37 个垒,而最近两个赛季他盗垒的总和还只是当时的一半。他的头发是银色的,体重也增加了,体育记者称他为"灰发胖老头"。他的击球顺序在过去排第四,而现在已下降到第七。明年他将退役。

他的速度已成为历史,但他一生都在别人停滞不动时采取行动,现在也不准备停步。他等待合适的机会向前冲。正当他滑进本垒时,捕手也出手企图碰到他,这时一切都悬而未决。但是裁判做出决定,他安全上垒了。

最终,要逆转比赛这 1 分还是不够,已经终局了——他的团队第一场比赛就输给了纽约洋基,但他的努力仍然具有象征意义。一个运动史学家说,盗本垒使他的团队在"心理上有巨大的提升"。他本人也注意到这一点:"不知是否因为我盗了本垒,球队获得了新的动力。"他们在本次世界系列赛上不断获胜,最终获得了梦寐以求的总冠军。

几年后,反思他所留下的遗产,一名记者写道,他企图盗本垒"的确是他在棒球生涯中所做的第二大胆的事情"。

他做的第一大胆的事,是打破肤色的壁垒。[70]

要想成为创新者,我们必须愿意承担一定的风险。当我们离经叛道去颠覆由来已久的传统,我们永远不能确定自己一定会成功。就如记者罗伯特·奎伦(Robert Quillen)写的:"进步总是伴随风险。你不能一只脚放在一垒上,同时又去盗二垒。"

从 1947 年杰基·罗宾森成为美国职业棒球大联盟第一位黑人球员那天起,他就得勇敢面对选手中的种族主义者,他们拒绝和他一起打球或故意针对他,对手故意用钉鞋攻击他,他还收到了恐吓邮件和死亡威胁。他后来又成为一家大型美国公司的第一位黑人副总裁,以及美国历史上第一位黑人棒球播音员。在面临情感、社交和生命的风险时,是什么给了他勇气来反抗社会规范并且保持坚决的态度?

给叛逆一个理由：兄弟姐妹、父母和榜样是如何影响你的创新性的

通过调查喜欢盗垒的棒球运动员的家庭背景，我们可以发现一些意想不到的线索。在现代棒球比赛中，自从引入了162场比赛的赛季，只有10位运动员在两个不同的赛季分别盗了70个以上的垒。请看表6-1，你是否发现了一种模式？

表6-1 10位棒球运动员的盗垒数及出生顺序

选手姓名	盗垒数	出生地	出生顺序	兄弟姐妹数
瑞基·亨德森	130,108	芝加哥，伊利诺伊州	4	7
娄·布洛克	118,74	埃尔多拉多，阿肯色州	7	9
文斯·科尔曼	110,109	杰克逊维尔，佛罗里达州	1	1
莫里·威尔士	104,94	华盛顿	7	13
罗恩·利弗尔雷	97,78	底特律，密歇根州	3	4
欧玛·莫雷诺	96,77	阿穆埃耶斯港，巴拿马州	8	10
提姆·雷恩斯	90,78	桑福德，佛罗里达州	5	7
威利·威尔逊	83,79	蒙哥马利，佛罗里达州	1	1
马奎斯·格里森姆	78,76	亚特兰大，佐治亚州	14	15
肯尼·洛夫顿	75,70	东芝加哥，印第安纳州	1	1

为了确定为什么有些棒球选手比别人盗更多的垒，历史学家弗兰克·萨洛韦（Frank Sulloway）和心理学家理查德·兹维根哈夫特（Richard Zweigenhaft）做了一个非常巧妙的研究。他们选定了400多位从事职业棒

球的亲兄弟，使他们能够比较同一个家族的不同个体——他们有着一样的DNA和相似的成长环境。他们的研究结果揭示了一个惊人的事实：出生顺序预示着哪个兄弟会盗更多的垒。

弟弟盗垒的次数是哥哥的10.6倍。

从整体上说，弟弟未必是更好的球员。例如在平均击球率上，弟弟没有任何优势。对比同样作为投手的兄弟，实际上哥哥在控球上略占优势：他们往往有着更多的三振以及更少的四坏球情况。关键的区别是他们倾向于冒险的程度。由于弟弟尝试更多的盗垒，弟弟被触身的概率是哥哥的4.7倍，可能是因为他们敢于采用紧贴本垒的站位方式。但是，他们不只是承担更多的风险，他们成功的概率也更大——弟弟成功盗垒的概率是哥哥的3.2倍。

事实上，由于其风险偏好，弟弟们甚至更少打棒球。在针对8000多人的24项不同研究中，弟弟参与高伤率运动的概率是哥哥的1.48倍，这些高伤率运动包括足球、橄榄球、拳击、冰上曲棍球、体操、潜水、高山滑雪和跳台滑雪、滑大雪橇和赛车。哥哥则首选安全的运动：棒球、高尔夫球、网球、田径、自行车和划船。

当弟弟们选择打职业棒球时，他们往往会打破常规打法。如果我们考察当代棒球史上3名盗本垒的佼佼者的统计数据，我们就会知道他们至少有3个哥哥。被称为"现代盗垒之父"[71]的杰基·罗宾森，是5个孩子中最小的。盗垒数排名第二的是罗德·卡鲁（Rod Carew），他在5个孩子中排名第四。除了对时机的敏感把握，卡鲁说："这还需要一定的紧张感。"[72]他解释说，为了盗本垒，"我不能有任何害怕受伤的恐惧感。而我确实也没有，因为我觉得自己能掌控这一切"。排名第三的是保罗·莫利托（Paul Molitor），他把盗本垒称作"一种勇气游戏"。他是8个孩子中的第四个。

类似的模式也出现在上面所列出的盗垒排名中。在两个赛季分别至少

给叛逆一个理由：兄弟姐妹、父母和榜样是如何影响你的创新性的

盗垒 70 次的 10 位选手中，有一半至少有 4 个哥哥姐姐，7 位至少有 2 个哥哥姐姐。这 7 位盗垒冠军所在的家庭中平均有 6.9 名儿童，71% 的兄弟姐妹的年龄超过他们。

较小的孩子不只是更有可能在棒球运动中冒险，在政治和科学领域也有差异，这对社会和知识的进步产生了深远的影响。在一个具有里程碑意义的研究中，专家弗兰克·萨洛韦分析了 20 余次重大科技革命和突破，从哥白尼的天文学到达尔文的进化论，从牛顿力学到爱因斯坦的相对论。他邀请百余名科学史专家针对近 4000 名科学家的立场，以极端支持主流思想到极端倡导新思想为区间，进行了评估。随后，他又追踪了出生顺序在预测科学家是否会在维护现状或拥护一个革命性新理论中起到作用。在每个案例中，他都对一些因素进行了控制——人口中的后出生者多于第一胎，社会阶级、家庭规模和其他一些因素也会影响结果。

同长子相比，后出生的科学家们有 3 倍以上的概率认可牛顿定律和爱因斯坦的相对论（这些思想在当时被认为是激进的观点）。在哥白尼发表了他的日心说 50 年后，后出生的科学家认可哥白尼理论的概率是第一胎出生的科学家的 5.4 倍。在伽利略发明望远镜并公布支持日心说的发现后，该比例下降到 1∶1。由于该理论已不再激进，第一胎出生的科学家也同样接受了这一理论。

最能说明后出生的孩子可能天生就叛逆的证据可能要数萨洛韦关于人们对进化论的回应的分析。他分析了达尔文公布其著名的发现之前——在 1700 年至 1859 年，数百名科学家是如何回应进化概念的。达尔文以前，117 个后出生的科学家中有 56 个相信进化论，而 103 个第一胎出生的科学家中只有 9 个相信进化论。而达尔文公布他的发现 16 年后，后出生的科学家比第一胎出生的科学家支持进化论高出的概率从 9.7 倍降为 4.6 倍。随着这种思想逐渐获得科学证明，第一胎出生的科学家更容易倡导这一概念。

我们假设年轻的科学家可能比年长科学家更容易接受叛逆的想法，随着年龄增加，人会变得保守起来。但是显然，出生顺序比年龄更为重要。萨洛韦写道："一个 80 岁的后出生的科学家比一个 25 岁的第一胎出生的科学家更容易接受进化论。"他认为，"进化论之所以成为历史事实，只是因为在总人口中，后出生的人与第一胎出生的人的比例是 2.6∶1"。

总体而言，在接受重大科学剧变方面，后出生的人是第一胎出生的人的两倍。萨洛韦指出："这种差异是偶然产生的可能性远远低于 10 亿分之一，后出生的人在愿意支持激进创新方面，通常领先第一胎出生的人 50 年。"当他研究 31 次政治革命时，也发现了类似的结果：在支持激进革命方面，后出生的人是第一胎出生的人的两倍。

作为一个地地道道的长子，我最初对这些结果感到沮丧。但是，随着我深入学习了关于出生顺序的研究，我意识到，这种模式不是一成不变的。我们不必将创新性归功于后出生的孩子。通过采用父母通常主要针对后出生孩子的育儿方式，我们可以将任何孩子都培养成具有创新精神的人。

本章考察创新性的家庭根源。家中后出生的孩子有什么独特之处？家庭规模对此有什么影响？养育方式又有哪些影响？我们又应该如何解释不适用于这些模式的案例——在盗垒排行榜上的 3 个独生子女家庭的孩子、具有反叛精神的长子，以及服从一致的幼子？我将用出生顺序研究作为一个引子，来审视兄弟姐妹、父母和榜样对我们承担风险、反叛而非遵守规则的倾向带来的影响。为了了解为何兄弟姐妹不像我们所想的那样相似，我将介绍杰基·罗宾森的成长过程，以及美国最具创新精神的喜剧演员的家庭情况。你会从中知道，是什么决定了孩子的叛逆是建设性的还是破坏性的，为何告诉孩子不要撒谎是错误的，为何我们的表扬方式是无效的，为何我们给他们看的书是错误的，以及那些从大屠杀中冒生命危险营救犹太人的援救者的家长，可以教给我们什么。

给叛逆一个理由：兄弟姐妹、父母和榜样是如何影响你的创新性的

生而反叛

1944年，在罗莎·帕克斯在蒙哥马利公交车上做出历史性举动的10多年前，杰基·罗宾森——后来担任陆军中将，由于拒绝坐到公共汽车后排而受到军法审判。"司机喊道，如果我不坐到车的后排，他会给我带来很多麻烦，"罗宾森回忆道，"而我大声告诉他，我并不在乎他给我带来的麻烦。"他也用类似的理由解释他在世界系列赛首战上对本垒的冲刺。罗宾森解释说："我突然决定要有所突破。在我们落后两分的情况下，盗本垒并不是最好的棒球策略，但我突然决定去做并且成功了。我真的不关心自己是否能够成功。"

"我一点也不在乎"，"我真的不在乎"这样的表达揭示出杰基·罗宾森是如何处理风险的。斯坦福大学的一位杰出教授吉姆·马其（Jim March）认为，当我们大多数人做决定时，会遵循结果逻辑[73]——哪种行动会产生最好的结果。但如果你和罗宾森一样不断挑战现状，用与众不同的方式行动，则是采用了恰当性逻辑——在类似情况下，像我这样的人会怎么做。他们不会向外看周围的人去试图预测结果，而是向内看自己的特性。你的决定立足于你是谁——或者你想成为谁。

当我们使用结果逻辑，我们总能找到不去冒险的理由。恰当性逻辑则让我们摆脱束缚。我们更少地思考如何确保获得想要的结果，而更多地遵照内在感觉：像我这样的人应该如何做。出生顺序会影响你所选择的逻辑。

多年来，专家们总是吹捧长子的优势。他们认为，得益于父母一心一意地投入时间和精力，家中最年长的孩子通常都会获得成功。有证据表明，长子更可能获得诺贝尔自然科学奖，成为美国国会议员，在荷兰则更容易赢得全国和地方选举。他们似乎也最有可能上升到企业的高管地位：一项对1500多位企业CEO的分析表明，43%的人是第一胎出生的人。

在最近的一项研究中，经济学家马可·贝托尼（Marco Bertoni）和乔

治·布鲁内洛（Giorgio Brunello）进一步研究了出生顺序对职业成功的影响。通过几十年来对欧洲10多个国家4000多人进行的追踪调查，他们发现，在进入劳动力市场时，长子比后出生的人起薪高14%。受益于更好的教育，他们能够获得更高的工资。

然而当他们到了30岁，这种最初的职业优势就消失了。后出生的人薪资增长更快[74]，因为他们愿意更快、更频繁地跳槽到更高薪的企业。两位经济学家写道："长子比后出生的人更怕去冒风险。"并指出，后出生的人也更容易出现酗酒和吸烟等不良习惯，他们购买退休账户和人寿保险的可能性更小。心理学家迪恩·西蒙顿解释说："后出生的人在标准化测试中表现更差，学校里的成绩更差，厌恶有声望的职业。这并不是因为他们能力欠佳。相反，后出生的人可能发现长子所关注的权威性和一致性是令人厌恶的。"

虽然出生顺序的说法开始获得一些认同，但它的科学性在过去几经沉浮，并且如今仍然存在争议。出生顺序并不能决定你是谁，它只会影响你将来以某种方式发展的可能性，除此之外，还有很多其他的影响因素，既有生物因素，也有你的生活经验的影响。为了孤立出生顺序的影响，这个研究本质上是混乱的。因为你不能进行随机实验或控制性实验，许多研究只能停留在不同家庭的兄弟姐妹间的比较，但更严谨的比较应该是在家庭内部的。此外，对于如何处理诸如半血亲的兄弟姐妹、异父母的兄弟姐妹、被收养的兄弟姐妹、死去的兄弟姐妹，以及住在同一个家庭中的表亲等对象，研究者之间并没有达成共识。对出生顺序进行研究的专家对于许多结论表示强烈反对。作为一个独立的研究人员，我觉得我有责任去检查这些证据，并分享我认为什么最有可能是正确的看法。在我检查数据时，我发现出生顺序比我预期的能更好地预测个性和行为。

在一项研究中，人们按照学校成绩和叛逆程度对研究对象及其兄弟姐妹进行了排列。结果发现成绩好的人中，长子的概率是后出生的人的2.3倍。而在叛逆者中，后出生的人的概率是长子的两倍。当被问及他们一生中所

给叛逆一个理由：兄弟姐妹、父母和榜样是如何影响你的创新性的

做的最叛逆或标新立异的事情，后出生的人回答更长并且描述的行为更为叛逆。数以百计的研究都指向了同样的结论：虽然长子往往更强势，更加勤奋，并更有雄心，但后出生的人更加愿意冒险并愿意接受原创思想。长子倾向于维护现状，而后出生的人倾向于挑战现状。[1]

对于后出生的人更倾向于冒风险，主要有两种解释：一种认为这与孩子如何处理与兄弟姐妹间的竞争有关，另一种则认为与家长养育孩子的不同方式有关。虽然我们无法控制出生顺序，但我们可以影响出生顺序发生作用的方式。

选窝（Niche Picking）：不争之争

看过很多兄弟姐妹，你会发现一个令人困惑的事实：性格上的巨大分歧并不存于家庭之间，而是存于家庭之中。在同一个家庭长大的同卵双胞胎并不比出生就分开并由不同家庭养育的同卵双胞胎具有更多的相似性。"同样的情况也存于非孪生兄弟姐妹之间，一起长大的孩子并不比不一起长大的孩子具有更多的相似性。"哈佛大学心理学家史蒂芬·平克（Steven Pink）总结道。"而领养的孩子们也并不比路上随机凑在一起的两个人具有更多相似性。"这也适用于创新性。成年后，虽然由相同的父母抚育长大，但领养的孩子在墨守成规程度或承担风险倾向等方面与父母亲生的孩子一点都不像。

选窝的概念可能有助于理解这种神秘现象。这个概念源于内科医生、

---

[1] 凡事总是会有反例。我重点关注的是家庭中长子与幼子的平均差异，对出生在中间的儿童研究较少，因为定义谁算作中间出生的孩子，比确定长子和幼子更具争议性。萨洛韦认为，平均而言，中间的孩子最倾向于使用外交手段。他们要应对占主导地位的长子，且由于父母和哥哥姐姐的存在而无法支配弟弟妹妹。因此，他们掌握了协调、劝说和建立联盟的艺术。如果你讽刺我将中间出生的孩子贬到脚注里，那就是没懂我。——作者注

离经叛道

心理治疗师阿弗雷德·阿德勒（Alfred Adler）的著作，他认为弗洛伊德所强调的父母的养育并不能解释子女在人格发展方面的关键影响。阿德勒认为，由于长子一开始是家中的独子，他们首先认同他们的父母。当弟妹出生后，长子面临被"废黜"的危险，所以通常通过模仿他们的父母来做出回应：他们强调规则并维护自己对弟妹的权威，这就为后出生的孩子反叛做好了铺垫。

面对直接与哥哥姐姐在智力和体力之间进行竞争的难度，后出生的孩子选择用不同的方式脱颖而出。"'成为成功者'的地盘很可能是对长子开放的，"萨洛韦写道，"一旦这块地盘被拿下，后出生的孩子就很难在同一块地盘上有效地与哥哥姐姐进行竞争。"① 当然，这取决于兄弟姐妹之间的年龄差距。如果两个孩子只有1岁之差，后出生的孩子也许足够聪明或强壮，可以获得自己的地盘；如果他们直接相差7岁，这块地盘会再次向后出生的孩子开放，他们就不用直接与哥哥姐姐竞争了。在棒球界，年龄相差2～5岁的兄弟比年龄相差不到2岁或超过5岁的兄弟更有可能打不同的位置。杰基·罗宾森曾在大学参加赛跑，但却无法击败他的哥哥麦克，他哥哥比他大5岁，并且曾在奥运会上获得200米短跑银牌。最终，罗宾森选择通过不同的项目崭露头角。他赢得了全国大学生体育联赛跳远冠军，并在加州大学洛杉矶分校的篮球、足球、跑步和棒球比赛中获得荣誉。

出于好奇选窝现象是否可以在其他家庭中观察到，我转向喜剧世界。喜剧的核心是叛逆的表演。有证据表明，相较于一般人，喜剧演员往往更具创新和叛逆精神[75]——他们在这些方面得分越高，就越能获得专业上的

---

① 在一项研究中，心理学家海伦·科赫（Helen Koch）让老师给有两个孩子的家庭中的300多个孩子进行排名，并考虑他们的出生顺序、性别、兄弟姐妹的性别、年龄和社会阶层。结果显示，不论是男是女，长子在决断性和主导性上的分数明显更高。正如心理学家弗兰克·杜蒙（Frank Dumond）写的："平均来说，头胎出生的女孩其实比第二胎出生的男孩更有雄性气质。她们倾向于表现出孩子王的特性。"——作者注

给叛逆一个理由：兄弟姐妹、父母和榜样是如何影响你的创新性的

成功。毕竟，人们大笑是因为玩笑偏离了预期或以一种无伤大雅的方式违背了神圣的原则，使不可接受的变成可以接受的。要挑战人们的预期并质疑核心价值观，喜剧演员必须承担可能的风险。要做到这一点而又不得罪观众，他们需要创造力。成为一个喜剧演员就意味着要放弃稳定的、可预测的职业。吉姆·凯瑞（Jim Carrey，著名喜剧演员）的父亲考虑过表演喜剧，但最终选择了当会计，因为这是一份更安全的工作。正如杰里·宋飞打趣的："我从来没有一份工作。"[76]

根据我们对选窝理论的了解，我怀疑后出生的孩子更有可能成为伟大的喜剧演员。由于年长的孩子也许已经占据了更传统的职业，因此年幼的孩子可能选择变得比年长的孩子更加有趣，而不是努力地比他们更聪明、更强大。与其他的才能不同，让人发笑的能力不依赖于年龄或成熟度。你的家庭越大，你突出自己的机会便越少，你也就越有可能选择幽默作为自己的地盘。

伟大的喜剧演员更有可能是后出生的人吗？为了找到答案，我分析了2004年喜剧中心（Comedy Central）[①]列出的有史以来最伟大的100位喜剧家。这份名单包括的都是一些具有创新精神的喜剧演员，他们以挑战社会规范和政治意识形态而知名，其中包括乔治·卡林（George Carlin）、克里斯·洛克（Chris Rock）、琼·雷乌思（Joan Rivers）和乔恩·斯图尔特（Jon Stewart）等。

从统计学的角度来看，长子和幺子的数目应该是一样的。但当我考察这100位创新型喜剧演员的出生顺序时[77]，发现其中44人是幺子，只有21人是第一胎生的。这些人所在的家庭平均有3.5个孩子，但他们中却有近一半是幺子。平均而言，他们成为幺子的实际概率比随机情况下的概率平均高出48%。在有兄弟姐妹的喜剧演员中，幺子的比例比预期的高83%。

[①] 喜剧中心是美国有线及卫星电视中的一个电视频道，专播喜剧及幽默节目。——译者注

离经叛道

在随机情况下，这么多伟大的喜剧演员都是幺子的概率是百万分之二。

当我转向这些幺子，我发现他们的哥哥姐姐通常都在传统的行业中取得更大的成就。斯蒂芬·科尔伯特（Stephen Colbert）是家中11个孩子中最小的，他的哥哥姐姐从事的职业有知识产权律师、国会候选人和政府律师等。切尔西·汉德尔（Chelsea Handler）的5个哥哥姐姐分别是机械工程师、厨师、会计师、律师和护士——所有这些职业都要获得教育认证和可能获得稳定的工资。C. K. 路易斯（C. K. Louis）的3个姐姐分别是医生、教师和软件工程师。吉姆·格菲根（Jim Gaffigan）的5个哥哥姐姐都是企业主管——3个是银行高管，1个是百货公司总经理，1个是运营主管。梅尔·布鲁克斯（Mel Brooks）的3个哥哥分别是化学家、书店老板和政府官员。

选窝理论有助于我们揭开兄弟姐妹并不十分相似的奥秘：后出生的孩子主动寻求走不同的道路。但这不仅仅是孩子想要努力脱颖而出这么简单。尽管他们努力寻求与哥哥姐姐保持一致，但基于出生顺序，家长们对他们的养育方式确实有所不同，这就使得他们的性格更加大相径庭。①

父母管得越来越松

心理学家罗伯特·扎乔克指出，长子成长于成人的世界中，而如果你有更多的哥哥姐姐，你就会花更多的时间从其他孩子身上学习。假如杰基·罗宾森是长子，他就会主要由他的母亲抚养长大。但由于有5个孩子要供养，

---

① 出生顺序效应不仅仅完全受环境的影响，我们有理由相信，生物因素也是一大因素。有证据表明，一个人哥哥越多，就越有可能成为同性恋。每多一个哥哥，都会使其成为同性恋的概率增加约33%。这可能是因为哥哥会导致母体免疫系统产生更多对睾酮的抗体，从而影响了发育中的胎儿。这种出生顺序的影响只存在于男性之中，并且只与哥哥的数量有关，而与弟弟或姐妹的数量无关。研究人员估计，至少有1/7的男同性恋者可以将其成为同性恋归因于哥哥的影响，并且有至少3个哥哥的男同性恋中，出生顺序的影响比所有其他原因都更强。——作者注

给叛逆一个理由：兄弟姐妹、父母和榜样是如何影响你的创新性的

玛丽耶·罗宾森（Mallie Robinson）需要工作，结果就是罗宾森的姐姐威拉·梅（Willa Mae）扮演了"小妈妈"的角色。威拉·梅给他洗澡、穿衣、喂饭。当威拉·梅去幼儿园，她甚至说服了母亲让她带着弟弟一起去上学。3岁的杰基·罗宾森整整一年每天都在玩沙子，威拉·梅时不时把头伸出窗外以确保他没事。同时，罗宾森的哥哥弗兰克随时准备在打架时保护他。

当哥哥姐姐充当代理父母和榜样的角色时，你就不会面对许多规则和惩罚，并能享受他们的保护。你也会最终更早地去冒险，因为你不用模仿成年人仔细考量后再做选择，只需跟随其他孩子就行。

即使父母的角色没有下放给哥哥姐姐，父母往往对长子更严格要求，而对于后出生的孩子要求越来越松。随着父母积累了一些经验，他们经常放宽要求，而且最小的孩子没有很多杂务要做，因为他们的哥哥姐姐都做了。当罗宾森加入了一个街区帮派，由于长期盗窃和入店行窃被抓时，罗宾森的母亲并没有惩罚他，而是多次冲进派出所，说警官对他儿子太苛刻。"他应该免受惩罚，"传记作家玛丽·凯·林格（Mary Kay Linge）写道，"因为他一直……被娇生惯养……毕竟杰基是我们家的小宝贝，他从未承担过像他哥哥姐姐一样的责任。"①

我们可以从《每日秀》的共同创始人利兹·温斯特德的成长经历中看

---

① 父母对幺子的反馈也会走向另一个反面极端，获得网球大满贯的运动员安德烈·阿加西（Andre Agassi）就是一个受害者。[78] 他的父亲希望培养出网球冠军，当前3个孩子没有实现他的愿望，他把所有的希望寄托在最小的孩子阿加西身上。他的父亲爱打骂孩子，强迫他练习很久，强行给他安排日程，禁止他参加其他运动。他伴随着"阿加西家族最后的希望"这样一种破碎的意识成长。阿加西用打破比赛不成文的规则来进行叛反：他剃莫西干头、mullet（一种前短后长的发型）头并戴耳钉，和比他年长20岁的女歌手芭芭拉·史翠珊（Barbra Streisand）约会。阿加西回忆道："我没有任何选择，对于自己是谁、做什么没有任何发言权，这让我发疯。叛逆是我每天能选择的唯一一件事。我通过违抗权威来给我父亲一个信号，以反抗我的生活中缺乏选择。"他的故事向我们表明，父母养育叛逆者有两种完全相反的途径：一个是给孩子自主权和保护，一个是限制孩子的自由直至他们奋起反抗。——作者注

离经叛道

到父母角色的转变。《每日秀》是第一个用喜剧模式来挑战现有媒体呈现新闻方式的新闻节目——它看起来像新闻，但是又用滑稽的方式去模仿。"我们通过成为他们而取笑他们，"温斯特德写道，"以前从没有人这么做过。"

温斯特德生于明尼苏达州，父母非常保守，他是家中5个孩子中最小的，因此温斯特德比她的哥哥姐姐享有更多的自由。"我都要骑到我父母头上去了，因为他们老了。我有很多的自由空间，所以我不再询问是否被允许做某事。我独自一个人乘公交车，夜不归宿，他们去休假并把我一个人留在高中。他们已经精疲力竭，忘了说'你不能这样做'。"当她还是个孩子时，尽管不会游泳，她的母亲却忘记提醒她掉入湖中的后果是什么。"我不知道我应该害怕。简单地说，这就是为什么我会不计后果地去做任何事情，"温斯特德解释道，"所以现在，我将挑战生活看成是勇敢而不是战斗。因此，这种明显的父母监督的缺失结果使他们由于我的胆大包天而感到苦恼。"

温斯特德在很小的时候就努力突出自己以引起人们的注意。就如她的哥哥杰恩（现在是一位市长）回忆道："全家人一直在说话，作为家里最小的孩子，她必须说话声音更响亮。" 10岁时，温斯特德质问她的天主教老师为什么狗和犹太人不能上天堂。12岁时牧师告诉她，她不能成为一个祭坛男孩，她对牧师提出质疑，认为自己可以成为一个祭坛女孩，还给主教写了一封信来说明其想法，她的父母也不反对她的这种想法。即使反对她的价值观，她的父母仍然继续支持她。多年以后，当她公开表示支持堕胎，她无意中听到父亲说："至少我的女儿说出了自己的想法，而不掩饰她自己是谁。"

家里的孩子越多，越小的孩子所面对的规则越宽松，并且可以逃脱其哥哥姐姐无法逃脱的事情。"我来自一个非常庞大的家族[79]，有9个父母。"笑星吉姆·格菲根开玩笑说，"如果你是一个大家庭中最小的，到你十几岁的时候，你的父母一定已经疯了。"

我们可以用家中最小的孩子所获得的不同寻常的自主性和保护来解释许多创新者的冒险行为，而这种养育方式其实可以培养任何次序出生的小孩的逆反行为，只是在最小的孩子身上最为常见罢了。有趣的是，萨洛韦发现，相对有兄弟姐妹的孩子来说，预测独生子女的性格更难。他们就像长子一样，在大人的世界里成长，并认同他们的父母；又像幺子一样获得了很好的保护，这使得他们"很容易成为激进分子"。

出生顺序的证据凸显，给孩子自由对于使他们变得具有创新精神十分重要。但这样做的危险之一是，他们可能会用这种反叛的自由使自己或他人处于危险之中。如果任何时候出生的孩子都被鼓舞去创新，那又是什么决定了这种创新性会被引导到哪个方向呢？我想了解为什么杰基·罗宾森放弃了帮派生活并成为一个民权活动家——什么因素决定了孩子在利用他们的自由时，是成为受人尊敬的人物还是反社会的人，是积极主动的人还是消极被动的人，是创造性的人还是破坏性的人？

这个问题是社会学家塞缪尔（Samuel）和教育研究者皮尔·欧琳纳（Pearl Oliner）一生致力于解决的问题。他们对在大屠杀中冒险拯救犹太人的非犹太人进行了一项首创性研究，比较了与这些英雄在同一个镇上生活但却没有帮助犹太人的邻居。这些英雄人物与旁观者有许多共同之处：相似的教育背景、职业、家庭、邻里关系以及政治和宗教信仰。他们在儿童时代同样叛逆——这些英雄人物也同样可能因为不服从、偷窃、撒谎、欺骗、挑衅以及没有遵守命令而受到父母的惩罚。他们与旁人的区别在于他们的父母处罚不良行为以及表扬良好行为的方式。

伟大的解释

几年前研究人员发现，孩子在 2～10 岁期间每隔 6～9 分钟就被父母敦促改变其行为。正如发展心理学家马丁·霍夫曼（Martin Hoffman）总结的，这"就相当于孩子每天要学 50 项纪律[80]，而每年就有 15000 种"。

当大屠杀的救援者回忆其童年时，他们从自己的父母那里受到一种独特的纪律训练。欧琳纳发现，"解释（explained）是大多数大屠杀救援者喜欢用的词语"。她说：

大屠杀救援者的父母与其他父母最大的不同在于他们通过论证、解释、建议的方式来弥补伤害、进行规劝或提供建言。……论证传达出一种尊重……这意味着他们相信，如果孩子们对某事有更好的理解或知道更多，就不会做出不适当的行为。这是一种对听众的尊重，表明他们相信听众有能力理解、改善并取得进步。

与此相比，论证只占旁观者的父母教育孩子手段的6%，但救援者的父母用这种方式教育他们孩子的比重为21%。一位救援者在谈到母亲时说："当我做错事时，妈妈总会指出来。她从来就不会惩罚或训斥我——她试图使我真正理解自己做错了什么。"

这种理性的教育方式也是未做出犯罪行为的青少年的父母以及创新者的父母的共同特征。在一项研究中，哈佛大学心理学家特雷莎·阿玛比尔发现，普通孩子的父母平均给孩子制定了6项规则，包括做功课和睡觉的具体时间表。而极富创意的孩子的父母给孩子制定的规则平均还不到一个，他们往往"强调道德价值观而非具体规则"[81]。

如果家长确实认为应该制定许多规则，那么他们如何解释制定规则的原因就十分重要了。最新研究表明，如果父母通过大吼或威胁惩罚来强制青少年执行规则，孩子就会抗拒。如果母亲制定这些规则的同时也清晰理性地说明为何这些规则十分重要，青少年就不太会去违反，因为他们内心已经接受了这些规则。加州大学伯克利分校心理学家唐纳德·麦金农（Donald Mackinnon）将美国最具创意的建筑师和一批技术精湛但没有创新精神的建筑师进行比较，最后发现，创新者的突出特点是他们的父母在执行规则时会加以解释。他们会列出行为准则，并根据一系列

给叛逆一个理由：兄弟姐妹、父母和榜样是如何影响你的创新性的

是非观原则解释这些准则的基础——诸如道德、诚信、尊重、好奇心以及毅力等。但是他们"把重点放在发展孩子的伦理道德"上，麦金农写道。最重要的是，培养出极具创新精神的建筑师的父母给孩子自主选择价值观的自由。

解释确实造成了一个悖论：它使孩子更加遵守规则，也会使他们更加叛逆。通过解释道德原则，父母鼓励子女自觉遵守符合重要价值观的规则，并质疑与重要价值观不符的规则。合理的解释能使孩子养成与社会期望一致的道德观。当规则不清楚的时候，孩子们更多地依赖于内在的价值观指引，而非外在的规则。

有一种解释方式在强调纪律时尤其适用。当欧琳纳研究大屠杀救援者父母对孩子的教育时，他们发现，这些父母在解释"为什么某种行为是不恰当的时候，往往会参照这些行为对他人的影响"。也就是说，旁观者的家长更侧重于强调遵守某项规则是为自己着想，但救援者的父母则鼓励孩子去考虑自己的行为对他人带来的影响。[1]

强调对他人的影响，引导孩子关注个人行为可能对他人带来的伤害，从而引起孩子对他人的同情心。这还可以帮助孩子们了解他们自己的行为在给他人造成伤害中所起的作用，从而使他们感到内疚。就如艾尔玛·邦贝克（Erma Bombeck）所说，"在催人不断付出这点上，内疚感是天然的一剂良药"[82]。同情和内疚的双重道德情感激发人们纠正错误，并在未来

---

[1] 发展心理学家马丁·霍夫曼认为，解释某种行为对他人的影响，应该根据孩子的年龄采取不同形式。当孩子很小的时候，父母可以先解释行为会给受害者带来怎样的可见伤害："如果你再推他，他会摔倒大哭"或者"如果你在路上扔雪，他们将不得不从头再清理一次"。随着孩子逐渐成熟，父母可以开始解释对基本情感的影响："如果你把她的娃娃拿走，你就伤害了玛丽，让她感到难过"或者"你不与他分享你的玩具，会让他感到难过，就像如果他不和你分享玩具，你会感到难过一样"。等孩子再大一些的时候，家长可以引导孩子关注更微妙的感情："她感到沮丧，因为她对她的塔感到自豪，而你却把它打翻了"或"尽量保持安静，这样他可以睡更久，醒来时感觉更好"。——作者注

表现得更好。

强调给别人带来的后果同样也会激励成人。为了鼓励医生和护士在医院更频繁地洗手，我和同事戴维·霍夫曼在放肥皂和洗手液的附近贴出了不同的标语：

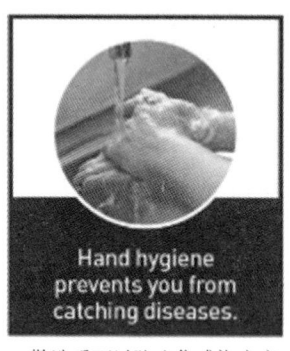

> Hand hygiene prevents you from catching diseases.

勤洗手可以防止你感染疾病。

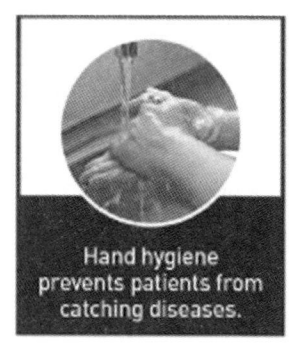

> Hand hygiene prevents patients from catching diseases.

勤洗手可以防止你的病人感染疾病。

在接下来的两周内，医院各科室的一位成员暗中计算了医疗专业人员与每个病人接触前后洗手的次数，与此同时，一个独立的研究小组测量洗手液和肥皂的使用量。

左侧的标语根本没起任何作用，右边的标语则效果明显：仅仅是提到了"病人"[83]而不是"你"，就使得医疗专业人员洗手的频率增加了10%，也多使用了45%的肥皂和洗手液。

人们为自己考虑时会用结果逻辑：我会生病吗？医生和护士都会迅速回答"不"——我在医院待很长时间，不经常洗手，但我不太得病，所以这事可能不会影响我。在一般情况下，我们往往对自己的免疫力过于自信。但为患者考虑则引发出恰当性逻辑——像我这样的人在类似的情况下应该怎么做？这使我们从成本—收益平衡的计算转向对价值观的思考：我有专业知识和道德义务去照顾病人。

明白了自己的行为会如何影响到其他人，是杰基·罗宾森人生中的第

给叛逆一个理由：兄弟姐妹、父母和榜样是如何影响你的创新性的

一个重大转折。作为一个社区帮派的头目，罗宾森往汽车上投掷脏东西，从窗外向房里投掷石头，偷窃高尔夫球并且将其转手卖给玩家，并从当地的商店偷窃食物和生活用品。在一次犯罪后，警长用枪口对准他，把他带到监狱。一个名为卡尔·安德森（Carl Anderson）的修理工看到该团伙的行动后，把罗宾森叫到一旁。"他让我明白，如果我继续与这群人为伍，就会伤害到我的母亲。"罗宾森写道，"他说随波逐流并不需要胆量，勇气和智慧在于我们愿意与众不同。我非常惭愧，以至于没有告诉他，他说的是多么的正确，但他所说的话打动了我。"想到自己的行为会给母亲带来怎样的影响，罗宾森不想让母亲失望了，他就离开了这个团伙。①

不受待见的人：为什么名词比动词好

假设父母已经决定给孩子自由去追求创新，那需要怎样做才能形成孩子的是非观呢？价值观不仅是通过孩子做错时家长如何回应而形成的。在对大屠杀中救援者和旁观者的研究中，当欧琳纳询问他们从父母那里所学到的价值观是什么时，救援者提到适用于所有人的道德价值观的可能性是

---

① 当我写完这个部分，我的女儿们正绕着家庭活动室奔跑打闹，使还在爬的小儿子处于危险之中。我已7次告诉她们不许再跑了，但没有任何效果。我意识到，我没能按照我自己提出的建议——解释行为对他人的影响，于是我改变了我的策略。我对6岁的女儿提出了一个问题："我为什么让你不要跑？"她看着我，马上回答说："因为我们可能会让弟弟受伤。"我接着问："你想让他受伤吗？"她摇摇头。4岁的小女儿尖着嗓子说："不！"我宣布了一个新的规则：在家庭活动室里不许奔跑，因为我们不想伤害任何人。我让女儿自己负责执行规则，她们立即停止了奔跑。她们将这个良好的行为坚持了下去，这个下午接下来都在监控对方是否奔跑了。但几天后，她们又开始跑了。通过她们我才明白，如果我们在解释行为对别人产生的影响之外，附加声明我们的原则，就最有可能对孩子产生持久的影响。仅仅说"她哭了，因为她要玩你的玩具"是没什么用的。更有意义的说法是，"她哭了，因为她要玩你的玩具。在我们家，我们总是彼此分享的"。——作者注

旁观者的3倍。救援者强调，父母"教会了我尊重所有的人"。虽然旁观者也有道德价值观，但他们将其适用于一些具体行为以及同一组织团体内的成员——在学校里要注意听讲，不要与同学打架，对邻居要礼貌，对朋友要诚实，要对家人忠诚。

道德标准也有部分是通过孩子做了正确的事后父母所说的话而形成的。在你最近一次看到孩子做了好事时，你是怎么回应的？我猜你可能称赞了这种行为，而不是孩子本身："这样做非常好""这样做很棒"。似乎通过称赞这种行为，你强化了这种行为，所以孩子会学着不断重复它。

但心理学家琼·格瑞斯（Joan Grusec）主持的一个实验显示，结论不能下得这么快。孩子在与同伴分享了几颗弹珠后，其中一些随机获得对他们行为的称赞："你把弹珠给了那些可怜的孩子，这样很好。是的，你做了一件很好的并且有益的事。"其他人则受到对他们人格的赞扬[84]："我猜你是一个喜欢在别人有需要时帮助别人的人。是的，你是一个非常善良并且乐于助人的人。"

人格受到赞扬的儿童后来变得更慷慨。受到人格赞扬的儿童中，45%的人在两周后捐出了自己制作手工的材料以鼓励医院里生病的孩子；而行为受到表扬的儿童中只有10%捐出了自己的东西。当我们的人格受到表扬时，我们就会内化它，使其作为我们身份的一部分。我们不再认为自己只是参与了一个孤立的道德行为，而是开始形成一种作为有道德的人的更加统一的自我概念。

在孩子开始形成强烈的身份认同感的关键时期，赞美人格似乎具有最强有力的作用。例如在一项研究中，赞美人格提升了8岁而非5岁或10岁孩子的道德行为。10岁的孩子可能已经形成自我概念，以至于一个评论并不能影响他们的认知；而5岁的孩子又太小，以至于一个鼓励的评论并不能起到实际的作用。而在身份认同感正在形成之时，人格赞扬会留下最持

给叛逆一个理由：兄弟姐妹、父母和榜样是如何影响你的创新性的

久的印记。①

但即使在非常年幼的儿童中，赞美人格也可以产生瞬间的影响。心理学家克里斯·布莱恩（Chris Bryan）主持的一系列巧妙的实验中，当3~6岁的儿童被要求成为帮手而不是带来帮助时，他们收拾积木、玩具和蜡笔的可能性提高22%~29%。虽然他们的性格还远未形成，但他们希望获得身份认同。

布莱恩认为，人格赞美对于成人也是有效的。他的团队在短语中换一个词就能将欺骗减少一半：他们说"请不要成为一个骗子"，而不是说"请不要欺骗"。当别人让你不要欺骗时，你可以在欺骗的同时仍然把自己视为一个有道德的人。但是，当有人告诫你不要成为一个骗子时，欺骗的行为就被蒙上了一层阴影——不道德与你的身份紧密相关，这使得欺骗行为缺乏吸引力。欺骗是一个用结果逻辑计算的孤立行为：我可能侥幸逃脱惩罚吗？而"成为一个骗子"唤起了自我意识，引发恰当性逻辑：我是什么样的人，我想成为什么样的人。

基于这一理论，布莱恩建议家长、教育工作者、领导者和政策制定者更多考虑用名词。他认为，"不要酒后驾车"可以改进为"不要成为一个醉驾司机"。

---

① 关于赞美人格的好处的研究与赞美努力的价值的研究之间存在一个有趣的冲突。斯坦福大学心理学家卡罗尔·德维克（Carol Dweck）在《看见成长的自己》（*Mindset*）中介绍了她的突破性研究，研究结果表明当我们赞美孩子的智力时，他们对自己的能力会形成一种固定的看法，从而导致他们在失败时轻易放弃。我们不该告诉他们有多聪明，明智的做法是称赞他们的努力，这就会鼓励他们看到自己的能力是具有可塑性的，就会坚持克服障碍。如何协调这些相互冲突的研究结果呢？我们不该假定，最好在道德领域赞美人格而在技能领域赞美努力，而是应该认识到，赞美人格会使孩子们觉得"我是一个好人，所以我可以做坏事"或者更可怕的是"我是一个好人，所以这怎么会是一件坏事呢？"。因此，执行上文中所提到的纪律是非常重要的：它激发孩子形成明确的道德标准和情感，使他们没有动力做不良行为。我敢打赌，人格赞美加上纪律，会使孩子做出最有道德的选择。——作者注

当我们把重点从行为转到人格时，人们在评估选项时就会有所不同。原本人们用结果逻辑询问这种行为是否会达到他们想要的结果，而现在他们用恰当性逻辑代替——因为这是正确的事情，所以他们采取行动。用一个大屠杀救援者十分感人的话来说："我觉得犹太人因为信仰或宗教选择而受到迫害是不可理解，也是不能接受的。就像是去救某个溺水的人，你不问他们信仰什么神。你只是去救他们。"

为什么父母不是最好的榜样

如果我们能向孩子解释行为对他人所产生的后果，并强调正确的道德选择是如何表现出良好的品格的，我们就可以给孩子极大的自由。这会增加他们以道德的或创造性的行为来表达其创新性的概率，而不是用破坏性的行为。但是当他们长大后，他们的目标往往不够高。

心理学家佩内洛普·洛克伍德（Penelope Lockwood）和基瓦·昆达（Ziva Kunda）要一组大学生列出他们在接下来的10年中希望实现的目标，他们提出的目标非常普通；另一组学生被要求先阅读报纸上一篇关于优秀同龄人的文章，然后再列出自己的目标。结果表明，后者的目标要比之前一组高很多。树立一个榜样[85]会提升他们对自己的期望。

榜样对孩子长大后如何表现自己的创新性有重要的作用。当拉德克利夫学院毕业的数百名三十出头的女性被要求列举对自己生活影响最大的人，绝大多数提到她们的父母和导师。17年后，心理学家比尔·彼得森（Bill Peterson）和阿比盖尔·斯图尔特（Abigail Stewart）检测这些女性对于做出变革、为下一代创造更好条件的热情程度。其中希望做出改变的动力只有不到1%是来自父母的。在追求创新性的女性中，她们17年前并不是主要受到父母的影响，而是受到导师的影响——想要改善世界的动力有14%来自导师。

给叛逆一个理由：兄弟姐妹、父母和榜样是如何影响你的创新性的

要鼓励孩子形成强大的价值观，存在的矛盾是家长必须有效地限制自己的影响力。家长可以培养孩子创新的冲动，但在某种程度上，人需要在其选择的领域中找到自己获得创新性的榜样。在喜剧界，利兹·温斯特德从喜剧演员罗斯纳·巴尔（Roseanne Barr）身上汲取灵感——无论是她在舞台上的才华还是在台下对妇女运动的支持。当温斯特德在公众面前发表她叛逆的政治观点时，她的父亲打趣说："我搞砸了，我把你抚养成了一个有想法的人。但我忘了告诉你，你的想法应该是我的想法。"

要想鼓励孩子的创新精神，最好的办法是向他们介绍不同类型的榜样以提升孩子的志向。杰基·罗宾森承认："如果不是两个人对我产生的影响，我可能已经彻底成为少年犯。"一位是向他解释他的行为是如何伤害他母亲的机械师，另一位是年轻的牧师卡尔·唐斯（Karl Downs）。唐斯注意到青少年是被父母强迫去教堂的，导致许多人中途就逃跑了，于是他做了一些非常规的改变——他在教堂举行舞会并建了一个羽毛球场。许多教会成员提出抗议，要求坚持过去的传统，但唐斯坚持了他的想法。唐斯为了吸引儿童而愿意挑战正统，受到他的启发，罗宾森自愿成为一个主日学校（Sunday School）[①]的老师，并且下定决心为他人提供帮助，就如唐斯为他做的一切。

在棒球运动中，罗宾森遇到了他的另一位导师，道奇队的总经理布兰奇·瑞基。他打破肤色障碍招募了罗宾森入队。瑞基叫罗宾森到他办公室时，罗宾森已经26岁了。瑞基曾到处寻找跑得快、能投球、击球命中率高的黑人球员，在他找到一组同样非凡能力的候选人后，他开始评估他们的性格，以建立一个新黑人联盟的幌子邀请他们见面。选中罗宾森后，瑞基就鼓励他在跑垒道上冒一些风险——"狂野地跑，偷掉他们的裤子"，但是敦促他在赛场外要更加谨慎："我希望球员有足够的胆量在赛场外不要受人挑衅。"

找到合适的导师并不总是一件容易的事，但是我们能通过一个很容易

[①] 又名星期日学校。英、美诸国在星期日为贫民开办的初等教育机构。——译者注

的途径找到——历史上伟大的创新者的故事。人权倡导者马拉拉·优素福·扎伊(Malala Yousafzai)因阅读阿富汗平等主义活动家米娜的传记以及马丁·路德·金的事迹而受到震撼,而马丁·路德·金是受到甘地的启发[86],纳尔逊·罗利赫拉赫拉·曼德拉(Nelson Rolihlahla Mandela)也是如此。

在某些情况下,虚构的人物可能会成为孩子更好的榜样。长大后,许多创新者发现他们在自己最喜欢的故事中找到了第一个榜样,这些故事中的主角往往在追求独特成就的过程中锻炼了创造力。伊隆·马斯克(Elon Musk)和彼得·泰尔都选择了《指环王》(The Lord of the Rings)——一个霍比特人为了毁掉有危险魔力的戒指而进行冒险的史诗故事;谢丽尔·桑德伯格和杰夫·贝索斯两人都青睐《时间的皱纹》(A Wrinkle in Time)——故事中一个小女孩学会了改变物理规律并进行时空穿越;马克·扎克伯格偏爱《安德的游戏》(Ender's Game)——故事讲述的是一群孩子拯救地球以免受到外来的攻击;阿里巴巴创始人马云提到他小时候最喜欢的书是《阿里巴巴和四十大盗》,这是一本关于一个樵夫主动改变自己命运的书。

他们可能本来就都是非常具有创新精神的儿童,所以他们一开始就沉迷于这些故事中,但也有可能是这些故事有助于提升他们的梦想。值得注意的是,有研究显示,如果儿童故事强调原创性成就,下一代的创新者就会更多。在一项研究中,心理学家跟踪从 1800 年到 1950 年的美国儿童故事中主人公做出的独特成就。从 1810 年到 1850 年,美国儿童读物中的创新主题上升了 66%,在这之后的 1850 年至 1890 年,申请专利的速度也飙升了 7 倍。儿童读物反映了当时流行的价值观,也有助于培养这些价值观:当故事强调原创性成就,20 ~ 40 年后的专利申请率通常会飙升。正如心理学家迪恩·西蒙顿总结的:"在学校,儿童需要时间沉浸于他们想象的成就中,这有助于新发明的诞生。"

与传记不同的是,在虚构的故事中,主人公可以做出以前从未有人做出的行动,使不可能变成可能。[87]现代潜艇和直升机的发明者从儒勒·凡

给叛逆一个理由：兄弟姐妹、父母和榜样是如何影响你的创新性的

尔纳（Jules Verne）的科幻小说《海底两万里》（*Twenty Thousand Leagues Under the Sea*）和《征服者罗比尔》（*Clipper of the Clouds*）中获得启发。最早的火箭是一位科学家从赫伯特·乔治·威尔斯（H.G.Wells）的小说中获得灵感而发明的；一些早期的手机、平板电脑、GPS导航仪、便携式数字存储磁盘和多媒体播放器的发明，是由于发明者看了《星际迷航》（*Star Trek*）中人物所使用的类似装置设计而成的。当我们在历史与小说中发现这些创新性的图像，结果逻辑就从我们脑中淡去了。我们不再过分担心如果失败了会发生什么。

毫无疑问，下一代创新者将会从《哈利·波特》系列中汲取灵感，这套书充满了原创性成就——哈利·波特是唯一可以打败伏地魔的巫师，他与朋友赫敏和罗恩学会了独特的法术，发明了抵御黑暗魔法的新方法。我们看到，当故事的主人公获得成功时，孩子们的精神获得极大振奋；而当他们失败时，孩子们都垂头丧气。J.K.罗琳不只是给一代儿童提供了创新性的榜样，而且其小说中也蕴含着道德意味。最近的实验表明，阅读《哈利·波特》能改善孩子对边缘群体的态度。当他们看到哈利和赫敏由于没有纯正的巫师血统而受到歧视时，他们对于现实生活中的少数群体会表示出更多同情和更少偏见。

当孩子强烈认同表现出创新精神的英雄时，这甚至可能改变他们选窝的方式。在兄弟姐妹中，在哥哥姐姐填满了传统领域的工作后，后出生的孩子往往更有创新精神。但是无论出生顺序如何，当我们有了振奋人心的创新榜样时，他们会扩大我们对新地盘的认识，而这可能是我们之前从没考虑过的。在我们最喜欢的故事中，主角可能会通过走不寻常的道路来激发我们的创新精神，而不是因为传统渠道关闭了才进行反叛。

ORIGINALS

第七章

再议团体迷思：强文化、狂热崇拜和魔鬼拥护者的奥秘

ORIGINALS

我们唯一不能原谅的就是彼此意见的不同。[88]

——拉尔夫·沃尔多·爱默生(Ralph Waldo Emerson)

再议团体迷思:强文化、狂热崇拜和魔鬼拥护者的奥秘

一位技术大亨站在台上,面对着迷的观众,从他的口袋里掏出一个新的设备。这件产品比其他竞争对手的产品要小得多,让在场的所有人都感到不可思议。这位发明家很有表演天赋,他的产品发布会极富表演力。但他的名气不止于此,他拥有独特的创新视野,热衷于将科学与艺术相融合,对设计和质量十分痴迷,他还深深蔑视市场调研。他在普及了自拍的革命性产品后说道:"我们给人们创造的产品,是连他们自己都不知道是自己想要的。"

他敦促人们不走寻常路。他带领他的公司走向辉煌,并给多个行业带来重大影响,但却被自己的董事会毫不客气地逐出公司。之后,他眼睁睁看着他自己创造的企业帝国逐渐崩溃。

尽管上述故事听起来似乎是在形容史蒂夫·乔布斯,但这个极富远见的人其实是乔布斯崇拜的偶像之一——埃德温·兰德,宝丽来公司的创始人。如今,兰德最让人铭记的事迹是发明了即时显像相机,这一产品催生了整整一代业余摄影爱好者,并使安塞尔·亚当斯(Ansel Adams,美国摄影师)可以拍下他著名的风景照片,使安迪·沃霍尔(Andy Warhol,波普艺术的倡导者和领袖)制作了他著名的名人肖像作品,使美国航空航天局的宇航员拍下了太阳。但是兰德还做出了更大的贡献:他发明的偏振滤器至今仍在数十亿产品中得到使用——从太阳镜、数字手表到袖珍计算器和 3D 电影的眼镜。他还在为艾森豪威尔总统构思和设计 U2 侦察机的过程中发挥了重要角色,这一发明改变了冷战的局势。兰德总共获得了 535 项专利,除爱迪生外,他比之前任何美国人获得的专利都要多。1985 年,就在乔布斯被踢出苹果公司的几个月前,乔布斯表达了他对兰德的钦佩,赞叹道:"他是我们这个时代最伟大的发明家之一……是国宝级人物。"

兰德也许是一个伟大的创新者,但他却未能将他的创新特质注入其公司的文化之中。具有讽刺意味的是,宝丽来是引领数码相机的公司之一,但最终却由于数码相机而破产。早在 1981 年,该公司就在电子成像上取得

离经叛道

重大进展,到了20世纪80年代末,宝丽来的数字传感器的分辨率能达到其竞争对手的4倍。1992年,宝丽来就创造出了一个高品质数码相机的原型,但电子成像团队直到1996年都无法说服自己的同事去发布这一产品。尽管宝丽来由于技术卓越而获奖,但其产品仍旧在市场中艰难前行,因为那时已有40多个竞争对手发布了自己的数码相机产品。

宝丽来的失败源于一个错误的假设。在公司内部,所有人普遍认为用户总是希望将照片打印出来,主要决策者也从未质疑这个假设。这就是一个经典的团体迷思(groupthink,又译作团体盲思)的案例——倾向于寻求共识,而不是培育异见。团体迷思是创新精神的大敌。人们迫于压力遵从多数人的想法,而不是倡导思想的多样性。

在一个著名的分析中,耶鲁大学心理学家艾尔芬·詹尼斯(Irving Janis)认为,团体迷思是造成众多美国外交政策失败的罪魁祸首,包括猪湾事件和越南战争。根据詹尼斯的解释,当人们"深深融入一个极富凝聚力的小团体中"时,就会产生团体迷思,"团体成员为追求团体和谐而不能现实地评估其他可行办法"。

在猪湾事件彻底失败之前,副国务卿切斯特·鲍尔斯(Chester Bowles)曾写了一份备忘录反对派遣古巴流亡者推翻卡斯特罗,但这个意见因被视为是宿命论的想法而不受重视。事实上,约翰·肯尼迪(John Kennedy)的许多顾问对入侵持保留意见——有些人说出来却没有被小组成员理会,其他人则选择保持沉默。在达成最后决定的会议上,只有一个反对者孤零零地提出反对意见。总统呼吁进行一场非正式的投票,多数人投票赞成提案,于是讨论的主题很快从决策转向决策的执行。

詹尼斯认为,肯尼迪政府的成员担心自己表现得"过于苛刻",并且害怕破坏"舒适、团结一致的和谐气氛"。参与讨论的内部人士一致认为,正是这种凝聚力促成了团体迷思的出现。正如处理肯尼迪和林登·约翰逊(Lyndon Johnson)总统之间信件的比尔·莫耶斯(Bill Moyers)回忆道:

再议团体迷思：强文化、狂热崇拜和魔鬼拥护者的奥秘

处理国家安全事务的人之间太亲近，对彼此太有好感了。他们往往像在绅士俱乐部那样讨论国事。……如果你们关系十分亲近，……你就不太愿意像在辩论时那样对你的对手咄咄逼人。通常，你会允许他人发表观点，而且只会用间接的方式对这一观点表达异议。

当一个团体变得如此有凝聚力[89]，它就创造出了一种强文化（strong culture）——人们享有共同的价值观和准则，并且对它们深信不疑。但强文化和狂热崇拜之间存在一个清晰的界限。

近半个世纪以来，领导者、决策者和记者们接受了詹尼斯的团体迷思理论——凝聚力是十分危险的，强文化是致命的。为了解决问题并做出明智的决定，团体需要有原创思想和不同意见，所以我们要确保成员不要太过亲密。假如肯尼迪的顾问们[90]没有这么亲密，他们可能会欢迎少数人的意见，防止这种团体迷思，并可能会避免猪湾事件的惨败。

但这个凝聚力理论中存在一个很小的问题：它是不正确的。

当詹尼斯在1973年完成了他的分析时，他还没有机会获得关于猪湾事件的机密文件和回忆录。从这些重要的信息来源中我们可以发现，关键的决定并不是由一个小的、有凝聚力的群体制定的。政治科学家和总统顾问理查德·诺伊施塔特（Richard Neustadt）解释说，肯尼迪是同一小群但人员不断变更的高级顾问举行了一系列临时会议。接下来的研究也表明，凝聚力是需要一定时间才会形成的。所以一个没有稳定成员的群体是无法形成亲密和友爱感的。多伦多大学的研究员格伦·怀特（Glen Whyte）指出，在猪湾事件后的一年里，肯尼迪领导着几乎由相同顾问构成的富有凝聚力的团队有效地应对了古巴导弹危机。斯坦福大学心理学家罗德·莱默（Roderick Kramer）解释道，我们现在已经知道，入侵古巴这一决定"并不是由于团队成员想要维护团队凝聚力和团队精神"而达成一致的。

凝聚力也不会导致在其他地方出现团体迷思。詹尼斯的分析还有另一

个致命缺陷：他研究的主要是有凝聚力的团体做出的错误决定，但我们怎么知道他们决策失败是因为凝聚力，而不是因为他们本来就想法一致而造成决策失误呢？为了获得准确的关于凝聚力的结论，他还应该将坏的决策与好的决策进行比较，然后才能下结论说有凝聚力的团队是否更有可能成为团体迷思的牺牲品。

研究人员对7家世界500强企业的高层管理团队做出的成功和失败的战略决策进行了研究，他们发现，有凝聚力的群体并没有更多地去寻求一致并忽视不同意见。事实上在很多情况下，有凝聚力的团体往往会做出更好的业务决策，在政治上也同样如此。在一次全面的调查中，研究人员萨莉·里格斯·福勒（Sally Riggs Fuller）和雷·阿戴格（Ray Aldag）写道："没有实际证据支持，……根本没有发现可以说明凝聚力会导致团体迷思现象。"他们发现，群体凝聚力的好处有"沟通的加强"，在凝聚力较强的群体中，成员"在挑战他人时很可能会更有安全感"。在对数据认真梳理之后，怀特的结论是，"应该把凝聚力从团体迷思的模型中删除"。

在这一章里，我想探讨究竟是什么原因造成团体迷思现象，并且我们如何才能避免它的发生。为什么有些有凝聚力的团队容易做出坏的决定，而另一些团队做的决定则更好？怎样才能保持强文化而不催生盲目崇拜？为了弄清楚如何对抗团体迷思以促进创新见解的表达，我会分析宝丽来犯的错误，并深入探索一个组织——其身价过亿的创始人有一个极端的办法来防止服从性压力（conformity pressure）。你会了解为什么异见往往被置若罔闻，为什么大多数集团使用"魔鬼拥护者"（devil's advocate，引申为故意唱反调的人）却没有效果，为什么有时鼓励人们抱怨问题优于让人给出解决方案，为什么让人分享偏好可以降低少数意见占上风的概率。最终你会看到，普通人和组织可以做一些什么事情来促进产生一种能尽早萌发创新精神的氛围，并随着时间推移，最终采用这一想法。

再议团体迷思：强文化、狂热崇拜和魔鬼拥护者的奥秘

蓝图中的螺丝钉

20世纪90年代中期，一群专家想知道创始人是如何塑造自己公司的命运的。社会学家吉姆·拜伦（Jim Baron）带领一群专家对硅谷近200位高科技初创企业的创始人进行采访，这些企业涉及计算机硬件和软件、通信和网络、医疗设备和生物技术研究、制造业和半导体业。拜伦和他的同事询问创始人：什么是他们最初的蓝图；当他们开始创办公司时，脑中有着什么样的组织模型。

尽管行业多种多样，但主要有3种模型：专业技能、潜力和忠诚。采用专业技能蓝图（professional blueprint）的创始人重在雇用具备专业技能的应聘者：这些创始人寻找会用Java Script或C++编程的工程师，或深谙合成蛋白质知识的科学家。潜力蓝图（star blueprint）的关注点并非现在的技能，而是将来的潜力，他们希望挑选或挖到一个最聪明的员工来获得将来的溢价。他们看中的人当下的专业知识可能不够多，但他们有足够的智慧和脑力可以掌握它。

采用忠诚蓝图（commitment blueprint）的创始人采取与众不同的招聘方式。技能和潜力都是要考虑的条件，但文化契合是必需条件。他们最首要考虑的是聘用那些符合公司价值观和准则的人。忠诚蓝图在激发员工积极性方面也有独特方式。拥有专业技能蓝图和潜力蓝图的创始人给予员工自主性和具有挑战性的任务，而那些拥有忠诚蓝图的创始人则努力在员工和组织之间建立强有力的情感纽带。他们经常使用诸如"家庭"和"爱"这样的词来形容公司中的同伴，员工往往对使命有着极度的热情。

拜伦的团队想看看哪种创始人的蓝图会取得最大的成功。他们对经历了20世纪90年代末互联网兴起和2000年泡沫破灭的公司进行了跟踪，发现有一种蓝图远远优于其他蓝图，那就是忠诚蓝图。

如果创始人采用忠诚蓝图，他们企业的失败率为零——他们中没有一个

破产的。创始人使用其他模型时,企业未来的前景一点都不明朗。采用潜力蓝图的初创企业的失败率非常高,采用专业技能蓝图的失败率比潜力蓝图还要高近3倍。而拥有忠诚蓝图也意味着企业更有可能成功上市,它实现首次公开募股的概率是潜力蓝图企业的3倍以上,专业技能蓝图企业的4倍以上。[1]

由于许多初创企业会用一个新的CEO来取代其创始人,拜伦和他的同事也对CEO的蓝图进行了调研。他们发现,CEO上任后,创始人的蓝图变得更加重要——所以它们是必不可少的。创始人会带来更长久的影响。专业技能和潜力都会转瞬即逝,而忠诚是持续永恒的。

我们可以从宝丽来早期的文化中看到忠诚蓝图的益处,宝丽来早期的文化以专注、原创、质量这几个价值观为核心。当埃德温·兰德研发即时成像相机时,他曾经连续工作了18天,连衣服都没换。他对最终产品评价道:"每一个概念都是新的,无论是摄影、成像、摄影系统、开发方式还是摄影方式。"

柯达公司聘请的是拥有高级理工科学位的男性,而兰德追求的是更加多元化的员工队伍,所以他聘用的人既有具有艺术背景的女性,也有刚从海军退役的男性。就像硅谷中那些拥有忠诚蓝图的创始人那样,他并不担心他所雇用的人的具体专业技能或潜力,他关注的重点是他们是否重视产生新想法,以及是否愿意为实现公司的使命而奉献。置身在拥有共同爱好和目标的人之中,他的员工有一种强烈的归属感和凝聚力。当与其他同事和组织建立起了这种强大的纽带关系,很难想象员工会跳槽去其他地方工作。

---

[1] 拜伦和他的合作者迈克尔·汉南(Michael Hannan)、黛安·伯顿(Diane Burton)也追踪了蓝图的普及概率。专业技能蓝图是最普遍的,31%的创始人使用这种蓝图。忠诚蓝图和潜力蓝图次之,分别为14%和9%。还有另外两种蓝图——专制蓝图和官僚蓝图,采用率都是6.6%。这两种模型中创始人都基于技能雇用员工,但专制蓝图主要依靠金钱和直接监督来确保员工完成任务,而官僚蓝图更多的是在进行任务时加上详细的规则和程序。毫不意外的是,专制蓝图和官僚蓝图是最容易失败的两种模式。剩下的1/3创始人采用以上这些蓝图的混合形式。专制蓝图是最容易失败的,比潜力蓝图高8倍;混合型和官僚蓝图的存活率介于专业技能蓝图和潜力蓝图之间。——作者注

即时成像相机发明之后,宝丽来的两个早期关键发明不仅促进企业的成功,更是促进了电影技术的进步。其中一个是深褐色的相纸,因为黑白的即时照片容易褪色。解决这一问题所不可或缺的实验室领导者,是一位艺术史专业出身的女性,叫麦罗埃·莫尔斯(Meroe Morse)。她在大学没有上过任何物理或化学课程,后来她又为色觉方面的开创性见解提供了铺垫。她非常敬业投入,以至于她的实验室的技术人员一天24小时分3个不同时间段轮班工作。另一项重大突破是即时彩色摄影技术,这要归功于霍华德·罗杰斯(Howard Rogers)。他以前是一个汽车技师,在照相技术方面没有接受过任何正规教育。但他辛勤工作长达15年,终于破解了色彩之谜。

成长的烦恼:忠诚度文化的弊端

尽管在企业的早期,忠诚文化会卓有成效,但随着时间的推移,它们往往开始衰退。在对硅谷的研究中,虽然创始人的忠诚蓝图使初创企业的生存概率和上市概率更大,但它们一旦上市,其股票市值增长速度却比其他蓝图更慢。拥有忠诚蓝图的企业的股指增长速度比潜力蓝图的企业慢140%,比专业技能蓝图的企业慢25%;甚至官僚蓝图的企业增长情况都比它要好。似乎正如执行教练马歇尔·戈德史密斯(Marshall Goldsmith)所说,在一方面对你有好处的东西不可能在另一方面也有。[91]当企业不断成熟,忠诚度文化出了什么错误?

拜伦和他的同事认为,"拥有忠诚度文化的企业很难吸引、留住或融合多元化的员工队伍"。他们有数据支持这一观点:心理学家本杰明·施奈德(Benjamin Schneider)发现,组织往往会随着时间推移而变得更加同质化。随着它们吸引、选择、结交并保留相似的人,它们就有效地剔除了思想和价值观上的多样性。这一点尤其可能发生在拥有雄厚忠诚文化的老牌企业中。因为这些企业招聘的基础就是一致性,员工不得不去适应企业的文化,

离经叛道

否则就无法在其中生存。

斯坦福大学社会学家加斯帕·索伦森（Jesper Sorensen）发现，在稳定的行业中，有这类强文化的大企业确实比其他同类企业有更可靠的财务表现。当员工致力于实现一系列共同的目标和价值观时，他们可以在可预见的环境中有效地工作。但在像计算机、航天、航空等起伏波动的行业中，强文化的优势就会消失。一旦市场变得充满活力，拥有强文化的大企业就太过狭隘了。他们很难认识到需要改变，更可能抵触有不同见解的人。因此，他们不去学习和适应，业绩自然就不如他们的竞争对手。

这些研究结果直接反映了宝丽来的兴衰。兰德在1948年发明了即时成像相机后，该公司获得了快速发展，收入从1950年的不到700万美元一跃上升到1960年的近1亿美元。至1976年，其收入已攀升至9.5亿美元。在此期间，摄影行业一直保持稳定：客户喜欢可以即时打印照片的高品质相机。但随着数字革命的开始，市场开始变得不稳定了，宝丽来曾经的文化瞬间失去了优势。

1980年，索尼公司的创始人盛田昭夫找到兰德，告诉他化学胶片处理也许不会是未来的潮流，并向他表示愿意和他共同设计数码相机。但兰德是从物理和化学的视角而不是从数字的视角来看世界的。所以他无视这个想法，坚持认为用户总是希望把照片洗出来，而数码相片的质量永远比不上化学处理的相片。

面对市场的波动，宝丽来公司的前行开始艰难起来，兰德甚至变得更不愿接受外部意见。一位曾长时间同他一起工作的同事说："他让自己身边围绕着唯命是从的忠实追随者。"兰德最钟爱的项目是一个现在叫作宝丽视（Polavision）的产品，这是一款即时电影摄影机。当宝丽来的总裁比尔·麦丘恩（Bill McCune）对这一概念提出质疑时，兰德向董事会投诉，并获得了对这一项目的完全控制。他们在单独一层楼进行研发工作，反对者不得进入。"他不得不无视各种反对，很多说明他的想法行不通的理由都十分明

再议团体迷思：强文化、狂热崇拜和魔鬼拥护者的奥秘

显，"麦丘恩说，"当他在做一些疯狂和有风险的事时，他小心翼翼，与任何反对他的人隔离。"

兰德的这种回应非常典型：战略研究员迈克尔·麦克唐纳（Michael McDonald）和吉姆·韦斯特法尔（Jim Westphal）进行过一项研究，发现公司业绩越糟，就有越多的 CEO 向与他们观点相同的朋友和同事征求意见。他们更喜欢达成一致，以使自己从中获得舒适感，而不喜欢令人感到不适的异议，这与他们应该做的正好相反。只有当 CEO 向自己朋友圈以外的人积极征求意见，对不同见解进行开诚布公的讨论，改正错误并追求创新时，公司业绩才会得到提升。①

加州大学伯克利分校的心理学家查兰·奈米斯（Charlan Nemeth）是世界上研究领导集体决策的著名专家之一，她发现，"少数人的观点[92]是重要的，并不是因为它们才是真理，而是因为他们会激发不同的关注点和想法"，"这样一来，即使他们是错的，他们仍然为找到整体而言质量最好的解决方案和决定做出了贡献"。

归根结底：即便异见是错误的，它们也是有用的。

奈米斯在 20 世纪 80 年代首先证明了这一点，她得出的结论已经被多次重现。在一项实验中，参与者被要求从 3 名候选人中选出一个担任某工作。

---

① 我们常常认为，当保留意见不做批评时，创造力会达到最高，但事实证明这是错误的。这个观点源于 20 世纪 50 年代的广告营销时代。当时亚历克斯·奥斯本（Alex Osborn）介绍了头脑风暴的概念，其中第二条规则是"保留批评"，因为他们认为批评会阻碍人们提出一些疯狂的想法。但创新突破的出现是在获得更多的批评之后，而不是在更少的情况下。在美国和法国进行的一个实验中，人们进行集体头脑风暴，并随机被分配为"不进行批评"或进行"自由辩论，甚至是提出批评"两组。进行辩论和提出批评的小组并不害怕分享想法，他们比那些不允许提出批评的小组多想出 16% 的创意。在高风险的创新环境下，辩论和批评会完善创意的质量。研究表明，在最成功的微生物学实验室中，当科学家提出新的证据，他的同事们并不会欢呼，而是会提出质疑和替代方案。在医院也是如此：意见差异最大的医生团队会做出最好的决定，只要成员认为他们的同事是在为彼此争取最大利益。——作者注

客观上看，约翰更胜一筹，但参与者并没有意识到这一点，他们一开始都选择了错误的人选林戈。当有人提出选择另一个错误的人选乔治时，他们最终选出恰当人选的概率是原来的4倍。将乔治作为竞选者扰乱了共识，鼓励小组成员进行多元化思考。他们重新审视了招聘标准以及每名候选人的资质，从而重新考虑了约翰。

由于没有异见，兰德的即时电影摄影机是一个彻底的失败产品。虽然它在技术上十分巧妙，但仅能存储几分钟的视频，而已经在市场上成功销售的便携式摄录一体机有能力存储几个小时的视频。设计即时电影摄影机给公司带来约6亿美元的损失，董事会罢免了他的职位。虽然兰德切断了与宝丽来的关系，但他的信念仍旧深深根植在宝丽来的基因之中，员工被雇佣和共同学习共享这种信念。他建立了公司，并使公司存续，但他的蓝图在不知不觉中就注定了它的灭亡。兰德明白如何"提出与众不同的想法"，但他创造的公司却没有这种能力。

证据表明，社会纽带并不会促成团体迷思，罪魁祸首应该是过度自信和声誉危机。在宝丽来，为了与兰德的蓝图保持一致，领导者们过于自信，认为用户总是希望将自己的照片打印出来，于是继续制造便宜的相机以从胶卷中赚取利润——就如同销售廉价的剃须刀以从刀片中赚取利润一样。领导者们面对数码相机的创意反复提问："胶卷在哪里？没有胶卷吗？"当看到预计38%的利润率，决策者们对此嗤之以鼻，并指出他们在胶卷上就获得了70%的利润。这是一个"持续不断的斗争"，数码成像技术小组的一位成员回忆道："我们不断挑战当前的商业模式概念和核心业务，我们认为它们过时、陈旧并且将止步不前。"

那些持反对意见的人很快被边缘化。在领导者的心中，这些持异见者并没有理解即时永久记录的价值。当一个名为卡尔·扬科夫斯基（Carl Yankowski）的工程师被聘为负责宝丽来商务影像的副总裁，他提出收购一个拥有数码成像技术的初创企业。但CEO麦克·布斯（Mac Booth）不接受

再议团体迷思：强文化、狂热崇拜和魔鬼拥护者的奥秘

这个想法，并取消所有讨论，宣布"宝丽来不卖不是自己发明的产品"。这反映出他对公司未来发展的过度自信，认为它能够创造出最优秀的产品。"我认为瞬时胶片将是数码摄影的主导因素，而我们比世界上任何人都更加了解它，"布斯在1987年说道，"任何说即时摄影将要消亡的人都是无视现实的人。"

扬科夫斯基回忆说，当时他建议寻找一个外部的电子技术专家来引导公司进入数字化时代，布斯反驳道："我不知道该给你一拳好还是把你开除好！"这里就存在信誉风险（reputational risk）。最后，扬科夫斯基放弃了宝丽来，进入索尼公司，在那里他推出了PlayStation，在4年中使公司的收入几乎翻番。他又领导了锐步公司，使其起死回生，并成为Palm公司的CEO。尽管他在推动创新和拯救垂危公司上获得了很多成功，但"我永远无法征服宝丽来盛行的文化范式"，扬科夫斯基感叹道，并谴责了"封闭的头脑"和关键决策者的"近亲"心态。"我们中的许多人肯定是和其他主管一起喝了什么迷药"，在宝丽来工作了27年的米尔顿·登奇（Milton Dentch）指出："根植于几代宝丽来管理者脑中的文化使他们总是认为驱动宝丽来发展的引擎必定是打印媒介。……真正的原因是宝丽来独特的文化。"[1]

---

[1] 你可能会认为一种安全的策略是在一开始建立一种忠诚文化，然后再转移到另一个蓝图。虽然这似乎是一个自然而然的解决方案，但它并不有效。改变一个蓝图既困难又危险。在对硅谷企业的研究中，有一半的初创企业改变了他们的蓝图，但这样做的企业的失败概率也随之增加了一倍多。偏离创立者最初蓝图的企业与同类的坚持创立者最初模型的企业相比，失败概率要高2.3倍。即使是一个微小的调整也足以引发大问题，超过一半的转变蓝图的企业只做了一个改变，例如在招聘中更关注潜力而不是专业技能，但他们也遭遇了失败。一个新的蓝图让企业颠覆的可能性猛增了25%，许多曾经有团队归属感的员工认为是选择离开去更好的地方的时候。如果企业转移蓝图，并且仍然成功上市，在接下来的3年中，它们在股票市场中的价值增长速度比那些一直坚持最初蓝图的企业慢几乎1/3。总体而言，改变蓝图会比替换掉创立者带来更大的负面影响。这就是意想不到的地方：拥有忠诚度文化的企业，一旦改变蓝图，会遭受最为显著的负面影响。——作者注

离经叛道

宝丽来差点就要成为数码摄影的先驱,并且本可以轻易地迅速立足于这一领域。但不幸的是,领导者却在公司面临危机时磨磨蹭蹭。如果他们接受了原创思想而不是死板地信奉兰德的化学成像打印的理念,宝丽来也许会幸存下来。那么,如何才能建立一个乐于接受异见的强文化呢?

"不同凡想"① 文化

当我对企业高管和学生进行调查,询问他们在哪个组织中遇到过最强文化,最后获得压倒性票数的是桥水联合基金(Bridgewater Associates)。其总部设在美国康涅狄格镇。它为政府、养老基金、大学和慈善机构处理超过 1700 亿美元的投资。其理念是由创始人撰写的 200 多条原则。虽然公司从事理财业务,但原则中没有一个与投资相关的词。这些准则从工作和生活层面指导人们,如果你想做有意义的工作或建立有意义的关系,你该如何去思考和行动。

这些原则已被下载超过 200 万次,其中有富含哲理的原则("真理没什么可让人畏惧的"),也有可操作的方法("要修正一种行为,通常需要大约 18 个月的不断强化")。录用新员工基于对他们的一项评估,即他们与公司行为准则的契合度。他们会在类似军队的新兵训练营那样的地方接受高强度的训练,被要求思考和讨论这些原则,并在某些让人情绪激烈的情境下实践这些原则,并且根据他们的行为进行评价。桥水基金中虽然也总会发生很多辩论,但它仍然是一个具有高度凝聚力、联系紧密的社群,以至于员工常常把它叫作"家",留在这里工作几十年的情况十分普遍。

在动荡的金融行业中,桥水联合基金拥有很强的忠诚文化,而且它的业绩并没有随着时间的推移而衰退。该公司有两个主要的基金,两者在过

---

① 出自苹果一则名为"不同凡想"的广告,英文原文为 Think Differently。——编者注

再议团体迷思：强文化、狂热崇拜和魔鬼拥护者的奥秘

去 20 年来一直都有良好的收益。人们认为它们比金融史上任何对冲基金给客户的回报都要多。2010 年，桥水联合基金的收益比谷歌、亿贝、雅虎和亚马逊的所有利润总和还多。

桥水联合基金的奥秘是促进原创思想的表达。公司一贯赞赏具有创新性的投资策略，其中一项战略是通过比一般投资基金更高程度的多元化来降低风险。2007 年春，桥水联合基金就开始警告客户即将发生金融危机。根据《巴伦杂志》（*Barron's*）的报道："没有人比它为全球市场崩溃做了更充分的准备。"

在投资世界中，你只有"不同凡想"才能赚到钱。桥水联合基金鼓励公司中每一个员工提出不同意见，以防止团体迷思的发生。由于桥水联合基金的员工分享各自独立的观点，而不是服从大多数人的观点，它就更有可能做出其他公司想不到的投资决策，并看到其他公司没有看出的金融趋势。这使得当市场中其他人的判断是错误的时候，它却可以做出正确的决策。

我的目标并不是分析桥水联合基金辉煌的金融决策，而是更深入地研究这些决策背后的文化。这要从桥水联合基金的创始人、亿万富翁雷·达里奥（Ray Dalio）说起。虽然他被称为投资界的"史蒂夫·乔布斯"，但员工与他交流时并不把他当作某个特别的人物。下面是一位客户顾问吉姆在与一位重要的潜在客户会面后发送给达里奥的一封电子邮件：

雷——你今天的表现应该得"D"。……你漫无边际地说了 50 分钟。……我们都有目共睹，你根本没有做好准备，不然你不会一开始说话就那样毫无逻辑。我们告诉过你，这个潜在的客户我们是一定要拿下的。……今天非常糟糕……我们不能让这种事情再次发生。

在一般的公司中，发送像这样一封批评老板的电子邮件等于断送自己的职业前程。但达里奥没有生气动怒，而是让参与会议的其他人给他一个

离经叛道

诚实的反馈,从 A 到 F 等级给他打分。之后,桥水联合基金的合作首席执行官并没有掩盖达里奥的缺点或是指责写信的人,而是将这份邮件复制给公司的所有员工,这样每个人都可以从中吸取教训。

在大多数组织中,人们只有在关上门后才会给出批评。正如杰克·汉迪(Jack Handey)在《周六夜现场》节目中的"深度思考"(Deep Thoughts)之一:在你批评他人之前,请先穿上对方的皮鞋走到 1 英里外。这样当你批评他们时,你就已经离他们 1 英里远,并且穿着他们的鞋子。

而在桥水联合基金,员工被要求面对面地向对方表达疑虑和批评。"不要让'忠诚阻碍真理和开诚布公',"达里奥在一条原则中写道,"有批评意见时,任何人都无权不把它说出来。"在大多数组织中,人们提出异议会受到惩罚。但在桥水联合基金,对员工的评估根据他们是否发表了他们的看法——如果他们不能挑战现状,就会被解聘。

研究人员将强文化定义为员工怀着强烈的心愿共同致力于一套价值观和准则,但其产生的效果取决于这些价值观和规范是什么。如果你打算在企业内建立一个强文化,使异议成为你的核心价值观之一是十分重要的。这就是桥水联合基金的强文化同狂热崇拜相区别的地方——企业的核心价值观是促进异议。在招聘中,桥水联合基金并不用相似性来衡量文化契合度[93],而是对文化贡献度进行评估。① 达里奥想要的是那些能独立思考并丰富企业文化的人。通过让员工对自己的异见负责,达里奥从根本上改变了人们决策的方式。

狂热崇拜的核心价值观是教条。但在桥水联合基金,员工甚至被鼓励

---

① 如果你雇用一个与你的企业文化契合的人,最后这些人只会增强彼此的观点而不是挑战彼此的观点。"文化契合已经成为一种新的歧视形式。"美国西北大学社会学家劳伦·里维拉(Lauren Rivera)发现。很多时候,人们利用这一条规则"来说明雇用与决策者意见一致的人,并拒绝不一致的人,是合理的"。IDEO[94]是一家曾为苹果设计鼠标的创新咨询公司,这家公司在招聘时并不考虑文化契合,而是看候选人未来将如何丰富公司的文化。——作者注

挑战原则本身。培训过程中，在员工学习这些原则的时候，他们不断地被问是否同意这些原则。"我们的这些标准经过长期的压力测试，你要么执行，要么不同意并提出更好的原则。"与达里奥一同制定准则的扎克·韦德（Zack Wieder）解释道。

桥水联合基金并不像宝丽来那样一贯听从拥有最高资历或地位的人，而是基于决策的质量。他们的目标是建立一种想法精英制度（idea meritocracy），在这一制度中，最佳的想法获胜。要想一开始就亮出最好的想法，你需要极端的透明度。

接下来我打算挑战达里奥的一些原则，但首先我想对他用来打击团体迷思的武器进行一个说明。

你所知道的魔鬼

猪湾事件后，肯尼迪总统要求他的弟弟罗伯特辩驳多数人的意见，并反思每一个想法。当艾尔芬·詹尼斯在分析团体迷思的弊病时，他的主要治疗方法是选出一个"魔鬼的拥护者"。这种做法可以追溯到1587年，教皇西克斯图斯五世（Pope Sixtus V）制定了一个新的审查罗马天主教堂圣人候选人的程序。他指派一名信仰维护者（promotor fidei）批判性地评估候选人品性及所显之灵迹来反对其封圣。这名信仰维护者必须反对上帝拥护者（God's advocate），因此他们被称为"魔鬼拥护者"。500年之后，大多数领导者为促进提出异议也采取了这一做法——引入某人来反对多数。但查兰·奈米斯（Charlan Nemeth）表明，这种做法是错误的。

受到奈米斯的启发，在一项研究中，研究者要求德国200多家企业和政府的管理人员代表一家公司，将产品转移到海外生产。他们有两个国家可供选择——秘鲁和肯尼亚。阅读一些初步信息后，他们要从中选择一个国家。偏向选择秘鲁的人中，每3个人分为一组。在做出决定之前，他们可以阅读十余篇提供每个国家详细信息的文章。有一半的文章建议选择秘鲁，另一半则青睐肯尼亚，他们没有时间读完所有文章。

管理人员选择阅读的文章中，青睐秘鲁的文章比青睐肯尼亚的多26%，这就是心理学家所说的"确认偏误"：当你有一个偏好，你会寻找支持这一偏好的信息，并忽视反对这一偏好的信息。

但是，如果其中一个队友被随机指定做唱反调者，这种偏见会改变吗？他扮演的角色是挑战大多数青睐秘鲁的人，找出这一想法的缺点，并质疑团队的假设。

由于"魔鬼拥护者"的出现，管理者变得更加平衡：他们阅读的文章中，青睐秘鲁的文章只比青睐肯尼亚的多2%。但"魔鬼拥护者"提出的意见最终并不足以改变管理者的想法。他们只是口头上向反对者承诺选择文章时不偏不倚，但对自己最初偏好的信心只下降了4%。由于确认偏误，他们更多地被支持自己偏好的观点说服，而忽视那些不支持他们偏好的观点。为了战胜大多数人的意见，团队需要阅读更多持反对观点的文章，而不是肯定它的文章。

如果指定一个"魔鬼拥护者"不奏效，那什么方法有效呢？

研究人员又以另外一种形式组成了3人小组：两名成员青睐秘鲁，第三名成员并不是研究人员指派的故意唱反调为肯尼亚辩护的人，而是一个事实上的确青睐肯尼亚的人。这些小组阅读的文章中，青睐肯尼亚的数量比青睐秘鲁的数量多14%。他们对自己最初偏好的信心减少了15%。

虽然指派一个"魔鬼拥护者"可能是有用的，但挖掘出一个真正唱反调的人才是更加有效的。被指定的人是扮演一个角色，这导致两个问题：他们不会强有力地或持续不断地去为少数者的观点辩驳，并且小组成员不太可能认真对待他们的想法。"为了提出反对意见而提出反对意见并没有用，如果像角色扮演那样只是'假装有异见'也没有什么用。"奈米斯解释道，"如果反对的动机只是出于某种顾虑，而不是为了寻求真理或最佳的解决方案，

再议团体迷思:强文化、狂热崇拜和魔鬼拥护者的奥秘

这是无济于事的。但如果反对者是发自内心地提出异见,就会刺激想法的产生。它会给反对者带来勇气,促使他阐明观点。"

有效的秘诀就是真诚。古语有云:一旦你可以假装真诚,你就做到真诚了。事实上,假装真诚是不容易的。要让"魔鬼拥护者"产生最大效益,他们需要真正相信他们所代表的观点——团队成员也得相信他们确实相信。在一项由奈米斯领导的实验中,拥有真正的异见者的团队得出的解决方案数量比那些指派异见者的团队多48%,并且他们提出的解决方案的质量往往更高。不管团队成员是知道异见者实际上和多数人持有相同意见,还是不确定该人的真实意见,这一结果都成立。但是,即使"魔鬼拥护者"赞成的确实是少数人的观点,一旦告知其他成员他的角色是被指派的,这就足以削弱他的说服力。① 人们会怀疑被指派的异见者,但真正的异见者会挑战他人,让他们对自己产生怀疑。

即使指派一个人的方法效果不大,但这仍然是一种很有吸引力的选择,因为它似乎为异见提供了保护。作为少数派,挑战现状似乎会面临危险,但如果你可以声称自己只是在扮演"魔鬼拥护者"的角色,似乎就能免受团队成员对你的批评或敌对态度了。但奈米斯并没有发现这样的结论。与被指派的异见者相比,真正的异见者并不会使团队成员感到更加愤怒。实际上,他们更受欢迎一些,因为他们至少是有原则的。

为对抗团体迷思,桥水联合基金并没有指派一个"魔鬼拥护者",而是

---

① 这一证据表明,真正的异见的效果是最好的。我询问了奈米斯对古巴导弹危机中罗伯特·肯尼迪(Robert Kennedy)被支配扮演"魔鬼拥护者"角色的看法。她回答说:"我认为他扮演的角色是确保一个质疑每种可能性的流程。他起到的作用是至少让人们走一个重新思考的过场——至少要为自己的立场辩护。我仍然不认为这与真正的异见者有相同的效果,但这样做肯定比匆忙下结论好。"看来罗伯特·肯尼迪并不是一个纯粹的"魔鬼拥护者",而更像哈佛大学政治学家罗杰·波特(Roger Porter)所谓的诚实经纪人(honest broker):通过引入不同意见并评估它们的质量,引导团队走完一个有效的决定过程。——作者注

离经叛道

发掘了真正的异见者。2012年，雷·达里奥通过向所有员工发送民意调查询问各自的同事是否能说出自己的想法，以此来发掘异见者：

在长期与你一起工作的人中，你愿意向他直言，并愿意在困难情况下仍旧争取与他辨明道理的，占有多大比例？

你是这样的人吗？

让我们来测试你的直率程度。在与你一起工作的人中，谁没有尽自己所能为正义而斗争？（写出3个人的名字）

你告诉过他们吗？如果没有，为什么？

达里奥的调查中有一个开放式的问题让员工提供反馈。随着大量反馈的涌入，可以看出这一问题竟然让这个原本对原则拥有强烈共识的公司产生了极大分化。一些员工反对指名道姓，其他人则犹豫不决。一个人说这"很像纳粹德国，而不是想法精英制度"。另一位员工评论"今天的调查太过分……要我在回答中选3个人，这个反馈极其具体，极具争议，并且形式非常没有人情味，让人变得度量狭窄"。

但其他员工的反应却恰恰相反：他们认为桥水联合基金是在实施它信奉的原则。如果有员工不说出他们的想法，就是在危及企业文化的核心。有一个员工写道，这个调查"使我反思"并"产生对话——有人发邮件告诉我她把我的名字写上了，因为我没有为正义而斗争，我们意见一致"。另一位员工坦言"这可能是两年多来我所做过的最难、也最有价值的家庭作业"。

达里奥喜爱这种不和谐的声音，因为这为双方提供了一个学习的机会。达里奥没有专门指定某人做"魔鬼拥护者"，而是发掘出实际上产生分歧的地方。达里奥说："人类最大的悲剧来自不能充分地思考分歧，从而发现什么是真理。"在开诚布公的讨论过程中，达里奥预计他的员工会化解他们的分歧。达里奥希望员工在开放思想的辩论中调和他们的分歧。他们并没有

再议团体迷思:强文化、狂热崇拜和魔鬼拥护者的奥秘

因为有些人过于自信而另一些人不敢说话而达成一致,而是在斗争后达成团结。用未来学家保罗·萨福(Paul Saffo)的话来说,企业的准则是"观点鲜明,但不固执己见"(Strong Opinions, Weakly Held)。[95]

为了调解员工们关于这一调查的矛盾观点,达里奥主持了一场讨论。为了营造一场公平的对话,他选择了3名对调查怀有强烈批评意见的员工和3名持积极意见的员工。达里奥面向持批评意见的员工之一,并要求他给出观点。该员工表示他担忧这会"创造一种控诉文化,给人麦卡锡主义①的感觉"。另一位员工表示赞同,认为"写名字让人感觉困惑"。

一位主管则反驳道:"我认为不分享这一信息才让人觉得困惑。"调查数据显示,40%的员工对他人怀批评态度,但并没有告诉对方——而每一位员工都想知道别人的批评意见。10多个人在房间中争论了1个多小时。

作为一家投资管理公司的创始人,达里奥为何要花那么多时间在一个关于是否要写名字的讨论中呢?因为如果员工达成一致,同意确保每个人都说出自己的想法,他们就不需要担心出现团体迷思。这样达里奥就可以相信,每当他提出一个想法,他的员工不会迫于压力而不得不点头接受,他的整个团队在讨论中是彻底透明的,可以对他关于市场的假设提出挑战,也同样可以对其他员工提出的想法提出挑战。② 决策基于想法的质量而定,而不是地位或民主。

经过充分的辩论之后,桥水联合基金中有97%的员工更担心的是问责太少,而不是太多。通过就这一问题进行一个多小时的讨论,员工达成了

---

① 麦卡锡主义是政治迫害的代名词。——译者注
② 重视透明度并不意味着员工应该说出任何事。"它必须与目标有关,"一位员工解释,"你可以告诉别人你不喜欢他们的牛仔裤,但你会因此遭到批评:这和目标有什么关系?"为了让员工保持透明度,桥水联合基金几乎所有的会议和电话都会被记录下来。如果你猛烈攻击他们,他们就应该有机会直接从你的口中得知。当你说的一切都被记录下来,你最好持开放态度——否则别人必然会发现。作为桥水联合基金的员工,如果你在背后议论别人,别人会当面称你为"黏糊糊的黄鼠狼"。如果这种行为不止一次,你可能会被解雇。——作者注

共识，同意鼓励彼此分享原创思想。这种透明能防止他们受到团体迷思的影响，使他们避免做出无数错误的决策。通过建立一种鼓励人们不断产生不同想法的文化，达里奥创造了一种强有力的打击服从一致的方法。然而，他寻求的那种分歧却是大多数领导者所不愿接受的。

找到一只能在煤矿中报警的金丝雀

如果你正作为领导者对你的员工说话，你会怎样填写下面的句子呢？

不要给我 _____，
而是给我 _____。

我是从组织心理学家戴维·霍夫曼那里知道这个问题的。他在担任调查英国石油公司"深水地平线"钻井平台爆炸和漏油事件的委员会成员时提出了这个问题。从那时起，我向上千位团队领导者展示过这个问题，要他们大声喊出完整的句子。不出所料，很多人的回答如出一辙，好像他们之前已经排练过许多次似的："不要给我问题，给我解决方案。"

这对领导者来说似乎是个明智的观念。我们不希望人们看到问题时停下来抱怨，而是应该主动去解决问题。正如管理研究员杰夫·爱德兹（Jeff Edwards）建议，如果你要告诉皇帝他没穿衣服，你最好是个好裁缝。大量研究表明，当员工提出解决方案[96]而不是抱怨存在的问题时，领导者的反应的确会更加积极。

但就团体迷思而言，鼓励员工提出解决方案存在消极的一面。霍夫曼是世界上可以创造出能监测、修正并避免错误发生的组织文化的杰出权威之一。2003年哥伦比亚号航天飞机在返回大气层过程中爆炸后，他的研究对评估和记录NASA（美国国家航空航天局）安全文化的改善情况至关重要。

再议团体迷思:强文化、狂热崇拜和魔鬼拥护者的奥秘

他帮助 NASA 设计文化调查,由该机构的所有员工完成,并在之后延伸到 1000 多家企业的 20 多万名员工。霍夫曼发现,过度关注解决方法的企业会形成随声附和的文化[97],压制质疑的声音。如果别人总是希望你有一个现成的答案,那么坐在会议桌旁时,你对问题的诊断已经完成,也就错过了听取广泛意见的机会。在哥伦比亚号起飞一天之后,有人观测到一个"神秘物体"从飞机轨道上漂走。如果有人对这一问题提出质疑,团队也许就会发现这个神秘物体造成飞机左翼上出现一个洞,并也许能够在热气体最终进入机舱之前对其进行修复。

如果你是陪审团的成员,在法庭审判时表示拥护支持没有问题,因为所有 12 名成员都倾听了整个案件。在审议期间,他们可以就被告是否有罪进行讨论。但霍夫曼告诫说,组织生活并不像在法庭里,它更像是在进行一场 12 小时的审判,每名陪审员只听了 1 个小时的证词,并且没有两名陪审员在同一时间段听。当团队的每个成员得到的都是不同的信息,询问应该先于拥护——这意味着你必须在寻求解决方案之前先提出存在的问题。为了确保问题被提出,领导者需要建立能够发掘异见者的机制。

2007 年,谷歌人力运营部主管拉斯洛·博克(Laszlo Bock)决定将每年的绩效评估从 12 月改到 3 月,以避免与假期冲突。他的团队中有十来个人支持这个想法,并决定于周五宣布这一变动。周四下午,博克给公司主管发送邮件提示这一变化,却没想到出现强大的反对浪潮。从晚上 6 点到午夜,博克回应了数百封电子邮件并进行了 40 个电话讨论,最终被说服同意将绩效评估改到 10 月。在此之前,他的团队就是团体迷思的牺牲品,博克只从拥有相同想法的人中得到支持性的意见。他在《工作法则》(*Work Rules*)一书中写道:"这一经历不仅强调了倾听他人意见的重要性,也强调了在做出决定之前,我们需要从可靠的渠道获取意见!"

为了确保真正的异见者更早地发表他们的观点,博克的团队创造了"金

离经叛道

丝雀"[98]——一群可以信赖的工程师,他们在公司中处于不同层级,代表不同观点,并且因善于发现不利情况和敢于发表自己想法而闻名。这个名字源于19世纪人们曾用"金丝雀"探测煤矿中是否有致命气体存在。在谷歌的人力运营部打算做出一个重大的政策改变之前,他们利用"金丝雀们"获得批评性的反馈。他们一部分属于咨询委员会,一部分属于焦点小组,他们已经成为确保谷歌人的声音能够获得倾听的宝贵保障者。通过提前和他们沟通接触,博克团队中的一位成员表示:"我们最严重的抱怨者最后成为我们最强有力的拥护者。"

宝丽来从来没有系统地利用"金丝雀"来找出问题。与此相反,桥水联合基金中的所有人都是"金丝雀"。在我与桥水联合基金的员工进行第一次对话时,一位低级员工告诉我,她被非正式地称为煤矿中的"金丝雀"。我原本以为这个位置会阻碍她的职业发展,但在绩效评估中,这一点正是她的主要优势,并且让高级管理者更加相信她对企业文化的拥护。

雷·达里奥并不想要员工给出解决方案,而是希望他们提出问题。他最初的发明之一是问题日志——一个向员工开放的数据库,员工可在其中提出任何问题,并对其严峻程度进行评估。提出问题是成功避免团体迷思的第一步,而倾听如何解决这些问题的正确意见是获得成功的第二步。为做到第二步,桥水联合基金的流程是:聚集一批可靠的人来诊断问题,分享他们的论证,并探讨产生问题的原因和可能的解决方案。

虽然每个人的意见都是受欢迎的,但人们对这些意见的重要程度评估并不等同。桥水联合基金不是一个民主国家。少数人可能有更好的意见,但多数者在投票中享有优势。"民主决策所谓的一人一票是愚蠢的,"达里

再议团体迷思：强文化、狂热崇拜和魔鬼拥护者的奥秘

奥解释道，"因为不是每个人都有同样的可信度。"[1]

在桥水联合基金，每个员工都拥有诸多领域的可信度评分。在体育运动中，每位运动员的表现记录数据是公开的。在棒球项目中，你与一名球员签约时可以查阅他的击球率、全垒打和盗垒的概率，评估他的长处和短处，并据此进行调整。达里奥希望桥水联合基金也以相同的方式运作，所以他创造了可以显示每个员工的绩效，并且公司任何员工都可以访问的统计卡。如果你第一次与同事交流，可以先看看他们在 77 个不同领域的记录，这些领域包括价值观、专业技能、高层次思维能力、实践思维能力、保持高标准的能力、决心、思想开放和自信程度、组织能力和可靠程度等。

在定期评估中，员工根据彼此不同的特性来打分——诸如正直、勇敢、坚持真理、不畏艰难、不逃避问题、敢于触及敏感问题、努力达成一致、责任感等。在每一轮评估期间，员工可以将意见实时、公开地反馈给该公司的任何人。而在评估期外，员工可以在任何时候对任何人提交意见或评论。在任何时候，员工都可以根据衡量标准对同级同事、领导或下属进行评估，并就自己所看到的给予简短解释。统计卡上为每个员工创建了一个"点彩

---

[1] 将民主投票作为决策是徒劳的，这一点已经在猪湾事件的失败中得以明确。当时肯尼迪总统的意向性投票压制了反对意见。从这一经验中吸取教训，在古巴导弹危机中，肯尼迪试图让更多不同意见获得表达。为了防止委员会出于政治原因而倾向于让他高兴的选项，他首先在决议过程中限制了自己的角色。这使得团队能在更大范围的可能性中做出更平衡的评估。正如心理学家安德烈亚斯·莫则许（Andreas Mojzisch）和斯特凡·舒尔茨哈特（Stefan Schulz-Hardt）发现，"事先得知他人的偏好[99]，会降低团队决策的质量"。第二步，他们不是每次只讨论一个选项，而是对每一种选择进行了比较和对比。有证据表明，当团队每次只考虑一个选项时，会过早出现大部分人对某一选项的偏好。所以更好的方法是对选项进行比较排序，因为在比较第三和第四个选择时，也许就会显露新信息，并足以扭转整个决策。心理学家安德烈娅·霍林斯黑德（Andrea Hollingshead）发现，当团队被要求对选项进行排序时，他们不再只选择最佳选项，而是更可能考虑每个选项，分享看起来不受欢迎的选项的信息，并做出正确决定。——作者注

离经叛道

画图片",累积记录各个评估周期和其他时间点获得的评价。该卡随时间的变化而变化,可以显示出员工最适合的职位,用绿灯标示出可以"信任"的区域,用红灯标示出需要"关注"的区域。

当你发表意见时,他人会根据你在相关维度的可信度对你的意见进行权衡。你的可信度是一种你当前正确的概率,是基于你过去的判断、推理和行为得出的概率。在提意见时,你需要考虑自己的可信度,告知你的听众你有多少把握。如果你对自己有怀疑,而且在相关领域也没有多少可信度,你就不会有什么意见要说。这时你该做的是问问题,从而获得学习的机会。如果你的信念十分强烈,那就应该坦率公开——但是要知道你的同事会调查你论证的质量。即便如此,你也应该保持自信并同时持开放的态度。正如管理学家卡尔·韦克建议的那样:"像你是对的那样去争论[100],像你错了那样去倾听。"

当原则发生冲突

那么,当可信的人对决定表示反对时,情况又会怎样呢?2014年夏天,桥水联合基金进行了一项匿名调查以了解未被表达出来的异见。当联合首席执行官格雷格·詹森(Greg Jensen)召开全体会议讨论调查结果时,一位叫阿什利的员工评论道,有些人曲解了桥水联合基金的原则。格雷格问她,这种事情发生时她是否纠正了他们,阿什利提到,她最近已经专门找了一些人纠正他们的曲解了。

通过说出自己的观点,阿什利展示出桥水联合基金的原则之一。但由于格雷格认为她的回应中没有实质内容,便提出她违背了桥水联合基金另一条原则,这条原则强调了认识到森林和树木之间差异的重要性。他想了解她在一般情况下是如何处理的,而不是听她对具体案例的陈述。

再议团体迷思：强文化、狂热崇拜和魔鬼拥护者的奥秘

一位叫特瑞纳·索斯克（Trina Soske）的高级主管觉得格雷格做出了一个糟糕的领导决策。虽然他是在试图坚持桥水联合基金的一条原则，但特瑞纳担心阿什利以及其他员工会因此打消未来他们发表观点的勇气。在大多数组织中，由于格雷格有比她更高的地位，特瑞纳应该保持沉默，回去再私下说他是个傻瓜，但特瑞纳写了一个真诚的反馈供全公司员工阅读。她称赞阿什利的勇气和正直，并警告格雷格说，他的回应"与CEO应该树立的榜样背道而驰"。

在大部分组织中，作为高层领导，格雷格的意见应该会战胜特瑞纳的意见；此外由于批评格雷格，特瑞纳的职业生涯可能会处于危险之中。但在桥水联合基金，特瑞纳没有受到惩罚，而且解决方案并不基于权威、资历、多数或谁说话的声音更大更有力。首先开始了一场电子邮件的讨论——格雷格不同意特瑞纳的意见，因为他觉得自己是公开并直接的，毕竟原则中指出，没有人有权持有批评意见而不说出来。但特瑞纳在非正式谈话中听到两个人批评格雷格的行为，所以她写信给格雷格："你没有看到和听到的东西会产生更大的抑制性作用。"她担心格雷格的行为会激起团体迷思，使人们保持沉默，而不是去挑战领导者。格雷格坚持自己的立场，认为特瑞纳没有让那些在背后批评他的人与他当面对质，是在纵容他们违背桥水联合基金的一项原则，他们的行为像"黏糊糊的黄鼠狼"。

高层领导人对这种分歧开诚布公是很罕见的，更不同寻常的是格雷格接下来做的一件事。"我觉得我们无法私下解决这个问题。"他写信给特瑞纳说道，并把邮件抄送给整个管理层委员会——一群已经建立了自己可信度的领导者。达里奥解释："这就像是在法庭审理中进行调解。"通过将分歧交给这些人，格雷格让思想精英制度来找出谁是正确的。

但达里奥没把这个分歧留给管理层委员会来解决，而是让格雷格同特瑞纳合作，把他们的冲突写成案例，同所有员工分享。这样做除了使他们的辩论公开透明，也迫使他们互相询问对方的观点，而不只是为自己的

观点辩护。当这件事结束后，为了使互相询问的过程持续下去，格雷格和特瑞纳又都提出问题询问公司的所有员工。

这件事第一次发生的几个月后，仍有人在讨论它，分析团队已经准备好了分享关于员工对此的反馈数据。但是"从某些方面来说，理解今后如何处理这种问题并达成一致，比解决这个问题本身更重要"，扎克·韦德解释道，"没有人（包括我们的CEO）对真理有垄断权"。

我不禁想：如果宝丽来的领导者没有把那些在兰德背后说即时电影摄像机缺点的人称为"黄鼠狼"，宝丽来如今是否仍能够幸存？如果当初NASA的文化允许人们像这样公开分歧，哥伦比亚号上的7名宇航员是否仍然活着？

即使你所在的组织目前不接受向上级提出批评性的反馈，也可以从设置一个时期让员工对领导者公开提出建议开始，这是改变企业文化的有效途径。Index软件公司CEO汤姆·格瑞提（Tom Gerrity）面对公司所有的100多名员工，让一位顾问告诉他自己做错的所有事情。通过树立接受批评的榜样，整个公司的员工变得更愿意向他及其他同事提出挑战。我在自己的课堂上做过类似的事情，并在一个月后收集学生的匿名反馈，重点关注那些建设性的批评和建议，然后用电子邮件将所有意见发给全班。在下一堂课上，我对我认为比较重要的建议进行总结，询问大家我对这些建议的理解是否正确，并提出一些变革性方案来解决这些问题。学生们经常对我说，这样的对话让他们更愿意成为课堂的积极贡献者和改善者。

员工之所以能够舒服地挑战上级领导，并不只是因为达里奥的开诚布公，而是因为早在入职训练时，员工就被鼓励质疑原则。桥水联合基金并没有等待员工慢慢变得有经验，而是从第一天起就鼓励他们的创新思维。在大多数组织中，员工社会化的阶段是消极的：我们忙于学习规则准绳，并使自己适应企业文化。而到我们加速进步时，我们已经淹没在工作中，并开始用公司的方式看待世界。入职初期是员工有机会提升公司文化的最好

再议团体迷思：强文化、狂热崇拜和魔鬼拥护者的奥秘

阶段。

几年前，高盛公司聘请我帮助他们吸引并留住优秀的投资银行分析师和合伙人，并允许他们改善工作环境。我们想出的其中一个方法是进行入职面谈。不要等到员工离职后再去了解他们对公司的想法，管理人员在新员工加入公司时就召开会议，了解他们的想法。把门敞开更容易与员工建立纽带，而不是强行打开已经被关闭的大门。

真相大白的时刻

我急着想知道雷·达里奥是否有与埃德温·兰德相似的地方——他是不是也过于重视自己的蓝图？他如何处理对原则的挑战？我已经在桥水联合基金做了充分的调查，得出了一些我自己的批评意见。凭借发掘"魔鬼拥护者"并在决定某一想法前进行彻底的提问讨论，这家公司拥有不同寻常的防止团体迷思的能力。但是，这并不意味着它是最完美的。

不久后，我就在达里奥家的餐桌边和他坐下聊天了。过去我会犹豫是否要说出自己的想法，因为我从来不喜欢发生冲突，但研究桥水联合基金使我发生了改变，我在提出批评意见时变得更加直言不讳，而且谁还能比这位透明度极高的开创者拥有更多挑战精神呢？我开始相信，任何人都无权隐瞒自己的批评意见，我向达里奥解释说，由于这一点正是他们公司所重视的，我也不会有所隐瞒，他回答道，"我不会感到被冒犯"，鼓励我畅所欲言。

我开始发表意见：如果由我运行公司的话，我会对桥水联合基金的原则按重要等级进行排列。格雷格和特瑞纳之间的分歧集中在两个不同的原则：一个是对批评持开放态度的原则，另一个是鼓励人们开诚布公的原则。这两个原则都出现在公司准则的列表中，但并没有指出哪一个更重要。心理学家沙洛姆·施瓦茨（Shalom Schwartz）在对价值观研究40余年后发现，价值观的主要目的是帮助人们在相互矛盾的选项中做出选择。施瓦茨解释：

离经叛道

"多种价值观的相对重要性指导人们做出不同的行动。"

我向达里奥指出，如果组织对原则没有按重要性进行排序，它们的效用会受到影响。研究人员查尼·沃斯（Zannie Voss）、丹·柯布（Dan Cable）和格伦·沃斯（Glenn Voss）对100多家专业剧团进行了研究[101]，让剧院的领导者们对5个价值的重要性进行排序：艺术表现力（创新性戏剧）、娱乐（观众满意度）、社区贡献（提供参观、宣传和教育）、成就（卓越性获得认可）和财务绩效（财力）。领导者之间对这些价值的重要性的分歧越大，该剧团的票房收入和净利润就越低。相反，只要领导者对这些原则的重要性达成共识，票房收入和净利润就会随之升高，而他们的原则是什么并不重要。

我补充说，当组织中存在大量的原则时，确立原则的相对重要性尤为必要。以沃顿商学院教授德鲁·卡顿（Drew Carton）为首的研究人员对150多家医院进行了研究，发现一个吸引人的愿景是必要的，但不足以保证企业健康和财务业绩。医院强调的核心原则越多，愿景对医院的帮助就越小。当医院有4个以上的核心价值观时，一个清晰的使命将不再能帮助减少心脏病复发再入院率或提高资产收益。拥有的原则越多，员工关注不同价值观或用不同方式解释同一价值观的概率就越大。如果有5～10条原则就会出麻烦，那拥有200条或更多的原则，岂不是会产生更大的问题？

"我同意你的看法，"达里奥说，"我明白我也许没有交代清楚原则的等级，因为这200条原则的类型不尽相同。一条原则只针对一类反复发生的事件，并告诉你如何处理该类型事件。但人生是由数十亿个事件构成的，如果你可以将这数十亿个事件归纳成250条原则，你就可以把它们关联起来：'啊，这就是其中一个。'"

我的疑虑消除了。我们在形容人的个性时会分门别类，但对描述不同情境的特点却很少有框架。现在我明白了拥有大量原则的价值，但我还是想知道哪些是最重要的。

再议团体迷思：强文化、狂热崇拜和魔鬼拥护者的奥秘

几年前有人曾问达里奥，让每个人都按这些原则行事是否是他的个人梦想。他断然回答道："不。不不不不不不不，一点也不。绝对不，请千万不要这么想。那不是我的梦想……最基本的原则是，你必须为你自己思考。"

对真理的独立探求是这些原则中最根本的，但我想看看达里奥是如何对剩下的原则进行排序的。领导者应该公开分享他们的批评意见，还是应该不作声，以免挫伤低级员工发表意见的积极性？二者哪个更重要呢？达里奥承认："我需要澄清这一点。"正在担心我这个问题冒犯了他时，他突然笑了起来。"这就是你的发现？"他问道，"这就是你能做到的最好的吗？"

说出我的另一条感想更加困难，因为它涉及思想精英制度的核心——思想精英制度认为人们应该为正义斗争，追求真理。但桥水联合基金对不同意见的评判方法并不能达到我自己的评判标准。达里奥解决分歧的默认方式是在双方立场上各找出 3 名可信的人——就像解决格雷格和特瑞纳的分歧时，让他们进行讨论和辩论，直到达成一致。然而，这样做出的决定是基于主观意见的。众所周知，以主观意见作为证据是有很大缺陷的。可信度依据测试结果、绩效评估和其他评价等指标，但主要的评估要素是他人对你的判断。正如桥水联合基金的一位员工对我描述的那样："获得可信度要依靠其他可信的人说你是可信的。"

自从罗马天主教会指定"魔鬼拥护者"反驳"上帝拥护者"的几个世纪以来，人类已开发出一种比通过辩论解决分歧更强大的工具，这就是科学。我对达里奥说，在医药领域，专家普遍同意证据的质量可以从 1～6 级进行分类。黄金标准是通过一系列随机的对照实验得出的客观结果，而最不严谨的证据是基于"令人敬仰的权威或专家委员会的意见"。同样的标准也适用于日益发展壮大的询证管理（evidence-based management）[102]领域和人力资源分析领域，这些领域的领导者被鼓励设计实验、收集数据，而不是单纯依靠逻辑、经验、直觉和谈话。

如果由我运营桥水联合基金，我也许会通过一些小实验来解决格雷格

和特瑞纳的分歧。在各种会议上,人们会被随机指派发表自己的意见。在某些情况下,领导会批评他们表达意见的方式,就像格雷格对阿什利那样;在另一些情况下,他们会肯定发表意见者的勇气,就像特瑞纳希望格雷格做的;而在剩余情况下,他们既不批评也不肯定。然后,我会跟踪记录与会者在接下来会议中发表意见的频率和勇敢程度。这可能很难实践,但至少我会评估那些看到格雷格批评阿什利的人——或那些对此持反对意见的人——是否会更少地发表自己的意见。

这一次,达里奥表示反对。"也许我是错的。"他评价道。但他解释说,他更喜欢可信的人之间进行辩论的形式,因为这是得出正确答案的最快方式,这也使他们从彼此的论证中学到东西。多年来,他曾在桥水联合基金试用了多种文化,虽然并没有做对照实验,但他觉得自己已能够感觉出哪种方法奏效。他认为,专业人士之间经过充分思考的分歧会创造一个高效的创意集市,随着时间推移,最好的想法会浮出水面。在这一点上,我们承认双方有分歧。达里奥比我对3位专业人士的意见更有信心。就我而言,我会做一个批评性测试,让一些小组选出可信度高的人进行辩论,另一些小组则进行实验,最后看哪一组做出的决策更好。随后,再让小组尝试相反的方法,再次分析结果。作为一名社会科学家,我打赌:平均而言,基于实验做出的决策将超过那些辩论后做出的决策,但是只有数据可以告诉我们答案。

移动者和塑造者

值得赞扬的是,达里奥已经自己进行了调查。他十分热衷于了解那些塑造世界的人,并十分渴望弄清楚他们之间有什么共同点。为此,他已经采访了许多当代最有影响力的创新者,也研究了历史上的人物——从本杰明·富兰克林到爱因斯坦、史蒂夫·乔布斯。当然,所有人都充满动力和想象力,但我很好奇达里奥的列表中列出的其他3个特质。"塑造者"是独立的思考者:

有好奇心，不走常规路，有叛逆精神；他们对任何人都保持极端的诚实，面对风险时敢于行动，因为比起失败带来的恐惧，他们更害怕止步不前。

达里奥本身就符合这些特点，而现在摆在他面前的困难是找到另一个"塑造者"来继承他的衣钵。如果他没能找到，桥水联合基金可能会像宝丽来的即时照片一样迅速褪去光辉。但达里奥明白，防止团体迷思不能仅仅依靠一个领导者的视野。最伟大的塑造者源源不断地将创意引入世界中，并创造出能够促进他人创新的企业文化。

ORIGINALS

第八章

逆流而行并保持稳定：管控焦虑、冷漠、矛盾和愤怒

ORIGINALS

> 我发现勇气并不是指没有畏惧,而是克服这种畏惧……
> 勇敢的人并不是不感到畏惧的人,而是征服这种畏惧的人。[103]
>
> ——纳尔逊·曼德拉

逆流而行并保持稳定：管控焦虑、冷漠、矛盾和愤怒

2007 年，一位名叫刘易斯·皮尤（Lewis Pugh）的律师只穿着速比涛泳衣、戴着泳帽和护目镜就跳进了北冰洋。冰已经融化到不再结起的地步，他的计划是成为有史以来第一位长距离游泳穿越北极点的人。皮尤曾在英国空降特勤队（SAS）服役，在他成为有史以来最好的极寒游泳运动员之前，他曾担任海事法方面的律师。就在两年前，他已经打破了在最北端极寒海域进行长距离游泳的世界纪录。同一年的晚些时候，他又从南极洲的冰山上跳入水里，游完完整的 1000 米，打破了最南端的记录。

皮尤被人们称作"北极熊"，他身上的一项能力从未有第二个人可以做到：游泳前，他的核心体温从 37℃ 上升至 38℃。运动科学家为他创造了一个词："预热器"（anticipatory thermogenesis）。这似乎是几十年来条件反射训练的成果：进入冷水时，他的身体会自动做好准备。皮尤称它为"自加热艺术"。与许多世界级运动员不同的是，他并不认为自己的使命仅仅是成为世界第一或证明某种可能性。他是一个海洋卫士、一个环保主义者，他游泳是想提高人们对气候变化的意识。

泰坦尼克号上的许多乘客在 5℃ 的水中丧生。而皮尤在南极洲游泳时，水的温度达到了淡水结冰的冰点 0℃。在北极的极点，他还要面临更致命的条件——水温不到 -2℃。跳入这样的水中后，一名英国探险家仅仅待了 3 分钟就因冻伤而失去了手指。而皮尤的研究小组估计，他的游泳将要持续近 20 分钟。在下水的两天前，皮尤进入水中 5 分钟进行练习，之后他的整个左手和右手手指就都没有了知觉，直到 4 个月后才恢复。他的手指细胞爆裂了，他患上了换气过度综合征。

皮尤并没有想象成功的场景[104]，而是开始想象失败。"深海通常并不让我感到恐惧，但这次不同。"他想。如果他失败了就会死，他的尸体会沉入距北冰洋底部 2.5 英里多的深海里。因恐惧而无法动弹，他开始问自己是否能够存活。如果他设想的是最佳情况，他会做得更好吗？

本章将要探讨人在做违背自己心愿的事情时情感的戏剧性变化。我曾

离经叛道

在医疗保健公司中测试员工对管理情绪的有效战略有多少了解,将他们的应对方式同专家认为的最佳应对方法进行比较,应对的情形有诸如工作降级、在一场重要演讲前感到紧张、由于犯错遭到责备和看到团队队友工作偷懒等。在情绪管控测试中成绩优异的人更常说出自己的想法和建议,进而挑战现状,他们的主管也在报告中认为他们的应对方法更有效。他们鼓起勇气逆流而行,并且掌握了保持船身稳定的技巧。

要了解这些技巧,我们需要思考皮尤是如何使身体预热来勇敢地面对冰冷的海水,以及马丁·路德·金是怎样帮助民权活动家保持冷静的。我还将探讨一批活动家是如何推翻独裁者,以及Skype的一名技术领导人是如何说服工程师接受对他们的产品做出革命性改变的。通过研究情绪管理的有效策略,你会发现:什么时候最好像乐观主义者那样去规划,什么时候又应该学习悲观主义者。让自己平静下来是否能战胜恐惧?发泄是否可以平息愤怒?如何在少数对多数时保持坚定?你将在这一章找到这些问题的答案。

负面思想的积极力量

虽然许多创新者从外表给人的感觉是充满强烈信念和信心的,但如果抽丝剥茧地深入研究,你会发现他们和我们大多数人非常相像:他们也有矛盾复杂的心理,也有过自我怀疑。杰出的美国政府领导人[105]在描述他们所做出的最困难的决定时,他们的回答是,困扰他们的并不是复杂的问题,而是做出抉择的勇气。由莱斯大学斯科特·索纳辛(Scott Sonenshein)领导的一项新的研究报告表明,即使是最投入的环保主义者[106],也常常会犹疑使命是否真的会成功。选择挑战现状是一场艰苦卓绝的持久战,一路上不可避免地会出现失败、障碍和挫折。

心理学家朱莉·诺伦(Julie Norem)对应对挑战的两种不同战略进行

逆流而行并保持稳定:管控焦虑、冷漠、矛盾和愤怒

了研究:一种是战略性乐观主义(strategic optimism),一种是防御性悲观主义(defensive pessimism)。战略性乐天派会做最好的预期,保持冷静并设定很高的期望值;防御性悲观者则做最坏的打算,心情焦虑,想象着所有的事情都可能会出错。如果你是一个防御性悲观者,在一个大型讲演开始的前一周,你就会暗示自己注定要失败。而且不是一般的失败——你会被绊倒在舞台上,然后忘记所有的词。

大多数人认为,做战略性乐天派比做防御性悲观者要好。然而诺伦发现,虽然防御性悲观者更加焦虑,且对分析、语言和创造类任务更缺乏自信,但他们的表现却和战略性乐天派一样好。"起初,我问为什么这些人尽管持悲观态度却还能做得这么好,"诺伦写道,"没过多久我开始意识到,他们做得好正是因为他们的悲观态度。"

在一项实验中,诺伦和她的一位同事随机分配一部分研究对象想象自己投射飞镖有着完美的表现,一部分人设想自己表现十分糟糕,另一部分则保持放松状态。之后,研究对象开始投掷飞镖。调查发现,防御性悲观者比乐观者或保持放松状态的人的准确率要高出约30%。在另一个实验中,当研究人员鼓励防御性悲观者,告诉他们会很好地完成跟踪任务(这项任务需要注意力和准确度),他们完成任务的准确率比没有被鼓励时低29%。而同样这些鼓励的话使战略性乐天派的精确度提高14%。在准备心算测试(需要在头脑中进行加减法的运算,例如23-68+51)的过程中,当防御性悲观者列出测试时可能会发生的最糟糕的事以及他们会有怎样的感受时,他们取得的成绩比测试前分散心思取得的分数高约25%。

"防御性悲观主义是在特定情况下用来管控焦虑、恐惧和担忧的一种战略。"诺伦解释道。当自我怀疑悄悄潜入,防御性悲观者不会让自己被恐惧打倒。他们刻意想象灾难场景来加深他们的焦虑,并将其转化为动力。一旦考虑到了最糟糕的情况,他们就会努力设法避免这种糟糕情况,仔细思考每一个重要的细节以确保不会失败,这样他们就会有一种控制感。他们

离经叛道

的焦虑在真正做某件事之前达到顶峰,所以当他们开始做这件事时,他们已经为成功做好了准备。他们的信心并非来自无视未来的困难或妄想自己一定能战胜这项困难,而是来自对现实的评估和详尽的计划。当他们不感到焦虑,他们会变得自满;当受到鼓励时,他们就打消了仔细规划的念头。如果你想蓄意破坏长期以来习惯于悲观思考的防御性悲观者的表现,只要让他们感到高兴就好。

通常,刘易斯·皮尤是一个乐观主义者:在别人看不到可能性的地方,他能看到;在别人要放弃时,他会坚持不懈。但在重要的游泳之前的几周,他经常像一个防御性悲观者。他的很多灵感并非来自他的团队寄予他的厚望,而是来自持怀疑态度的人对他的劝阻。两年前,在他为打破在北极圈游泳纪录做准备时,一个户外运动人士告诉他这是不可能的,他会因此而丧命,但皮尤却从中获得了动力。在另一次重要的游泳之前,他回忆起那些怀疑者,想象着他们幸灾乐祸地告诉朋友他是无法实现目标的。他写道:"做第一个游完的人,比第二个要困难得多。你不知道会发生什么,恐惧会带来致命的打击。"

当皮尤在北极点颤抖着准备下水时,他的直觉警告他:"即将展开的是灾难。"但他没有试图让自己振作,他发现负面的思考向他"展现出哪里可能会出错,并使他摆脱自满"。由于考虑到最坏的情况,他做好了充分的准备,并努力避免每一个可能发生的风险。① 他开始制订计划,以使自己游泳前在冰上停留更短的时间,并在游完之后立刻回到船上。"诀窍是让恐惧成为你的朋友,"他说,"恐惧使你准备得更加充分,能更迅速地看到潜在的问题。"这是重要的一步,但还不足以使他坚持下去。正如你所看到的,当你对某个任务坚定不移时,防御性的悲观主义是一种宝贵的资源。但当你内心摇

---

① 研究表明,当美国总统在就职演说中表达出更多对未来的乐观想法,那么在这位总统任期中,失业率和国内生产总值就会下降。当总统太过乐观[107],经济会变得更加糟糕。负面想法让我们关注潜在的问题,如果不去思考这些问题,就不会提前考虑预防和改正的措施。——作者注

摆不定时，焦虑和怀疑会适得其反。

不要放弃信念

如果让一般人列出令他们感到恐惧的事情，有一件事出现的频率比死亡还要常见：公众演讲。正如杰里·宋飞开玩笑说："如果你要去参加一个葬礼，在棺材里都比当众致悼词好。"

要了解如何管控恐惧心理，我们没必要威胁人的生命，只需要让人站在舞台上。哈佛商学院的教授艾莉森·伍德·布鲁克斯（Alison Wood Brooks）让大学生做一个有说服力的演讲，说明为什么他们在工作中会是优秀的合作者。她让一个挑剔的实验员坐在观众中，所有的演讲都被录了下来。演讲之后，一组由同学构成的评委会评价每一位发言者的说服力和自信程度。由于只有两分钟时间准备，看得出很多学生都紧张得瑟瑟发抖。

如果你处在这种情况下，会怎样应对你的恐惧？布鲁克斯问了300个身处职场的美国人，让他们对此提供建议。最普遍的建议是"尽量放松和冷静下来"，这是最显而易见的建议，90%以上的专业人士赞同这一观点。然而，这并不是最好的方法。

在被试的大学生发表演讲之前，布鲁克斯让他们大声说出一句话。她随机分配一部分人说"我很镇静"，另一部分人说"我很兴奋"。

"镇静"与"兴奋"[108]——仅一词之差，却足以显著改变他们演讲的质量。称自己情绪兴奋的学生，他们演讲的说服力比称自己情绪镇静的学生高17%，自信程度高15%。将恐惧描述为兴奋也会给演讲者带来动力，使他们演讲的平均长度比称自己镇静的学生长29%——他们有了在舞台上多站37秒的勇气。在另一项实验中，当学生在一个很难的数学考试前显得紧张时，如果有人告诉他们"尽量保持兴奋"而不是"尽量保持冷静"，他们的得分会提高22%。

离经叛道

但是，将恐惧描述为兴奋是应对紧张的最好方法吗？为了了解仅仅承认自己感到焦虑是否会更好地影响表现，布鲁克斯又给学生布置了另一个可怕的任务：她让他们在大庭广众之下唱20世纪80年代的摇滚歌曲。

学生们站在一群同学面前，拿着麦克风大声演唱了Journey乐队的《不要放弃信念》(*Don't Stop Believin*)。任天堂Wii（一款家用电视游戏机）的一个语音识别程序根据音量、音调和音符长度，对他们的表演从0~100分精确自动评分。如果获得高分，他们会获得奖金。在他们开始唱歌前，她随机分配一部分学生说"我很焦虑"，另一部分学生说"我很兴奋"。

还有一个对照组在表演之前什么都不说，这一组的平均得分为69分。将情感描述为焦虑的学生得分下降到53分。表演前说"我很焦虑"并没有帮助他们接受恐惧心理，反而强化了他们的恐惧。而对自己说"我很兴奋"，足以使成绩上升到80分。

为什么让自己感到兴奋比试图平静下来更能克服恐惧？恐惧是一种强烈的情感：你能感觉到你的心脏猛烈跳动和血液迅速流淌。在这种状态下，试图放松就像是汽车在以每小时80英里行进时突然刹车，车辆仍然有前进的势头。与其抑制这种强烈的情感，我们最好将其转换成不同的情感——一个同样强烈，但能推动我们前进的情感。

从生理上看，我们有一个停止系统和一个前进系统。[109]"你的停止系统会让你慢下来，使你保持小心谨慎，"《安静：内向性格的竞争力》(*Quiet*)的作者苏珊·凯恩（Susan Cain）解释道，"你的前进系统会让你加速，使你感到兴奋。"面对恐惧，我们不应该激活停止系统，而是可以激活前进系统激励自己前进。恐惧的特点是对未来的不确定：我们担心将会有不好的事要发生。但由于事件尚未发生，所以还存在另一个可能性，不管这个可能性多么渺小，结果都将是积极的。我们可以脚踩油门，将精力集中在驱动我们前进的理由上——一展歌喉时的那种兴奋感。

如果我们还没有投入某个特定行动中，像防御性悲观者那样思考就会非常危险。因为我们心中还没有向前冲的动力,设想一个令人沮丧的失败只会让我们更加焦虑,激活停止系统,并促使我们刹车。通过看光明的一面,我们就会点燃热情,并激活我们的前进系统。

但是一旦我们已经坚定了某种行动的信念,当焦虑悄悄潜入时,我们最好像防御性悲观者那样思考,并直面我们的焦虑。在这种情况下,我们并不应该试图将忧虑和怀疑转化为积极的情绪,而是应该接受恐惧,将前进系统调到更高的档位。既然已经决意前进,设想最坏的情况就会使我们利用焦虑,将其作为促进我们做好准备并取得成功的手段。神经科学的研究表明,当我们感到焦虑时,未知比失败的结果更可怕。正如诺伦描述的那样,一旦人们想象了最糟糕的情形,"他们会更有控制感。[110]从某种意义上说,他们在行动之前忧虑就达到了顶峰。而当他们开始做这件事时,他们几乎已经做好了一切准备"。

之前每一次要在寒冷的水里游泳前,刘易斯·皮尤都坚信他会成功,所以此时防御性悲观者的战略是有效的:分析潜在的危险使他做好了最充分的准备。在北极点,这种方法一开始奏效,但在灾难性的试游之后,"我的信仰崩溃了……如果在这水中游5分钟就对我的手造成这么大的伤害和痛苦,那20分钟会带来怎样的后果?"他无法摆脱游泳可能致命的恐惧,"我对那个愚蠢的试游的感受与我之前的感受都不一样,我不再相信我能做到了"。

由于他的信念发生动摇,这时他需要从防御性悲观主义中转移,激活前进系统,把精力集中在他选择游泳的原因上。一位朋友给了他3个使他感到兴奋的想法:首先,他们将在沿途的重要标志物上插上各国国旗,使皮尤想到帮助他完成游泳的29个人来自10个不同国家。在之前的游泳中,皮尤从"那些怀疑你的人中获得动力",但现在,他的朋友告诉他要"关注这些相信你、启发你的人"。其次,他应该回过头来想想父母对他在环境保护事业上的鼓舞。最后,他应该向前看,想想他将来可以在应对气候变化方面留下些什么。"听了他的话,我打消了放弃游泳的念头。"皮尤说。他

离经叛道

一头扎进冰冷的水中并与海流对抗。18分50秒后,他成功地完成了全程,而且没有遭受身体损伤。3年后,他横渡了珠峰海拔最高的湖泊。

皮尤的最大障碍是如何调节自己的恐惧心理,但很多创新者面临的障碍是如何去调控他人的情绪。当别人都害怕采取行动的时候,我们要如何激活他们的前进系统呢?

曾经有15名年轻游客去塞尔维亚的首都贝尔格莱德朝拜。带领他们在城市广场四周漫步游览之后,30多岁瘦高的塞尔维亚导游向游客讲述了一些该国最近发生的事情,例如土豆价格飞涨、免费的摇滚音乐会以及与周边国家发生的战争。但当导游在评论塞尔维亚时提到蒙提·派森(Monty Python,英国六人喜剧团体)作品中的幽默和托尔金的魔幻著作时,游客感到有些不耐烦了。他们不是一群普通的游客,而是来贝尔格莱德学习如何向政府成功表达抗议的。

他们想寻找一种能够成功表达抗议的方式。导游告诉他们这不需要冒很大的风险,而是完全可以用微不足道的方式来表现你的抵抗——放慢开车速度,在大街上扔乒乓球,将食用色素投放入喷泉使水的颜色看起来不同。外国游客嘲笑他的建议,认为这样琐碎的行为甚至不会造成任何影响。一个人坚持说,这永远不会发生在我们的国家。另一个女游客质疑道,如果我们站起来反对他,政府能轻易让我们消失。政府规定3人以上的集会就是非法的,在这种情况下,我们怎么才能够策划一场抗议呢?

他们并不知道,这位导游(塞尔维亚的著名活动家)在此之前已经听到过所有这些质疑和反对。2003年来自格鲁吉亚的活动家、2004年来自乌克兰的活动家、2005年来自黎巴嫩的活动家以及2008年来自马尔代夫的活动家,这些人都曾对他的意见表示反对。但他们最终克服了恐惧和冷漠,并成功地向政府表达了自己的抗议。

当心理学家丹·麦克亚当斯(Dan MacAdams)和他的同事让一些成年人叙述他们的生活经历,并绘制出他们的情感随着时间的推移发生的变化

逆流而行并保持稳定：管控焦虑、冷漠、矛盾和愤怒

轨迹时，他们发现了两种不同的理想模式。有些人一直都有愉快的经历——他们在人生中的大部分阶段都感到很幸福。那些被人们认为给所在团队组织带来创新性贡献的人则拥有更多的经历，这些经历一开始比较惨淡，但后来转为幸福——他们早期奋斗拼搏，并在后期取得了胜利。虽然曾经遇到过更多消极负面的事，但他们对自己的生活更满意，而且有更明确的目标。他们并没有一直都享有好运，而是经历了将坏事变成好事的战斗，并认为这种方式可以使生活更有意义。创新之路会有更多坎坷，但它会带给我们更多的快乐并让我们了解生命的意义。"正确的抗议并不是一次剧烈的爆炸，"塞尔维亚的活动家观察到，"它们是长期、有节制的燃烧。"

并不是每一次非暴力抗议都获得了成功，但我们可以从中学到很多关于如何战胜恐惧、克服冷漠和疏导愤怒情绪的方法。在进一步了解非暴力抗议之前，让我们先来看看一名技术公司的领导是如何帮助其员工克服恐惧的。

外包激励

当约什·西尔弗曼（Josh Silverman）2008年2月接管Skype（一个全球免费的语音沟通软件）时，该公司正面临着重大挑战。Skype是提供免费电脑间通话、廉价电话和电脑长距离通话的先行者。但由于公司未能维持之前的强劲增长，员工士气一落千丈。西尔弗曼决定下一个很大的赌注，增添一个全新功能：全屏视频通话。在4月，他宣布了一个看似不可能的目标——在当年年底前发布带有视频功能的Skype 4.0。"当时，很多员工的态度是极其负面的，认为这个变化太大，这样做是在杀死公司。"西尔弗曼回忆道。员工们担心时间太短，视频质量会很差，而且用户会讨厌全屏格式。

西尔弗曼没有试图让员工冷静下来，而是决定提出一个Skype的愿

离经叛道

景[111],激励他们对视频通话的信心。在与演员和技术投资人阿什顿·库彻（Ashton Kutcher）的对话中，他的愿景正式成形。在一系列的全体成员会议上，他强调这一产品对人们生活的影响，并阐明这一愿景："我们并不是制造廉价的电话，而是让两人即使分隔两地，也能感觉像是在一起。"

创新者想出一个将忧虑化为激动的愿景后，通常会自己承担沟通和传达的责任。但是仅仅因为它是你的想法，并不意味着你就是最合适激活前进系统的人。在一系列的实验中，戴维·霍夫曼和我发现，传达愿景时最鼓舞人心的方式是让真正受愿景影响的人来描述。例如，当大学的筹资者给校友打电话打断他们的晚餐，让他们捐款时，筹资者会感到非常紧张。当两位学校领导热情地跟筹资者讨论应该如何募集捐款，他们并不会在电话中表现得更有成效。

但是，当领导将鼓舞筹资者的讲话交给一个获得奖学金的学生（外包）后，筹资者筹到的钱平均提高了3倍多。这个学生向筹资者描述了他们的努力使他能够负担得起学费和去中国留学的费用。在筹资者听这位学生讲话的前两周，他们筹集的资金平均不到2500美元，但在听完学生讲话的后两周里，他们筹集到的金额超过了9700美元。① 他们对领导心存怀疑，因为领导说服他们更加努力工作可能是别有用心。但当同样的消息来自获得

---

① 我们想要证明，即使信息不变，只要它来自一个受益者，就会比来自领导更能有效地激励人。于是在下一个实验中，我们要求参与者编辑一篇留学生的论文，文章里包含了很多小的语法错误。我们向参与者解释，这是一个旨在帮助留学生提高论文质量、获得工作的项目。为了证明编辑产生的效果，我们随机分配参与者观看视频。视频有两个版本，都是同一位女性讲述一位学生在获得项目帮助后拿到了3份工作邀请。她介绍自己叫作普里亚·帕特尔（Priya Patel），不同的是，在一个版本的视频中，她是项目负责人；而在另一个版本里，她是受益的学生。看了负责人版本的参与者的表现并没有变化：这一组平均找到了不到25个错误，与没有看视频的对照组相同。但是看了学生版视频的参与者找到了平均33个错误——猛增了34%。我们还让参与者给学生写一个开放式的评论，并独立统计这些评论的建设性和帮助性。看了学生版视频的参与者，他们写的评论比领导版这组的好21%。——作者注

奖学金的学生之口,他们认为这更加真切诚实。他们同情这些学生,因此他们不再恐惧找校友征集募捐,而是受到鼓舞,愿意募捐更多的资金以帮助更多像他一样的学生。

但这并不意味着领导者什么都不用说。在后来的研究中,我发现当领导人首先描述一个愿景,然后邀请用户将这一愿景用个人的故事来展现出来[112],人们就会获得鼓舞,实现最好的成绩。领导者的描述提供了一个总体视野,如同发动一辆汽车,用户的故事则提供了一个情感诉求,踩下油门。

在Skype,约什·西尔弗曼知道激活前进系统的最好方法并不仅仅是用他的言语。他谈到Skype是如何帮助自己的孩子与祖父母加深了关系,尽管他们住在相差8个时区的两地。在全员会议上,他又让Skype用户亲自叙述自己的经历,让企业愿景与个人生活息息相关。一对已婚夫妇分享他们如何依靠每天用Skype聊天度过了长达一年的分离;一名军人谈到他在伊拉克服役时,Skype如何使他同孩子保持密切的关系,甚至在圣诞节一起打开礼物。"把顾客带进会议室,让他们与我们的使命相联系,并触及他们的心灵和思想,"西尔弗曼说,"这有助于让员工看到,我们可以给世界带来什么样的改变。"

当员工明白Skype的目的是使人与人联系起来,团队的焦虑变成了兴奋。他们受到鼓舞,开发出视频功能,从而使用户能进行更有意义的对话,他们按时发布了能够提供高品质全屏视频通话功能的Skype 4.0。不久之后,Skype的用户每天增加38万人,在当年年底Skype上进行电脑间聊天的361亿分钟里,有超过1/3的时间是视频通话。在西尔弗曼分享了他的愿景,并利用用户来激励团队不到3年之后,微软用85亿美元收购了Skype,其价值攀升了300%。

世界各地的活动家们也经常利用外包激励这种手段。他们知道,一个有魅力的领袖的话不足以战胜挑战政府带来的恐怖,而且不少合格的候选人都害怕冒风险,即使能找到这样一个人,政府也可以消灭那个勇敢者来抵制

离经叛道

人们的反抗。于是塞尔维亚的活动家们并没有指派一个领导人来激活前进系统,而是用一个符号来外包鼓舞:一个黑色的紧握着的拳头。

他们在城镇广场周围喷涂了 300 个紧握拳头的标志,并且在贝尔格莱德的建筑上贴满了这样的图像。他们说,如果没有那个拳头,革命就永远不会发生。

在这之后,紧握的拳头被刊登在报纸头版,这个符号出现在一名女子手中拿的海报中,下面的标题是"拳头震撼了开罗!"埃及活动分子选择通过用同样的符号来激活前进系统。是什么让这个拳头如此有活力?

少数的力量

在一个经典的实验中,心理学家所罗门·阿希(Solomon Asch)要求人们判断不同线段的长度。试想一下,你与其他 7 个人被带进一个房间,研究人员向你展示以下图片。

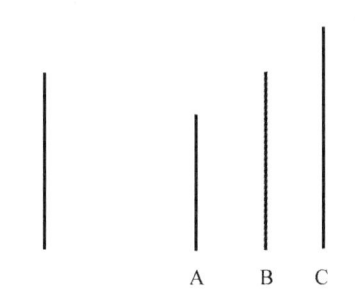

你的任务是先看左边的线段,然后判断线段 A、线段 B 和线段 C 中哪一条的长度与左边线段长度相同。很明显,正确答案是线段 B,并且小组中的每个人都给出这个答案。在第二轮中,你们也达成了一致。然后是第 3

逆流而行并保持稳定：管控焦虑、冷漠、矛盾和愤怒

次实验。

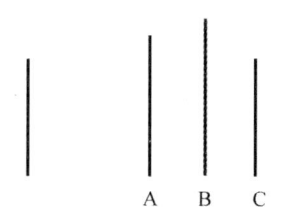

```
    |     |     |
    |     |     |
    |     |     |
    A     B     C
```

这一题的正确的答案显然是线段 C。但奇怪的是，你所在小组的第一个答题者坚持认为答案是 B。当第二个人也选 B 时，你感到震惊。第三个和第四个成员也选择 B。你会怎么办？

小组中的其他成员是与研究团队提前串通好的。总共 18 次实验中，研究人员故意让他们在 12 次给出错误的答案，以确定你是否会放弃自己更好的判断而随大流。超过 1/3 的参与者跟从了主流：他们选择了明知道不匹配的线段，只是因为其他成员选择了这条线段。有 3/4 的参与者至少一次给出了随大流的错误答案。

当对这些人单独进行测试时，他们几乎从未出错。但让他们同小组其他成员一起测试时，即使明知道给出的是不正确的答案，他们也害怕被嘲笑。要让人们沉默，并不需要一个暴力的独裁者通过恐怖手段来压制。仅仅是持有与大多数人不同的意见，就会让一个坚定的创新者感到害怕，从而使他服从多数人的意见。

鼓励人们不墨守成规，最简单的方法是引入一个持不同意见者。正如企业家德里克·西弗斯（Derek Sivers）所说：“第一个追随者[113]将一个孤独的怪人变成领导者。”如果你与其他 7 个人在一组，6 个人选择了错误的答案，但剩下的 1 个选择了正确的答案，你随大流的概率就会大大降低。错误率从 37% 下降到仅有 5.5%。"只要有一个支持的合作伙伴，我们迎合多数意见的压力就大大降低。"阿希写道。

仅仅是知道你不是唯一的反对者，就会使你变得更容易拒绝服从多

数意见,即使数量很小,我们也能从中获得精神支持。用玛格丽特·米德(Margaret Mead)的话来说:"永远不要怀疑[114]一小群有思想的公民可以改变世界。这是确确实实一直在发生的。"要觉得自己并不孤单,你并不需要一大群人的支持。希格·巴萨德(Sigal Barsade)和哈坎·奥茨里克(Hakan Ozcelik)的研究显示,在企业和政府组织中,只要有一个朋友,就足以显著地减少孤独感。

如果你希望人们敢于冒风险,你需要告诉他们,他们并不孤单。这是很多抗议甚至革命获得成功的首要关键因素。当贝尔格莱德周围不断出现拳头的符号,它们代表着"给这个体制一记重击"和"抵抗,直到胜利!"的口号。在此之前,私下表达反对的人害怕公开表达自己的反对意见。但当他们看到拳头符号,他们意识到其他人愿意挺身而出。后来,当抗议者被逮捕,警察问他们谁是他们的领袖时,抗议者们告诉警察,自己是"这场运动的2万名领袖之一!"

在世界各地的抵抗运动中,往往是一系列很小的行动激活前进系统,让人们看到还有更多的支持者,从而帮助人们克服了恐惧。1983年,当智利矿工发起抗议时,他们没有冒风险采取罢工的方式,而是呼吁全国公民通过打开和关闭电灯的方式来表达自己的反对。这样做并不会让人们感到害怕,而且很快他们就看到了他们的邻居也表示反对。矿工们还邀请人们在开车时放慢速度——出租车司机减慢了速度,公交车司机也是如此。很快,行人在街道上行走的速度放慢,驾驶汽车和卡车的人也把速度降到了最慢。在波波维奇鼓舞人心的著作《革命蓝图》(*Blueprint for Revolution*)中,他解释说在这些活动之前:

> 人们不敢公开谈论自己的不满,因为你可能以为自己只是唯一一个。智利人过去常说,这样的战术使人们认识到"我们是多数,他们是少数"。巧妙之处在于你不会冒任何风险:任何国家都没有规定开车时减速行驶是非法的。

逆流而行并保持稳定：管控焦虑、冷漠、矛盾和愤怒

在波兰，当活动家们想要反对政府用谎言主导新闻时，他们知道仅仅关闭电视并不能向同胞展示他们准备进行抗议。于是他们把电视机放到手推车里，把它们推到街道上。不久，整个波兰的大街小巷都可以看到这样的景象——反对派最终获得了力量。在叙利亚，活动家将红色食用色素倒进大马士革广场周围的喷泉，象征市民不会接受血腥统治。他们不用害怕自己是唯一的抵抗者，只能单枪匹马作战，相反，人们可以将自己视为一个团队中的成员。当人们感到大多数人都在反抗时，他们就更容易反叛：既然其他人都参与了，我们也同样可以加入。

在埃及，活动家们用幽默作为武器来对抗恐惧。一个图像开始在埃及扩散——一个模仿微软 Windows 的程序安装图像：

（正在安装"自由"，正在从 /tunisia 复制文件，还剩几天）

随之附带一条提示安装错误的信息：

（无法安装"自由"：请先删除"***"，并重试）

离经叛道

随着这个图像广为传播，人们的恐惧也就慢慢消退了。当你嘲笑你的反抗对象时，你就不再会害怕说出自己的想法。

这种有效展示幽默的方法被称作"两难行动"：这些行为使压迫者被置于一个双输的局面中。在叙利亚，活动家将"自由""够了"等口号印在几千个乒乓球上，并将它们丢到大马士革的街道上。当听到乒乓球弹跳的声音，叙利亚人民都知道"非暴力反对运动已经打响"。很快，警察出现了。"警察们气喘吁吁地跑遍首都，一个个地捡起乒乓球。但他们似乎不知道，在这个闹剧中乒乓球只是道具，而他们这些执行政权命令的人则扮演小丑的角色。

利用幽默来表达反抗也可以在一般的环境中使用。斯坦福大学教授鲍勃·萨顿（Bob Sutton）描述了一群经常遭受外科主治医生辱骂的年轻外科医生。他们遭受的待遇如此糟糕[115]，因此他们开始推选"每周混蛋主治医生"。每个星期五的欢乐时光里，他们会提名候选人，并投票选出获胜者。他们非常鄙视某位医生，因而定了一个规矩：在出现平局的情况下，他会获胜，即使他没有入围决赛。他们在一个软皮本上记下最粗鲁的人的名字，写出使他们有资格入围的种种恶行。这种幽默使外科医生的行为不那么令人泄气，并最终打消了年轻医生的恐惧——他们鼓起勇气每年将日志交给住院总医师。20年后，该日志仍然在被医院的医生使用。当年记录日志的外科医生如今已经在全国各地的医院中攀登上高位，他们发誓不会再出现，并且不会容忍当初他们受到的那种待遇。

在恐惧感遍布的环境中，娱乐扮演着重要角色，笑声可以用来加速前进系统。当你力量微薄时，这是一种将负面情绪转化为积极情绪的强有力的方式。一群学生们竭力反对他们所在大学的高昂学费，在听了发生在塞尔维亚的故事后，学生们提议去接近大学校长，向他展示他们唯一能吃的拉面套餐，并每周去校长家吃晚饭。如果校长不愿邀请他们吃饭，他们可

逆流而行并保持稳定：管控焦虑、冷漠、矛盾和愤怒

以向他要吃剩的食物。①

然而，为自由而斗争并不都意味着玫瑰花和独角兽。从表面上看，活动家展现出一个乐观主义者的形象。当其他人生活在冷漠中时，他们为塞尔维亚构想了一个更美好的未来。当其他人陷入恐惧中，他们却带来了欢笑。但当我问他们中的一员是否动摇过，他马上承认："我对自己有过怀疑吗？10年来一直都有。"直到今天，在他成功领导一场非暴力抵抗活动并培训了许多活动家之后，想到那些在运动中丧失的生命，他都会感到自己有责任，觉得自己没有教给他们足够多的东西。

鼓励人们将电视机推到街头是一回事，鼓励他们采取更加有意义的行动是一个更大的挑战。当我问这位活动家是如何激活前进系统来动员人们采取更重大的行动时，他回答说，我们通常的做法是错误的。

燃烧的平台

2000年平安夜，他和朋友们在共和国广场组织了一场庆祝活动。他们列出了当地最受欢迎的摇滚乐队，并传出消息说零点将有"红辣椒"（Red Hot Chili Peppers，美国洛杉矶的摇滚乐队）的现场演唱会。成千上万的人

---

① 在处理焦虑时，兴奋和快乐并不是唯一可以激活前进系统的积极情绪。当年猫王在美国军队创建个人档案时，政府职员还用手动打字机填写表格。到20世纪80年代，IBM的电动打字机Selectric取代了陈旧的手动打字机，但其他流程却几乎没有发生变化。当台式电脑开始实现办公自动化时，负责填写表格的政府工作人员开始担忧电脑最终会取代他们的工作。政府领导人没有劝说他们冷静或向他们提出保证，而是通过唤起好奇心激活了人们的前进系统。他们把电脑放在桌上，就在他们信任的打字员旁边，宣布将会做一个测试，他们甚至没有把电脑插上电源。大约一周后，他们安装了一些简单的游戏，并鼓励工作人员在空闲时间尝试它们。工作人员对这些游戏非常着迷，以至于几个月后当他们正式开始培训时，他们已经自己学会了一些关键操作。正如参与这件事的一位领导布莱恩·戈申（Brian Goshen）所回忆的："当我们准备开始时[116]，人们已经一点也不怕它了。他们已经完全适应了新技术。"——作者注

离经叛道

挤满了这个广场,同当地乐队一同起舞,并对演唱会充满期待。零点到来的前一分钟,广场一片漆黑,人们开始倒计时。但是当钟敲了12下,并没有任何著名摇滚乐队出现。

唯一听到的声音是令人沮丧的音乐。正当观众在震撼中倾听音乐时,一位心理学家从幕后传出了清晰的话语:"我们没有什么可庆祝的。"他要求观众回家,想想自己究竟该做什么。"今年一年我们一直遭受着战争和压迫,但事情不应该是这样的。让我们为新年倒计时,因为2000年是改变的时候了。"

由管理学教授林恩·安德森(Lynne Andersson)和汤姆·贝特曼(Tom Bateman)所做的研究揭示出这一行动带来的影响。他们对数百名拥护公司开展环境运动[117]的管理人员和员工进行研究,发现成功的运动与失败的运动都表达了强烈的情感,都使用隐喻或逻辑论证,都努力咨询关键利益相关方,或将绿色行动描述为契机或挑战。成功或失败的一个重要因素是一种紧迫感。为了说服领导支持他们的运动,建立特别工作组并投入时间和金钱,环境运动的拥护者必须清楚地说明为什么需要现在就采取行动支持环保事业。

哈佛商学院教授约翰·科特对100多家公司所进行的重大变革进行了研究,发现他们犯的第一个错误是未能建立一种紧迫感。超过50%的领导人未能使其员工信服变革必须开始,并且需要立刻开始。"高管低估了让人们脱离安逸区域的难度,"科特写道,"如果没有紧迫感,人们不会做出必要的牺牲。相反,他们会墨守成规并且采取抵制。"

为了进一步阐明诸如平安夜让大家回家的行为带来的影响,让我们来看一项改变了一个领域并催生了另一个领域、最终获得诺贝尔奖的研究。试想一下,你是一个汽车制造公司的高管,但由于经济状况不佳,你需要关闭3家工厂并裁掉6000名员工。你可以在两个不同的计划中做出选择:

● 计划A将挽救一家工厂和2000个岗位。

● 计划B有1/3的概率可以挽救所有的工厂和岗位,但有2/3的概率所有工厂和岗位都无法挽回。

大多数人选择计划 A。在初始研究中，80% 的人选择求稳而不是去冒风险。但如果给你的是这样两个选项：

● 计划 A 将损失两家工厂，减少 4000 个岗位。

● 计划 B 有 2/3 的概率损失所有的工厂和岗位，但有 1/3 的概率不减少工厂和岗位。

从逻辑上讲，这组选项同第一组的选项是相同的。但在心理上，它们给人的感觉不一样。在后一种情况下，有 82% 的人更喜欢计划 B，他们的偏好逆转了。

在第一种情况下，这些选项是从收益进行描述。我们更喜欢计划 A 是因为在涉及利益的领域，我们往往喜欢规避风险。当我们有一定的收益，我们往往会努力守住它。我们会努力求稳以保证守住 2000 个岗位，而不是去冒可能一个岗位也无法挽回的风险。毕竟，双鸟在林不如一鸟在手。

但在第二种情况下，我们看到的是明确的损失。这时候我们愿意不惜一切代价避免这种损失，即使这意味着将冒更大风险。既然无论如何都将失去数千个岗位，那么我们就会毫无顾忌地冒更大的风险，以求避免任何损失。

这一系列研究是由心理学家阿莫斯·特沃斯基（Amos Tversky）和丹尼尔·卡尼曼所做的，它催生了行为经济学的出现，并使卡尼曼获得了诺贝尔奖。它揭示出，我们可以仅通过改变一些措辞，更多地去强调损失而不是所得，从而极大地转变人们的风险偏好。这一认识对于理解如何激励人们去冒风险有着重大影响。

如果想让人们改变自己的行为，是应该向他们强调改变会获得的好处，还是应该强调不改变要付出的代价？情商概念的创建人之一、耶鲁大学现任校长彼得·沙洛维（Peter Salovey）认为，这取决于他们认为新的行为是安全的还是有风险的。如果他们认为该行为是安全的，我们应该强调这样

离经叛道

做会带来的所有好处，这样他们就会立即采取行动，以获得这些确定的收益。但是，当人们认为一个行为是有风险的，这种做法就行不通了。他们已经习惯了现状，所以改变带来的好处对他们并没有吸引力，停止系统被激活。相反，这时我们需要破坏现状，向他们强调不这样做会带来的坏处。如果他们不这样做将注定会面对损失，冒险对他们来说则是更具吸引力的，这时，他们就会愿意采取行动。

制药业巨头默克公司的CEO肯·弗雷泽（Ken Frazier）决定激励公司高管在领先创新和变革方面发挥更积极的作用。他要求他们做一件极端疯狂的事情——想出一些能够使默克停业的想法。

在接下来的两个小时里，高管们组成小组，假装是默克公司的主要竞争对手之一。他们绞尽脑汁思考能够对自己公司带来冲击并错过关键市场的想法，之后，他们转变回高管的角色，并思考对抗这些威胁的策略。[①]

这个"让公司灭亡"[118]的练习十分有效，因为它将收益换个角度描述成了损失。领导人在思考有关创新的机遇时，往往并不倾向于冒风险。但当他们想到自己的竞争对手会如何让自己停业，便意识到不去创新就会面临风险。由此，创新的紧迫性是显而易见的。

为了对抗冷漠，大多数的变革者关注的是呈现一个鼓舞人心的未来愿景。这能传达重要信息，但它不应该是沟通时首先提出的。如果你希望人们去冒险，你需要首先向他们展示目前存在哪些错误。要将人们赶出他们的安乐窝，你要培养他们对目前状况的不满、沮丧或愤怒的情感，让他们看到未来一定会发生的损失。沟通学专家南希·杜阿尔特（Nancy Duarte）长期以来对成功的演讲进行研究，她说："无论何时，最伟大的沟通者[119]

---

① 该练习利用人们在防守和进攻时的心理差异。卡内基梅隆大学的安妮塔·伍利教授在对情报机构的反恐小组进行研究时，发现当小组处于防守角色时，往往倾向于求稳，试图防御所有有竞争力的威胁。他们会收集大量信息，但最终会因为信心减退而被打败。而当小组处于进攻角色时，他们会想出许多创造性的可能，然后深入探究其中一到两个袭击计划。——作者注

逆流而行并保持稳定：管控焦虑、冷漠、矛盾和愤怒

总是一开始先告诉大家现状，然后将可能面临的后果告诉大家，尽可能地拉大现状与后果之间的差距。"

我们可以在美国历史上最伟大的两篇演讲中看到这种方法的运用。在罗斯福总统著名的就职演说中，他首先承认目前的状况，承诺"坦诚大胆地讲出全部真相"，描述了经济大萧条中人们悲惨的生活图景。之后他话锋一转，描绘未来充满希望的图景，表示他会创造新的就业机会，并预言"这个伟大的国家[120]……一定会将有新的面貌，繁荣富强……我们唯一恐惧的是恐惧本身"。

当我们回顾马丁·路德·金的著名演讲，给人印象最深刻的是他描绘的一幅光明的未来图景。然而在他 16 分钟的演说中，直到第 11 分钟他才首次提到他的梦想。在谈到变革会带来的希望之前，金强调了无法令人接受的现状。他在引言中大声说道，尽管《解放黑奴宣言》做出过承诺，但"一百年后的今天[121]，黑人仍旧在种族隔离的镣铐和种族歧视的枷锁下生活"。

通过描述当前的苦难，马丁·路德·金让人们感到变革的紧迫。之后，金转向未来可能会是什么样的："但我们绝不相信正义的银行已经破产。"他用 2/3 以上的篇幅描述现实强烈的冲击，表达对现状的愤慨，接着才表达对未来的憧憬。社会学家帕特里夏·瓦斯利斯基（Patricia Wasielewski）认为，"金阐明了群众对当前现状的愤慨之情"，强化了他们"必须改变这种情况的决心"。正是由于他先暴露了目前的噩梦，听众才会为他描述的明天的梦想所感动。

心理学家辜敏荣（音译 Minjung Koo）和阿耶莱·费施巴赫（Ayelet Fishbach）发现，当我们在实现目标的过程中有所怀疑，我们会继续前进还是止步不前，取决于我们的信念。当我们的信念发生动摇，保持前进的最好办法就是思考迄今为止已经取得的进展。当我们认识到已经付出的努力和已经取得的成功，我们会感到选择放弃是一种损失，信心和信念也会由此而激增。

离经叛道

一旦信念深化，我们不应再回顾过去，而是应该展望未来，强调我们有待完成的工作。当我们决心要达成一个目标，我们当前的境况与未来憧憬的状态之间的差距是激发我们行动的驱动力。

管理大师汤姆·彼得斯（Tom Peters）建议道："我们需要的不是让人们更有勇气[122]，而是加深人们对现状的愤怒情绪，以至于无法不采取行动。"

表演必须继续

愤怒会抵消冷漠：我们感到自己受到委屈，因而不得不战斗。但有时过犹不及，愤怒并不仅仅会激活你的前进系统，还会让你在前往目标的路上过于横冲直撞。它是促使人们说话和行动的力量，但它也会使人们在说话和行动时降低效率。德布拉·迈耶森（Debra Meyerson）和莫林·斯卡利（Maureen Scully）对社会活动家进行研究后发现，"同时保持激情和冷静十分重要。激情促使我们行动和改变，冷静则使我们的行动和改变以合理可行的方式推进"。但是一旦我们产生了激情，应该如何同时保持冷静呢？

根据加州大学伯克利分校社会学家阿莉·霍克希尔德（Arlie Hochschild）的研究，在感到强烈的焦虑或愤怒时，你有两种不同的应对方式：表层演出（surface acting）和深层演出（deep acting）[123]。表层演出包括戴上面具——改变你的言语、手势和表情来表现你没有受情绪影响。如果你是一名空姐，当一个愤怒的乘客向你大喊大叫时，你可能会带上笑容假装你的友好。你只是调整了你的外表，但内在的情感没有改变。你仍然对乘客感到十分愤怒，而乘客可能也明白。俄罗斯戏剧导演康斯坦丁·斯坦尼斯拉夫斯基（Constatin Stanislavski）发现，在表层演出中，演员们从来没有完全沉浸在角色中。他们总是意识到观众，他们的表演从未让人感到是发自内心的。斯坦尼斯拉夫斯基写道，表层演出"既不会感动你的心灵，

逆流而行并保持稳定：管控焦虑、冷漠、矛盾和愤怒

也不会深入你的心灵……这样的表演无法表现出微妙而深刻的人类情感"。

深层演出在戏剧界也被称为体验派表演方法（method acting）[124]，采用这种表演方式时，你实际上已经融为你想塑造的人物。深层演出时要从心底里改变你的感受，而不只是改变外在的表现。如果你是上面例子中的空姐，你可能会想象那个乘客也许十分紧张，害怕飞行，或者刚离了婚。你对乘客感到同情，从而自然流露出微笑，真正地表达出你的温情。深层演出让你的真实自我与你扮演的角色水乳交融，你不再是在演戏，因为你正在真正体验所扮演角色的感情。

刘易斯·皮尤将要在冰水中游泳前，他采取的是深层演出。他听着埃米纳姆（Eminem）和吹牛老爹（P-Diddy）的歌曲，回忆起他在英国特种部队服役时从飞机上跃出的场景。他因此缓解了自己再次体验时强烈兴奋的心情。奥斯卡影帝丹尼尔·戴刘易斯（Daniel Day-Lewis）则更进一步。为了准备自己在阿瑟·米勒所编的《激情年代》（*The Crucible*）中扮演的角色，他用17世纪的工具建了一个房子，在没有自来水和电的情况下在里面生活。当他在《无悔今生》（*My Left Foot*）中扮演脑瘫而左脚残疾的作家时，他在整个拍摄过程中都在轮椅上度过，说话断断续续，并让剧组成员用勺子喂他吃饭。作为一个演员，他最终只是在扮演一个角色，但是深层演出的目的是让他真切地感受到他想展现的情感。

与表层演出相比，深层演出是管理情绪的更加可持续的战略。研究表明，表层演出让我们感到筋疲力尽：伪装一种我们没有真实体验的情绪，让我们感到既紧张又疲惫。如果我们想表达一系列情感，一定需要有真正体验。

在培训社会活动家时，被培训的活动家会通过角色扮演来练习深层演出。例如在马尔代夫，他们让人扮演商界领袖、酒店业主、岛上的长者、印度的外籍人士、警察和保安人员。这就使他们有机会预测别人会对自己的想法做何反应。

离经叛道

火上浇油

罗莎·帕克斯因拒绝在蒙哥马利公交车上给一位白人让座而被捕后不到一年,最高法院禁止了种族隔离。为了让公民为可能随之而来的在公交车上的一系列种族冲突做好准备,马丁·路德·金与詹姆斯·劳森(James Lawson)、贝亚·鲁斯汀(Bayard Rustin)、格伦·斯迈利(Glenn Smiley)等非暴力专家合作,为上万名阿拉巴马黑人设计并主持了培训。成员模拟公交车上的情境,设置多排座椅,并指派10多位不同的成员扮演司机和乘客。"白人乘客"直呼黑人的名字,朝黑人吐唾沫,扔口香糖,向他们的头发弹烟灰,将牛奶倒在他们的头上,并将番茄酱和芥末酱喷在他们的脸上。

在这种深层演出的练习中,金想让黑人民众感到愤怒,从而激发他们参与抗议的热情,但又没有让他们愤怒到要诉诸暴力的程度。什么是应对愤怒情绪的最好方法呢?最普遍的策略是发泄。治疗师建议我们通过拍打枕头或尖叫发泄情绪。弗洛伊德认为,发泄我们内心被压抑的愤怒情绪,可以舒缓和宣泄我们的压力。在电影《老大靠边闪》(*Analyze This*)中,比利·克里斯托(Billy Crystal)扮演帮助黑帮成员罗伯特·德尼罗(Robert De Niro)管理愤怒情绪的心理医生。克里斯托建议他拍打枕头,德尼罗却抓起一把枪,对准沙发向枕头发射子弹。克里斯托浑身颤抖地问道:"感觉好些了吗?""嗯,"德尼罗回答,"好些了。"

为了测试发泄是否有助于控制愤怒的情绪,心理学家布拉德·布什曼(Brad Bushman)设计了一个巧妙的实验。在这一实验中,他先设法让人们感到愤怒。他要求参与者写一篇文章,描述他们是否反对堕胎。然后,他们会收到来自与他们持相反观点的人给他们的书面反馈,反馈的言辞十分苛刻,认为他们的文章杂乱无章,没有创意,文笔很差,思路不清晰,缺乏说服力而且质量极低,还写道:"这是我看过的最糟糕的文章之一!"

逆流而行并保持稳定：管控焦虑、冷漠、矛盾和愤怒

愤怒的参与者之后被随机分配做出 3 种反应中的 1 种：发泄、转移注意力和对照。发泄组的成员可以任意击打沙袋出气，想打多久就打多久，边打边想着批评他的那个人，并且看着这个人的照片。转移注意力组同样打击沙袋出气，但研究人员要求他们脑中想着如何变得身体健康，并给他们显示正在运动的人的照片。对照组没有采用打击沙袋出气的方式，参与者只是静静地坐两分钟。哪一组对于那些侮辱他们的人最愤怒呢？

为了找到答案，布什曼让每个组的成员用噪音对他们的批评者进行攻击，自己决定噪音的音量和持续时间。

发泄组是最愤怒的。他们比另外两组用更强烈更持久的噪音攻击批判者。一位参与者在想到侮辱性的反馈后感到十分愤怒，以至于打击沙袋不足以让他出气——他在实验室的墙上砸出了一个洞。

发泄并不会熄灭愤怒的火焰，反而让它越燃越旺。当我们发泄愤怒的情绪时，就像主动踩下了前进系统的油门，对激怒我们的对象进行攻击。打击沙袋而不去思考激怒我们的对象，也同样会让我们激活前进系统，但让我们思考另一种回应方式。静静地坐下则激活我们的停止系统。①

在其他研究中，布什曼证明，即使发泄让你感到好一些，但它实际上并没什么作用。你在发泄之后的感觉越好，就会变得越具攻击性：你不仅会对批评你的人表现过激，对无辜的旁观者也是如此。

---

① 在事情已经过去一段时间之后再进行情感宣泄[125]，似乎才是效果最好的。"9·11"恐怖袭击事件后，超过 9000 名心理咨询师来到纽约，希望能防止人们出现创伤后应激，并缓解焦虑、抑郁和悲伤的症状。心理学家蒂莫西·威尔逊（Timothy Wilson）描述了咨询师主持多次危机事件应激晤谈（CISD），鼓励创伤受害者和观察者尽可能快地花几个小时表达自己的想法和感受。不幸的是，这种方式对当地居民、消防队员和近距离接触这一悲剧的其他民众并没有起到什么作用。一项对遭遇火灾的人员的调查发现，1 年之后，那些经历了危机事件应激晤谈的人发生创伤后应激障碍、抑郁和焦虑的概率更高。心理学家詹姆斯·彭纳贝克（James Pennebaker）已经以实例阐明，在我们已经有过一段时间来处理某一压力或创伤性事件后，再来表达我们的想法和感受是最有益的，因为这时我们不会被愤怒蒙蔽双眼，也不会因为悲痛而精疲力竭。——作者注

离经叛道

避免发泄是培训民权运动家的中心主题。由于非暴力抵抗依赖于控制愤怒情绪，金和他的同事们齐心协力，在培训过程中尽力不让参与者发泄愤怒情绪。金回忆道："有时候扮演白人的人表演十分投入，以至于旁观者必须批评他。"相应的，扮演黑人的市民经常"忘了他的非暴力角色，进行猛烈的反击。每当这种情况发生，我们会努力将他的言行引向非暴力的方向"。每次演出结束后，团队成员就会发表感想和建议，以给出更加富有建设性的应对方案。

发泄存在的一个重要问题是，它让你把注意力集中在行为不公的肇事者身上。你越去想那个让你受委屈的人，你就越想用激烈的方式进行报复。

为了高效地疏导愤怒[126]，我们应该做的不是对肇事者造成的伤害进行发泄，而是需要反思由此遭受痛苦的受害者。管理学研究员安德鲁·布罗德斯基（Andrew Brodsky）、约书亚·马戈利斯（Joshua Margolis）和乔尔·布洛克那（Joel Brockner）发现，关注那些由于非正义行为受到侵害的受害者，会激励我们向当权者说真话。在一项实验中，一些成年人看到企业CEO多给自己报酬而克扣某位优秀员工的工资。当研究者要求他们关注那些受到不公平对待的员工时，他们决定挑战CEO不公正决定的概率上升了46%。

在民权运动中，马丁·路德·金经常呼吁人们关注暴力和不公正的受害者。他在1956年为蒙哥马利公交车抵制运动进行辩护的演讲中宣称："我们不是要打败或羞辱白人，而是要让我们的孩子可以生活在一个没有种族歧视的环境中。"关注受害人会激活心理学家所说的移情的愤怒（empathetic anger）——为受害者打抱不平的愿望。它激活前进系统，但也使我们仔细地考虑如何更好地尊重受害者的尊严。研究表明，当我们对别人感到气愤时，我们的目标是对他进行打击报复。但当我们为别人而感到气愤时，我们会寻求正义和更好的制度。这时，我们想要的不只是惩罚肇事者，我们还想帮助受害者。

逆流而行并保持稳定：管控焦虑、冷漠、矛盾和愤怒

※

埃尔文·布鲁克斯·怀特（E. B. White，美国作家）曾写道："每天早晨醒来[127]，我都在这两个欲望之间挣扎，一个欲望是改善世界，一个欲望是享受世界。这使得我难以计划我的这一天。"

《独立宣言》承诺美国人对生命、自由和追求幸福有不可剥夺的权利。而为了追求幸福，我们中的很多人选择享受目前的这个世界。但创新者并不抗拒艰苦卓绝的战斗，努力让世界变成它能变成的最好的样子。为了改善人们的生活和自由状况，他们可能会暂时放弃一些乐趣，把自己的幸福放在次要地位。但从长远来看，他们却有了创造更美好的世界的机会。而这种行为——借用心理学家布莱恩·利特尔（Brian Little）的话来说——给人带来一种别样的满足。成为创新者并不是获得幸福的最简单途径，但是它让我们得以享受追求过程中的幸福。[128]

采取行动，产生影响

如果你想提高创新能力，以下是一些可以操作的实际步骤。第一部分将指导个人产生、认识、表达和支持新的想法。第二部分将告诉领导者如何刺激新奇创意，如何打造一个欢迎异见的文化。最后的建议是让家长和老师要帮助孩子站在创造性的或道德的立场上挑战现状。

你可以访问 www.adamgrant.net 网站进行免费的创新能力评估。

个人行动

A. 产生并识别原创思想

1. 质疑默认的状态。不要将现状看作理所当然，而是先问问自己，为什么它会存在。当你想起制度和规则都是由人创造的，很明显，你就会明白它们不是一成不变的——然后你可以思考如何改进它们。

2. 新想法多多益善。正如伟大的棒球运动员平均每3次打击只有1次击中，每个创新者都有成功和失败。要想增加自己创新的成功概率，最简单的方法是产生更多的创意。

3. 沉浸在新环境中。扩展你的参照系可以提高你的创新能力。一种方法是学一门新技能，就像诺贝尔奖获得者往往通过学习绘画、钢琴、舞蹈或诗歌来扩展他们的创意水平。另一种策略是尝试职位轮换——接受培训，换一个需要新知识和新技能的职位。第三个选择是了解一种不同的文化，时尚设计师在一个与自己国家文化截然不同的国家生活后常常变得更加富有创意。你不需要出国以使你的经历多样化，仅仅通过阅读，就能沉浸在新环境的文化和习俗中。

4. 战略性拖延。当你正在产生新的创意时，可以在尚未结束前故意停下来。在进行头脑风暴或写作的过程中暂停一下，你更有可能发散思维并使你的想法有足够的时间获得成熟。

5. 从同伴中获得更多反馈。你很难判断自己的创意，因为你往往会对此过于热情，而且如果你不是该领域内的专家，你就不能相信自己的直觉。我们也很难依赖上级主管，因为他们在评价想法时往往过于严苛。为了获得最准确的评价，让你的同伴来评价——他们会发现想法中的潜力和可能性。

B. 表达并支持创新想法

6. 平衡你的风险组合。当你打算在某个领域冒风险时，可以对你生活中的另一个领域特别小心，来补偿这种风险。就像那些企业家每天一边照常工作，一边尝试他们的想法，或像卡门·梅迪纳那样一边做防止安全漏洞的工作，一边推进 CIA 普及网络，这样做可以帮助你避免不必要的赌博。

7. 提出不赞成你的想法的理由。还记得第三章中提到的企业家鲁弗斯·格里斯科姆吗？他告诉投资人为什么不应该投资他的公司，你也可以这样做。在一开头就列出你的创意的三大弱点，然后要求其他人再列出几个不支持它的理由。假设这个创意有一些优点，当人们要付出一定的努力才能想出反对它的理由时，他们可能会更加关注创意的优势。

8. 让你的想法更为人所熟悉。不断重复——这会让别人慢慢适应一个异想天开的想法。重复 10～20 遍之后，人们的反应会更积极，尤其是当想法隔几天重复，并同其他想法相结合。通过将你的创新想法与其他受众已经理解的概念相结合，也会让它更吸引人——就像《狮子王》的脚本曾经被当作狮子版的《哈姆雷特》。

9. 把你的想法告诉新的观众。你不应该去寻找一个与你有共同价值观的好好先生,而是应该试图接触那些不友善但认同你方法或手段的人。在美国海军部队,一位叫本·科尔曼 (Ben Kohlmann) 的年轻飞行员聚集了一批曾经因挑战权威而违反纪律的下级军官,建立了一个极为高效的快速创新中心。[129] 这些人都有因为不同意见而违反纪律的历史,虽然他们各有各的目标,但是都习惯于做一个彻头彻尾的异见者,因而他们互相之间协调良好。你最好的盟友是那些态度强硬、有着和你相似的解决问题的方法的人。

10. 做一个温和的激进派。如果你的想法很极端,就把它隐藏在一个更常规的目标里。这样一来你就无须改变人们的想法,而是只要唤起他们原本就拥有的价值观或信念即可。你可以用"特洛伊木马"隐藏它,就像梅雷迪思·佩里一样,她把自己制作无线充电器的愿望隐藏在设计一个传感器的要求之后。你也可以把你的目标当作实现他人目标的手段,就像弗朗西斯·威拉德把女性获得投票权作为保守女性保护家庭免受酗酒毒害的手段。如果他人已经认为你太极端,你可以把领导人换成不那么具有争议性的人物,让更温和的人来驾驭团队。

C. 管理情绪

11. 当你的信念动摇/坚定时,用不同的方式激励自己。当你已经决定付诸行动,就专注于你接下来要走的路——你会因为缩小与目标之间的差距而更加坚定。当你的信念动摇时,则反思你已经取得的成绩。已经走到这一步了,你怎么能放弃呢?

12. 别想着冷静下来。如果你正焦虑不安,就很难放松下来。把焦虑转化成兴趣或热情等激烈的积极情绪,会更加简单。思考你渴望挑战现状的原因,以及你可能获得的成果。

13. 关注受害者,而非加害者。面对不公正时,想着加害者会助长愤怒和攻击性的火焰。把你的注意力转移到受害者身上，会让你更富有同情心，让你能够把愤怒疏导到一个建设性的方向上。你更可能会去帮助受到伤害的人，而不是试图惩罚造成伤害的人。

14. 明白你并不孤单。即使你只有一个盟友，也足以让你增加行动的意愿。找到一个相信你愿景的人，和他共同应对问题。

15. 记住，如果你不主动采取行动，现状将会持续。回想我们对不满的4种反应：退出、发出声音、保持忠诚和忽视。只有退出和发出声音能改善你所处的环境。如果你对情况有一定的掌控权，发出声音也许是最好的方式；如果你没有掌控权，那么现在也许就是你扩大影响力或选择离开的时候了。

领导者的行动

A. 点燃原创想法的火花

1. 开展创新比赛。员工忙起来根本不会注意到你随时欢迎员工提出建议。创新比赛可以高效地收集大量新奇的想法，并发现其中最好的。与意见箱不同，它能让员工集思广益地解决一个特定的问题或潜在的问题。给员工3个星期的时间提出建议，然后让他们相互间对彼此的想法进行评估，将最好的想法选出来并提交到下一轮参加比赛。获奖者会收到一笔预算、一个团队以及相关的指导和赞助，从而使他们的想法成为现实。

2. 把自己变成敌人[130]。人们往往由于缺乏紧迫感而不能产生新的想法。你可以试试用Futurethink公司CEO丽莎·波德尔（Lisa Bodell）的"灭亡公司"练习来增强紧迫感。将一批管理人员聚集在一起，让他们花1个小时的时间集思广益，思考如何让公司停业，或对其最流行的产品、服务或技术带来致命打击。随后，举行小组讨论，探讨对公司会造成的最大威胁以及如何将威胁转化为机遇，从防守转向进攻。

3. 邀请来自不同部门的员工来改进想法。梦工厂动画公司鼓励会计师和律师提出关于电影方面的想法。这种创造性的参与可以提升工作中的技能多样性[131]，它会提升员工的兴趣，同时也会使公司产生新的想法。让员工参与想法还有另外一个好处：当他们参与进产生想法的过程之中时，他们会获得一种创造性的思维方式，让他们不会轻易做负面评价，并对同事的想法做出更好的判断。

4. "反面思考日"（opposite day）。由于我们往往很难专门找时间让人们考虑新创意，我最喜欢的做法之一就是在教室和会议中花一天时间思考对立的观点。管理人员和学生分为几组，每组选择一个假设、信念或是在某领域中被广泛认可的知识。每组成员自问："什么时候相反的观点也是对的呢？"之后他们会介绍自己的想法。

5. 禁止使用"喜欢""爱"和"恨"这样的字眼[132]。在非营利机构的网站DoSomething.org上，CEO南希·卢布林（Nancy Lublin）禁止员工使用"喜欢""爱"和"恨"这样的字眼，因为这种表达太感情用事，缺乏逻辑思考。公司员工不能说他们更喜欢哪个网页，而是必须给出他们的逻辑思考。例如，"这个网页更好，因为其标题更具可读性"。这让人们用创新的心态去思考，而不仅仅是做出评判。

B. 建立创新文化

6. 根据文化贡献度来招聘员工，而不是根据文化契合度。如果领导注重文化上的契合，那么最终雇用的人的思维模式都是相似的。与公司文化契合的人不会带来新的想法，只有能发展公司文化的人才可以。在面试前，找出那些有多样经历、技能和公司文化中所缺失的个性特征，然后在招聘过程中重点看这些特质。

7. 从离职时的面谈转变为入职时的面谈。在员工进入公司时就了解他们的想法，而不是等到员工离职后再询问。在新员工入职适应期就和他们直接沟通，能让他们感到受重视，也能让你收获一堆新的建议。问问他们选择并留在这家公司的原因,让他们像文化侦探一样思考,用知情人和局外人的角度来研究哪些惯例应该被剔除,哪些应该保留,以及被拥护和被践行的价值观之间存在的潜在矛盾。

8. 寻找问题,而不是解决方案。如果人人都急着寻找答案,你得到的更多的是鼓吹而不是调查,同时丧失了知识的宽度。你可以像桥水联合基金那样,设置一个公共文件供员工反馈发现的问题。每个月检查这些问题,并看看哪些是值得解决的。

9. 别派人专门唱反调,去发掘那些唱反调的人。反对意见即使错误也很有用,有效的前提是它们真实可信且始终如一。与其专门找人唱反调扮黑脸,不如主动寻找那些持少数意见的人,邀请他们发表自己的看法。找到这些人,任命一位信息主管,让他专门负责在开会前收集并了解团队成员的想法。

10. 接纳批评。如果你不实践自己所鼓吹的东西,就很难鼓励异见的出现。雷·达里奥曾收到一封邮件,批评他在某次重要会议中的表现。他将邮件转发给全公司,清晰地传达出他接受一切负面评价的信号。通过邀请员工公开批评,你可以让员工更加自由地沟通,即使他的见解并不受欢迎。

老师和家长的行动

1. 问问孩子他们的偶像会怎么做。当孩子们通过创新者的视角看问题时,他们就会更主动。问问孩子们,他们会如何改进家庭和学校,然后让他们选择一个他们喜欢的且极富创意和创新能力的真人或虚拟人物,想想那个人在这种情况下会怎么做。

2. 将好的行为与美好的人格联系起来。很多家长和老师都会称赞孩子帮助他人的行为。但如果夸奖他们是乐于助人的孩子,他们会更慷慨,因为这样说,助人为乐就成了他们人格的一部分。如果你看到孩子做了好事,试着说:"你是个好孩子,因为……"当家长和老师要求他们做一个道德高尚的人时,孩子们也会变得更遵守道德规范——他们希望获得身份认同。如果你希望孩子分享他的玩具,就问他:"你是否愿意成为一个分享者?"而不是"你是否愿意分享?"

3. 强调不好的行为会对他人造成影响。当孩子们举止不当时,帮助他们认识到自己的行为对别人造成的伤害。"她那么难过,你有什么想法?"当孩子们开始思考自己对别人造成的负面影响时,他们就会产生同理心和愧疚感,这会驱使他们改正错误,并在以后避免犯同样的错误。

4. 强调价值观,而不是规定。规定将孩子们限制起来,让他们接受一套固定的世界观。而价值观鼓励孩子们将原则内化。当你谈论标准时,应该像大屠杀救援者的父母一样,跟他们解释为什么这些对你很重要,并询问孩子们认为这件事重要的原因。

5. 为孩子们创造更多新的发挥空间。晚出生的孩子总是寻求更多独创性的空间,因为传统的那些领域已经对他们关闭。同理,有很多办法帮助孩子们选窝。我最喜欢的方法之一就是课堂拼图[133]:让学生共同参与一项集体项目,并让每个人独立负责一个部分。例如,全班为埃莉诺·罗斯福(Eleanor Roosevelt)写传记,一名学生专门负责写她的童年生活,另一名负责写她的青少年时光,下一位负责写她在女性运动中的角色。研究表明,这有助于减少偏见,孩子们会学会珍惜每个人的优势。这个练习还能让他们锻炼独立思考的能力,而不是沦为团体迷思的牺牲品。要想进一步提升创新思维的能力,可以让孩子们换一种参照系思考:如果罗斯福太太在中国长大,她的童年会是怎样的?在那里她会选择参加怎样的战斗?

参考文献

[1] George Bernard Shaw, Man and Superman (New York: Penguin Classics, 1903/1963).

[2] Personal interviews with Neil Blumenthal and Dave Gilboa, June 25, 2014, and March 23 and 24, 2015; David Zax, "Fast Talk: How Warby Parker's Cofounders Disrupted the Eyewear Industry and Stayed Friends," Fast Company, February 22, 2012, www.fastcompany.com/1818215/fast-talk-how-warby-parkers-cofounders-disrupted-eyewear-industry-and-stayed-friends; "A Chat with the Founders of Warby Parker," The Standard Culture, September 5, 2012, www.standardculture.com/posts/6884-A-Chat-with-the-Founders-of-Warby-Parker; Blumenthal, "Don't Underinvest in Branding," Wall Street Journal, Accelerators, July 18, 2013, http://blogs.wsj.com/accelerators/2013/07/18/neil-blumenthal-branding-is-a-point-of-view; Curan Mehra and Anya Schultz, "Interview: Dave Gilboa, Founder and CEO of Warby Parker," Daily Californian, September 5, 2014, www.dailycal.org/2014/09/05/interview-dave-gilboa-founder-ceo-warby-parker/; "The World's 50 Most Innovative Companies,"Fast Company, February 9, 2015, www.fastcompany.com/section/most-innovative-companies2015.

[3] "Kleptomnesia" coined by Dan Gilbert; see C. Neil Macrae, Galen V. Bodenhausen, and Guglielmo Calvini, "Contexts of Cryptomnesia: May the

Source Be with You," Social Cognition 17 (1999): 27397.

[4] John T. Jost, Brett W. Pelham, Oliver Sheldon, and Bilian Ni Sullivan, "Social Inequality and the Reduction of Ideological Dissonance on Behalf of the System: Evidence of Enhanced System Justification Among the Disadvantaged," European Journal of Social Psychology 33 (2003): 1336; John T. Jost, Vagelis Chaikalis-Petritsis, Dominic Abrams, Jim Sidanius, Jojanneke van der Toorn, and Christopher Bratt, "Why Men (and Women) Do and Don't Rebel: Effects of System Justification on Willingness to Protest,"Personality and Social Psychology Bulletin 38 (2012): 197208; Cheryl J. Wakslak, John T. Jost, Tom R. Tyler, and Emmeline S. Chen, "Moral Outrage Mediates the Dampening Effect of System Justification on Support for Redistributive Social Policies," Psychological Science 18 (2007): 26774; John T. Jost, Mahzarin R. Banaji, and Brian A. Nosek, "A Decade of System Justification Theory: Accumulated Evidence of Conscious and Unconscious Bolstering of the Status Quo,"Political Psychology 25 (2004): 881919.

[5] Karl E. Weick, "The Collapse of Sensemaking in Organizations: The Mann Gulch Disaster," Administrative Science Quarterly 38 (1993): 62852; see also Robert I. Sutton, Weird Ideas That Work: 11?Practices for Promoting, Managing, and Sustaining Innovation (New York: Simon & Schuster, 2001).

[6] Jean H. Baker, Sisters: The Lives of America's Suffragists (New York: Hill and Wang, 2006).

[7] Ellen Winner, "Child Prodigies and Adult Genius: A Weak Link," in The Wiley Handbook of Genius, ed. Dean Keith Simonton (Hoboken, NJ: Wiley-Blackwell, 2014).

[8] Jack Rakove, Revolutionaries: A New History of the Invention of America (New York: Houghton Mifflin, 2010); Ron Chernow, Washington: A Life

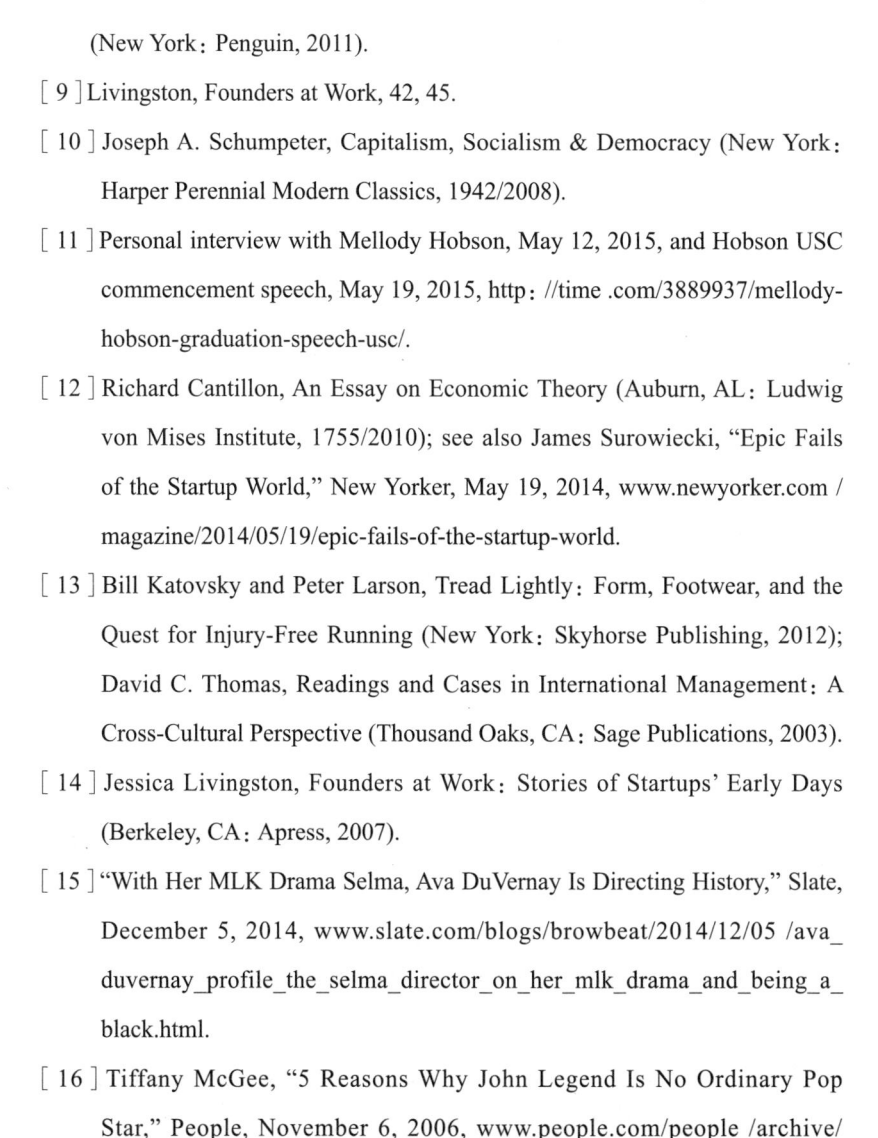

(New York: Penguin, 2011).

[9] Livingston, Founders at Work, 42, 45.

[10] Joseph A. Schumpeter, Capitalism, Socialism & Democracy (New York: Harper Perennial Modern Classics, 1942/2008).

[11] Personal interview with Mellody Hobson, May 12, 2015, and Hobson USC commencement speech, May 19, 2015, http://time.com/3889937/mellody-hobson-graduation-speech-usc/.

[12] Richard Cantillon, An Essay on Economic Theory (Auburn, AL: Ludwig von Mises Institute, 1755/2010); see also James Surowiecki, "Epic Fails of the Startup World," New Yorker, May 19, 2014, www.newyorker.com/magazine/2014/05/19/epic-fails-of-the-startup-world.

[13] Bill Katovsky and Peter Larson, Tread Lightly: Form, Footwear, and the Quest for Injury-Free Running (New York: Skyhorse Publishing, 2012); David C. Thomas, Readings and Cases in International Management: A Cross-Cultural Perspective (Thousand Oaks, CA: Sage Publications, 2003).

[14] Jessica Livingston, Founders at Work: Stories of Startups' Early Days (Berkeley, CA: Apress, 2007).

[15] "With Her MLK Drama Selma, Ava DuVernay Is Directing History," Slate, December 5, 2014, www.slate.com/blogs/browbeat/2014/12/05/ava_duvernay_profile_the_selma_director_on_her_mlk_drama_and_being_a_black.html.

[16] Tiffany McGee, "5 Reasons Why John Legend Is No Ordinary Pop Star," People, November 6, 2006, www.people.com/people/archive/article/0,20060910,00.html; "Singer/Songwriter John Legend Got Early Start," USA Today, July 28, 2005, http://usatoday30.usatoday.com/life/music/news/2005-07-28-legend-early-start_x.htm; John Legend, "All in

on Love," Huffington Post, May 20, 2014, www.huffingtonpost.com/john-legend/penn-commencement-speech2014_b_5358334.html.

[17] Clyde H. Coombs and Lily Huang, "Tests of a Portfolio Theory of Risk Preference," Journal of Experimental Psychology 85 (1970): 2329; Clyde H. Coombs and James Bowen, "Additivity of Risk in Portfolios," Perception & Psychophysics 10 (1971): 4346, and "Test of the Between Property of Expected Utility," Journal of Mathematical Psychology 13 (32337).

[18] Jane Bianchi, "The Power of Zigging: Why Everyone Needs to Channel Their Inner Entrepreneur," LearnVest, October 22, 2014, http://www.learnvest.com/2014/10/crazy-is-a-compliment-the-power-of-zigging-when-everyone-else-zags/; Marco della Cava, "Linda Rottenberg's Tips for 'Crazy' Entrepreneurs," USA Today, October 15, 2014, www.usatoday.com/story/tech/2014/10/02/linda-rottenberg-crazy-is-a-compliment-book/16551377; "Myths About Entrepreneurship," Harvard Business Review, Idea Cast, October 2010, https://hbr.org/2014/10/myths-about-entrepreneurship; Linda Rottenberg, Crazy Is a Compliment: The Power of Zigging When Everyone Else Zags (New York: Portfolio, 2014).

[19] Rick Smith, The Leap: How 3 Simple Changes Can Propel Your Career from Good to Great (New York: Penguin, 2009).

[20] Hongwei Xu and Martin Ruef, "The Myth of the Risk-Tolerant Entrepreneur," Strategic Organization 2 (2004): 33155.

[21] Malcolm Gladwell, "The Sure Thing," New Yorker, January 18, 2010, www.newyorker.com/magazine/2010/01/18/the-sure-thing.

[22] Scott Adams, The Dilbert Principle (New York: HarperBusiness, 1996).

[23] PandoMonthly, "John Doerr on What Went Wrong with Segway," accessed on February 12, 2015, at www.youtube.com/watch?v=oOQzjpBkUTY.

[24] Arnold C. Cooper, Carolyn Y. Woo, and William C. Dunkelberg, "Entrepreneurs' Perceived Chances for Success," Journal of Business Venturing 3 (1988): 97108;Noam Wasserman, "How an Entrepreneur's Passion Can Destroy a Startup," Wall Street Journal, August 25, 2014, www.wsj.com/ articles/ how-an-entrepreneur-s-passion-can-destroy-a-startup1408912044.

[25] Dean Keith Simonton, "Creative Productivity, Age, and Stress: A Biographical Time-Series Analysis of 10 Classical Composers," Journal of Personality and Social Psychology 35 (1977): 791804.

[26] Dean Keith Simonton, "Creativity and Discovery as Blind Variation: Campbell's (1960) BVSR Model After the Half-Century Mark," Review of General Psychology 15 (2011): 15874.

[27] Robert I. Sutton, Weird Ideas That Work: 11?Practices for Promoting, Managing, and Sustaining Innovation (New York: Simon & Schuster, 2001).

[28] Jennifer S. Mueller, Shimul Melwani, and Jack A. Goncalo, "The Bias Against Creativity: Why People Desire But Reject Creative Ideas," Psychological Science 23 (2012): 1317.

[29] Erik Dane, "Reconsidering the Trade-Off Between Expertise and Flexibility: A Cognitive Entrenchment Perspective," Academy of Management Review 35 (2010): 579603.

[30] Drake Baer, "In 1982, Steve Jobs Presented an Amazingly Accurate Theory About Where Creativity Comes From," Business Insider, February 20, 2015, www.businessinsider.com/steve-jobs-theory-of-creativity20152.

[31] Dean Keith Simonton, "Foresight, Insight, Oversight, and Hindsight in Scientific Discovery: How Sighted Were Galileo's Telescopic Sightings?,"

Psychology of Aesthetics, Creativity, and the Arts 6 (2012): 24354.

[32] Erik Dane, Kevin W. Rockmann, and Michael G. Pratt, "When Should I Trust My Gut? Linking Domain Expertise to Intuitive Decision-Making Effectiveness," Organizational Behavior and Human Decision Processes 119 (2012): 18794.

[33] Eric Schmidt and Jonathan Rosenberg, How Google Works (New York: Grand Central, 2014).

[34] The Ultimate Quotable Einstein, ed. Alice Calaprice (Princeton, NJ: Princeton University Press, 2011).

[35] Scott E. Seibert, Maria L. Kraimer, and J. Michael Crant, "What Do Proactive People Do? A Longitudinal Model Linking Proactive Personality and Career Success," Personnel Psychology 54 (2001): 84574.

[36] Edwin P. Hollander, "Conformity, Status, and Idiosyncrasy Credit," Psychological Review 65 (1958): 11727; see also Hannah Riley Bowles and Michele Gelfand, "Status and the Evaluation of Workplace Deviance," Psychological Science 21 (2010): 4954.

[37] Personal interviews with Rufus Griscom, January 29 and February 26, 2015.

[38] Robert B. Zajonc, "Attitudinal Effects of Mere Exposure," Journal of Personality and Social Psychology Monographs 9 (1968): 127.

[39] Personal interview with Howard Tullman, December 16, 2014.

[40] Robert Sutton, "Porcupines with Hearts of Gold," Business Week, July 14, 2008, www.businessweek.com/ business_ at_ work/ bad_ bosses/archives/ 2008/ 07/ porcupines_ with.html.

[41] George C. Homans, The Human Group (New York: Harcourt, Brace, 1950) and Social Behavior: Its Elementary Forms (New York: Harcourt, Brace, and World, 1961).

[42] Michelle M. Duguid and Jack A. Goncalo, "Squeezed in the Middle: The Middle Status Trade Creativity for Focus," Journal of Personality and Social Psychology 109, no. 4 (2015), 589603.

[43] Sheryl Sandberg, Lean In: Women, Work, and the Will to Lead (New York: Knopf, 2013).

[44] Taeya M. Howell, David A. Harrison, Ethan R. Burris, and James R. Detert, "Who Gets Credit for Input? Demographic and Structural Status Cues in Voice Recognition," Journal of Applied Psychology, forthcoming (2015).

[45] Ashleigh Shelby Rosette, "Failure Is Not an Option for Black Women: Effects of Organizational Performance on Leaders with Single Versus Dual-Subordinate Identities,"Journal of Experimental Social Psychology 48 (2012): 116267.

[46] Personal interview with Donna Dubinsky, June 20, 2014; Todd D. Jick and Mary Gentile, "Donna Dubinsky andApple Computer, Inc. (A)," Harvard Business School, Case 986083,December 11, 1995.

[47] Albert O. Hirschman, Exit, Voice, and Loyalty: Responses to Decline in Firms, Organizations, and States (Cambridge, MA: Harvard University Press, 1970).

[48] Quote Investigator, January 17, 2013, http://quoteinvestigator.com/ 2013/ 01/ 17/put-off.

[49] Jihae Shin, "Putting Work Off Pays Off: The Hidden Benefits of Procrastination for Creativity," manuscript under review, 2015.

[50] Ut Na Sio and Thomas C. Ormerod, "Does Incubation Enhance Problem Solving? A Meta-Analytic Review," Psychological Bulletin 135 (2009): 94120.

[51] Bluma Zeigarnik, "Das Behalten erledigter und unerledigter Handlungen,"

Psychologische Forschung 9 (1927): 185; see Kenneth Savitsky, Victoria Husted Medvec, and Thomas Gilovich, "Remembering and Regretting: The Zeigarnik Effect and the Cognitive Availability of Regrettable Actions and Inactions," Personality and Social Psychology Bulletin 23 (1997): 24857.

[52] M. J. Simpson, Hitchhiker: A Biography of Douglas Adams (Boston: Justin, Charles & Co., 2005).

[53] Bill Gross, "The Single Biggest Reason Why Startups Succeed," TED Talks, June 2015, www.ted.com/ talks/ bill_ gross_ the_ single_ biggest_ reason_ why_ startups_ succeed/ transcript.

[54] Boonsri Dickinson, "Infographic: Most Startups Fail Because of Premature Scaling," ZDNet, September 1, 2011, www.zdnet.com/ article/infographic-most-startups-fail-because-of-premature-scaling.

[55] Max Planck, Scientific Autobiography and Other Papers (New York: Philosophical Library, 1949).

[56] Birgit Verworn, "Does Age Have an Impact on Having Ideas? An Analysis of the Quantity and Quality of Ideas Submitted to a Suggestion System," Creativity and Innovation Management 18 (2009): 32634.

[57] David Galenson, Old Masters and Young Geniuses: The Two Life Cycles of Artistic Creativity (Princeton, NJ: Princeton University Press, 2011).

[58] Abraham H. Maslow, The Psychology of Science (New York: Harper and Row, 1966).

[59] Daniel H. Pink, "What Kind of Genius Are You?" Wired, July 2006, http://archive.wired.com/wired/ archive/ 14.07/ genius.html.

[60] Dr. Seuss, The Sneetches and Other Stories (New York: Random House, 1961).

[61] Personal interview with Meredith Perry, November 13, 2014; Google

Zeitgeist, September 16, 2014; Jack Hitt, "An Inventor Wants One Less Wire to Worry About," New York Times, August 17, 2013, www.nytimes.com/2013/ 08/ 18/ technology/an-inventor-wants-one-less-wire-to-worry-about. html?pagewanted=all; Julie Bort, "A Startup That Raised $10 Million for Charging Gadgets Through Sound Has Sparked a Giant Debate in Silicon Valley," Business Insider, November 2, 2014, www.businessinsider.com/startup-ubeams10-million-debate201411.

[62] Personal interviews with Josh Steinman, December 10, 2014, and Scott Stearney, December 29, 2014.

[63] Srdja Popovic, Blueprint for Revolution: How to Use Rice Pudding, Lego Men, and Other Nonviolent Techniques to Galvanize Communities, Overthrow Dictators, or Simply Change the World (New York: Spiegel & Grau, 2015).

[64] Ithai Stern and James D. Westphal, "Stealthy Footsteps to the Boardroom: Executives' Backgrounds, Sophisticated Interpersonal Influence Behavior, and Board Appointments," Administrative Science Quarterly 55 (2010): 278319.

[65] Personal interviews with Rob Mink off, October 17 and November 13, 2014.

[66] Holly J. McCammon, Lyndi Hewitt, and Sandy Smith, " 'No Weapon Save Argument': Strategic Frame Amplification in the U.S. Woman Suffrage Movements," The Sociological Quarterly 45 (2004): 52956; Holly J. McCammon, " 'Out of the Parlors and Into the Streets': The Changing Tactical Repertoire of the U.S. Women's Suffrage Movements," Social Forces 81 (2003): 787818; Lyndi Hewitt and Holly J. McCammon, "Explaining Suffrage Mobilization: Balance, Neutralization, and Range

in Collective Action Frames, 18921919," Mobilization: An International Journal 9 (2004): 14966.

[67] Harry Allen Overstreet and Bonaro Wilkinson Overstreet, The Mind Goes Forth: The Drama of Understanding (New York: Norton, 1956).

[68] Ano Katsunori, "Modified Offensive Earned-Run Average with Steal Effect for Baseball," Applied Mathematics and Computation 120 (2001): 27988; Josh Goldman, "Breaking Down Stolen Base Break-Even Points," Fan Graphs, November 3, 2011, www.fangraphs.com/ blogs/breaking-down-stolen-base-break-even-points/.

[69] Baseball Almanac, "Single Season Leaders for Stolen Bases," www.baseball-almanac.com/ hitting/ hisb2.shtml, and "Career Leaders for Stolen Bases," www.baseball-almanac.com/ hitting/ hisb1.shtml.

[70] Jackie Robinson, I Never Had It Made (New York: HarperCollins, 1972/ 1995); Arnold Rampersad, Jackie Robinson: A Biography (New York: Ballantime Books, 1997); Roger Kahn, Rickey & Robinson: The True,Untold Story of the Integration of Baseball (New York: Rodale Books, 2014); Harvey Frommer, Rickey and Robinson: The Men Who Broke Baseball's Color Barrier(New York: Taylor Trade Publishing, 1982/ 2003).

[71] David Falkner, Great Time Coming: The Life of Jackie Robinson, from Baseball to Birmingham (New York: Simon & Schuster, 1995).

[72] Rod Carew, Carew (New York: Simon & Schuster,1979); Martin Miller, "Rod Carew Becomes Champion for the Abused," Los Angeles Times, December 12, 1994, http: // articles.latimes.com/ 19941212/ local/ me8068_1_ rod-carew.

[73] James March, A Primer on Decision-Making: How Decisions Happen (New York: Free Press, 1994); see also J. Mark Weber, Shirli Kopelman, and

David M. Messick, "A Conceptual Review of Decision Making in Social Dilemmas: Applying a Logic of Appropriateness," Personality and Social Psychology Review 8 (2004): 281307.

[74] Marco Bertoni and Giorgio Brunello, "Laterborns Don't Give Up: The Effects of Birth Order on Earnings in Europe," IZA Discussion Paper No. 7679, October 26, 2013, http: // papers.ssrn.com/ sol3/ papers.cfm? abstract_ id=2345596.

[75] Gil Greengross and Geoffrey F. Miller, "The Big Five Personality Traits of Professional Comedians Compared to Amateur Comedians, Comedy Writers, and College Students," Personality and Individual Differences 47 (2009): 7983;Gil Greengross, Rod A. Martin, and Geoffrey Miller, "Personality Traits, Intelligence, Humor Styles, and Humor Production Ability of Professional Stand'p Comedians Compared to College Students," Psychology of Aesthetics, Creativity, and the Arts 6 (2012): 7482.

[76] Seinfeld, "The Calzone," NBC, April 25, 1996.

[77] Adam M. Grant, "Funny Babies: Great Comedians Are Born Last in Big Families," working paper (2015).

[78] Andre Agassi, Open: An Autobiography (New York: Knopf, 2009). For evidence that the children treated with the greatest hostility by parents are the most likely to rebel, see Katherine Jewsbury Conger and Rand D. Conger, "Differential Parenting and Change in Sibling Differences in Delinquency," Journal of Family Psychology 8 (1994): 287302.

[79] Jim Gaffigan, "The Youngest Child," Comedy Central Presents, July 11, 2000, www.cc.com/video-clips/g92efr/comedy-central-presents-the-youngest-child; see also Ben Kharakh, "Jim Gaffigan, Comedian and Actor," Gothamist, July 17, 2006, http: // gothamist.com/ 2006/ 07/ 17/

jim_ gaffigan_ co.php#.

[80] Martin L. Hoffman, Empathy and Moral Development: Implications for Caring and Justice (New York: Cambridge University Press, 2000).163 "Explained is the word": Samuel P. Oliner and Pearl Oliner, The Altruistic Personality: Rescuers of Jews in Nazi Europe (New York: Touchstone, 1992); Samuel P. Oliner, "Ordinary Heroes," Yes! Magazine, November 5, 2001, www.yesmagazine .org/issues/can-love-save-the-world/ordinary-heroes; see also Eva Fogelman, Conscience and Courage: Rescuers of Jews During the Holocaust (New York: Doubleday, 2011).

[81] Teresa M. Amabile, Growing Up Creative: Nurturing a Lifetime of Creativity (Buffalo, NY: Creative Education Foundation, 1989).

[82] John Skow, "Erma in Bomburbia: Erma Bombeck," Time, July 2, 1984.

[83] Adam M. Grant and David A. Hofmann, "It's Not All About Me: Motivating Hand Hygiene Among Health Care Professionals by Focusing on Patients," Psychological Science 22 (2011): 149499.

[84] Joan E. Grusec and Erica Redler, "Attribution, Reinforcement, and Altruism: A Developmental Analysis," Developmental Psychology 16 (1980): 52534.

[85] Penelope Lockwood and Ziva Kunda, "Increasing the Salience of One's Best Selves Can Undermine Inspiration by Outstanding Role Models," Journal of Personality and Social Psychology 76 (1999): 21428; see also Albert Bandura, Self-Efficacy: The Exercise of Control (New York: Freeman, 1997).

[86] Rufus Burrow Jr., Extremist for Love: Martin Luther King Jr., Man of Ideas and Nonviolent Social Action (Minneapolis, MN: Fortress Press, 2014).

[87] Mark Strauss, "Ten Inventions Inspired by Science Fiction," Smithsonian

magazine, March 15, 2012, www.smithsonianmag.com/science-nature/ten-inventions-inspired-by-science-fiction128080674/?no-ist.

[88] Ralph Waldo Emerson, Society and Solitude: Twelve Chapters (New York: Houghton, Mifflin, 1893).

[89] Charles A. O-Reilly and Jennifer A. Chatman, "Culture as Social Control: Corporations, Cults, and Commitment," Research in Organizational Behavior 18 (1996): 157200.

[90] Irving Janis, Groupthink: Psychological Studies of Policy Decisions and Fiascoes (Boston: Houghton Mifflin, 1973); Cass R. Sunstein, Why Societies Need Dissent (Boston: Harvard University Press, 2003).

[91] Marshall Goldsmith, What Got You Here Won't Get You There: How Successful People Become Even More Successful (New York: Hachette, 2007).

[92] Charlan J. Nemeth, "Differential Contributions of Majority and Minority Influence," Psychological Review 93 (1986): 2332; Stefan Schulz-Hardt, Felix C. Brodbeck, Andreas Mojzisch, Rudolf Kerschreiter, and Dieter Frey, "Group Decision Making in Hidden Profile Situations: Dissent as a Facilitator for Decision Quality," Journal of Personality and Social Psychology 91(2006): 108093.190As Jack Handey advised: Jack Handey, Saturday Night Live, 1991.

[93] Lauren A. Rivera, "Guess Who Doesn't Fit In at Work," The New York Times, May 30, 2015, http: // www.nytimes .com/ 2015/ 05/ 31/ opinion/ sunday/guess-who-doesnt-fit-in-at-work. html.

[94] Personal communication with Duane Bray, January 30, 2014.

[95] Paul Saffo, "Strong Opinions, Weakly Held," July 26, 2008, www.skmurphy.com/ blog/ 2010/ 08/ 16/paul-saffo-forecasting-s-trong-opinions-

weakly-held/.

[96] Jian Liang, Crystal I. C. Farh, and Jiing-Lih Farh, "Psychological Antecedents of Promotive and Prohibitive Voice: A Two-Wave Examination," Academy of Management Journal 55 (2012): 7192.

[97] David A. Hofmann, "Overcoming the Obstacles to Cross-Functional Decision Making: Laying the Groundwork for Collaborative Problem Solving," Organizational Dynamics (2015); personal conversations with David Hofmann and Jeff Edwards, March 2008.

[98] Laszlo Bock, Work Rules! Insights from Google That Will Transform How You Live and Lead (New York: Twelve, 2015).

[99] Andreas Mojzisch and Stefan Schulz-Hardt, "Knowing Others- Preferences Degrades the Quality of Group Decisions," Journal of Personality and Social Psychology 98 (2010): 794808.

[100] Quoted in Robert I. Sutton, "It's Up to You to Start a Good Fight," Harvard Business Review, August 3, 2010.

[101] Zannie G. Voss, Daniel M. Cable, and Glenn B. Voss, "Organizational Identity and Firm Performance: What Happens When Leaders Disagree About 'Who We Are?,'" Organization Science 17 (2006): 74155.

[102] Trish Reay, Whitney Berta, and Melanie Kazman Kohn, "What's the Evidence on Evidence-Based Management?," Academy of Management Perspectives (November 2009): 518.

[103] Nelson Mandela, Long Walk to Freedom: The Autobiography of Nelson Mandela (New York: Little, Brown, 1995).

[104] Personal interview with Lewis Pugh, June 10, 2014, and personal communication, February 15, 2015; Lewis Pugh, Achieving the Impossible (London: Simon & Schuster, 2010) and 21 Yaks and a Speedo: How to

Achieve Your Impossible (Johannesburg and Cape Town, South Africa: Jonathan Ball Publishers, 2013); "Swimming Toward Success" speech at the World Economic Forum, Davos, Switzerland, January 23, 2014.

[105] Steven Kelman, Ronald Sanders, Gayatri Pandit, and Sarah Taylor, "'I Won't Back Down?' Complexity and Courage in Federal Decision-Making," Harvard Kennedy School of Government RWP13044 (2013).

[106] Scott Sonenshein, Katherine A. DeCelles, and Jane E. Dutton, "It's Not Easy Being Green: The Role of Self-Evaluations in Explaining Support of Environmental Issues," Academy of Management Journal 57 (2014): 737.

[107] A. Timur Sevincer, Greta Wagner, Johanna Kalvelage, and Gabriele Oettingen, "Positive Thinking About the Future in Newspaper Reports and Presidential Addresses Predicts Economic Downturn," Psychological Science 25 (2014): 101017.

[108] Alison Wood Brooks, "Get Excited: Reappraising Pre-Performance Anxiety as Excitement," Journal of Experimental Psychology: General 143 (2014): 114458.

[109] Charles S. Carver and Teri L. White, "Behavioral Inhibition, Behavioral Activation, and Affective Responses to Impending Reward and Punishment: The BIS/ BAS Scales," Journal of Personality and Social Psychology 67 (1994): 31933.

[110] Olga Khazan, "The Upside of Pessimism," Atlantic, September 12, 2014, www.theatlantic.com/ health/ archive/ 2014/ 09/dont-think-positively/379993.

[111] Personal interviews with Josh Silverman, October 24, November 12, and December 2, 2014.221 outsourcing inspiration: Adam M. Grant and David A. Hofmann, "Outsourcing Inspiration: The Performance Effects

of Ideological Messages from Leaders and Beneficiaries," Organizational Behavior and Human Decision Processes 116 (2011): 17387.

[112] Adam M. Grant, "Leading with Meaning: Beneficiary Contact, Prosocial Impact, and the Performance Effects of Transformational Leadership," Academy of Management Journal 55 (2012): 45876.

[113] Derek Sivers, "How to Start a Movement," TED Talks, April 2010, www.ted.com/talks/derek_sivers_how_to_start_a_movement/transcript?language=en.

[114] Margaret Mead, The World Ahead: An Anthropologist Anticipates the Future, ed. Robert B. Textor (New York: Berghahn Books, 2005).

[115] Robert I. Sutton, "Breaking the Cycle of Abuse in Medicine," March 13, 2007, accessed on February 24, 2015, at bobsutton.typepad.com/my_weblog/2007/03/breaking_the_cy.html.

[116] Personal interview with Brian Goshen, September 22, 2014.

[117] Lynne M. Andersson and Thomas S. Bateman, "Individual Environmental Initiative: Championing Natural Environmental Issues in U.S. Business Organizations," Academy of Management Journal 43 (2000): 54870.232 sense of urgency: John Kotter, Leading Change (Boston: Harvard Business School Press, 1996).

[118] Lisa Bodell, Kill the Company: End the Status Quo, Start an Innovation Revolution (New York: Bibliomotion, 2012).

[119] Nancy Duarte, "The Secret Structure of Great Talks," TEDxEast, November 2011, www.ted.com/talks/nancy_duarte_the_secret_structure_of_great_talks.

[120] Franklin Delano Roosevelt's first inaugural address, March 4, 1933.

[121] Martin Luther King, Jr.'s, "I have a dream" speech, August 28, 1963;

Clarence B. Jones, Behind the Dream: The Making of the Speech That Transformed a Nation (New York: Palgrave Macmillan, 2011); Drew Hansen, The Dream: Martin Luther King, Jr., and the Speech That Inspired a Nation (New York: Harper Perennial, 2005).

[122] Tom Peters, December 30, 2013, www.facebook.com/permalink.php? story_ fbid=10151762619577396& id=10666812395.

[123] Arlie Hochschild, The Managed Heart: Commercialization of Human Feeling (California: University of California Press, 1983).

[124] Constantin Stanislavski, An Actor Prepares (New York: Bloomsbury Academic, 1936/ 2013); Chris Sullivan, "How Daniel Day-Lewis-Notoriously Rigorous Role Preparation Has Yielded Another Oscar Contender," The Independent, February 1, 2008.

[125] Timothy D. Wilson, Redirect: The Surprising New Science of Psychological Change (New York: Little, Brown, 2011); Jonathan I. Bisson, Peter L. Jenkins, Julie Alexander, and Carol Bannister, "Randomised Controlled Trial of Psychological Debriefing for Victims of Acute Burn Trauma," British Journal of Psychiatry 171 (1997): 7881; Benedict Carey, "Sept. 11 Revealed Psychology's Limits, Review Finds," New York Times, July 28, 2011; James W.Pennebaker,Opening Up: The Healing Power of Expressing Emotions (New York: Guilford Press, 1997).

[126] Andrew Brodsky, Joshua D. Margolis, and Joel Brockner, "Speaking Truth to Power: A Full Cycle Approach," working paper (2015).

[127] Israel Shenker, "E. B. White: Notes and Comment by Author," New York Times, July 11, 1969: www.nytimes.com/ books/ 97/ 08/ 03/lifetimes/ white-notes. html.

[128] Brian R. Little, Me, Myself, and Us: The Science of Personality and the Art of Well-Being (New York: PublicAffairs, 2014); Brian R. Little, "Personal Projects and Social Ecology: Lives, Liberties and the Happiness of Pursuit," Colloquium presentation, department of psychology, University of Michigan (1992); Brian R. Little, "Personality Science and the Northern Tilt: As Positive as Possible Under the Circumstances," in Designing Positive Psychology: Taking Stock and Moving Forward, eds. K. M. Sheldon, T. B. Kashdan, and M. F. Steger (New York: Oxford University Press, 22847).

[129] Personal interviews with Benjamin Kohlmann, November 19 and December 10, 2014.

[130] Lisa Bodell, Kill the Company: End the Status Quo, Start an Innovation Revolution (New York: Bibliomotion, 2012).

[131] Robert I. Sutton and Andrew Hargadon, "Brainstorming Groups in Context: Effectiveness in a Product Design Firm," Administrative Science Quarterly 41 (1996): 685718.

[132] Personal interviews with Nancy Lublin, December 12, 2014, and February 23, 2015.

[133] Elliot Aronson and Shelley Patnoe, Cooperation in the Classroom: The Jigsaw Method (New York: Addison Wesley, 1997).

致　谢

第二次写书与第一次大不一样。这一次,我没再扔掉写好的 10300 个词然后重新写——但我也更敏锐地意识到,有人可能真的会去读我写的东西,这让我不断反思自己的品位。谢天谢地,我的妻子艾莉森(Allison)有一种辨识创新性和质量的非凡能力(而且恰好也拥有丛林猫的鼻子)。她在一瞬间就能知道哪个方向是值得的、哪个方向则很糟糕。如果没有她,我的写作就会少了很多乐趣。她耐心地和我探讨每一个想法,精心阅读每一个章节的第一次修改,并巧妙地改写和重新组织了多个部分。她的标准尽可能高,所以当她觉得高兴时,我知道我也会高兴。如果没有她作为一位作者和一位读者的热情,没有她作为一位妻子和母亲的温柔,这本书将不会存在。

我的代理人理查德·派恩(Richard Pine)是一位真正的创新者,他帮助我进一步发展对这本书的想法,并在这一过程的每一步中都提供了宝贵建议。与里克·寇特(Rick Kot)共同工作是一种享受,他不仅仅是一位编辑。他不仅给了我极大的宽容来丰富本书的内容,还在完善结构方面想得非常周到。他为这本书出了极大的力,就仿佛它是自己的孩子。

谢丽尔·桑德伯格以极大的耐心阅读了本书的每一个字,通过锐化本书的逻辑、风格和实操性建议,她使这本书的品位获得了显著提高。她所做的贡献比我想象的大得多。贾斯汀·伯格忍受了无数的章节草稿和探讨,

离经叛道

对本书的内容和叙事性提供了非常多的创造性的灵感。雷布·瑞贝尔阅读了第一次草稿的全文，对于本书理念和写作提出了一批非常有深度的问题和专家建议。丹·平克对"如何把握时机"那一章提供建议，使我获益良多，他提醒我人们对微小差异常抱有自我陶醉的情绪。

我很荣幸能与亚历克西斯·赫尔利（Alexis Hurley）、伊丽莎·罗斯坦（Eliza Rothstein）以及InkWell团队的其他人共同合作；能与Viking的专业团队——特别是卡罗琳·克勒本（Carolyn Coleburn）、克里斯汀·玛森（Kristin Matzen）和林赛·普利维特（Lindsay Prevette）合作进行宣传；能与简·卡佛琳娜（Jane Cavolina）、迭戈·努涅斯（Diego Nunez）和珍妮特·威廉姆斯（Jeannette Williams）共同编辑；能与皮特·伽克尔（Pete Garceau）、雅克布·格达（Jakub Gojda）、罗珊娜·塞拉（Roseanne Serra）、阿利萨·西奥多（Alissa Theodor）共同进行封面和内文的设计。Survey Monkey的乔恩·科恩（Jon Cohen）和萨拉·卓（Sarah Cho）在设计和部署调查方面是如此快捷、高效和大方，使得我们可以测试不同的副标题的效果，并收集了对封面设计和理念的反馈意见。

沃顿商学院的各位同事——尤其是希格·巴萨德（Sigal Barsade）、德鲁·卡顿（Drew Carton）、萨米尔·奈莫哈姆德（Samir Nurmohamed）和南希·罗斯巴德（Nancy Rothbard）——给我提供了非常宝贵的帮助。特别感谢影响力实验室（Impact Lab）和林赛·米勒（Lindsay Miller）坚定的热情。这个项目也从杰夫·加勒特（Geoff Garrett）、迈克·吉本斯（Mike Gibbons）、艾米·古特曼（Amy Gutmann）、丹·列文托（Dan Levinthal）和尼古拉·锡格尔科（Nicolaj Siggelkow）的支持中获得了极大的帮助。对于本书中提及或引用的人物观点和介绍，我要感谢珍妮弗·阿克（Jennifer Aaker）、特雷莎·阿玛比尔、尼科·坎纳（Niko Canner）、吕珊·卡什（Rosanne Cash）、克里斯汀·蔡

致　谢

（Christine Choi）、凯特·德雷恩（Kate Drane）、丽莎·嘉佛波尔（Lisa Gevelber）、戴维·霍尼克（David Hornik）、汤姆·赫尔姆（Tom Hulme）、吉米·卡尔柴德（Jimmy Kaltreider）、达芙妮·科勒（Daphne Koller）、约翰·米歇尔（John Michel）、安德鲁·吴（Andrew Ng）、鲍比·特纳（Bobby Turner）和劳伦·萨拉尼克（Lauren Zalaznick）。

感谢约什·伯曼（Josh Berman）、杰西·贝鲁提（Jesse Beyroutey）、温迪·德拉罗萨（Wendy De La Rosa）、普利提·乔希（Priti Joshi）、斯泰西·卡利什（Stacey Kalish）、维多利亚·萨卡尔（Victoria Sakal）和珍妮·王（Jenny Wang）帮我寻找故事和案例，感谢詹姆斯·安（James An）、莎拉·贝克夫（Sarah Beckoff）、凯尔西·格里瓦（Kelsey Gliva）、妮可·格拉内（Nicole Granet）、什洛莫·克拉伯（Shlomo Klapper）、尼克·罗布格里奥（Nick LoBuglio）、凯西·摩尔（Casey Moore）、妮可·波拉克（Nicole Pollack）、朱莉安娜·皮勒莫尔（Julianna Pillemer）、思瑞拉斯·拉加（Sreyas Raghavan）、安娜·雷哈特（Anna Reighart）、埃里克·夏皮罗（Eric Shapiro）、雅各·特普勒（Jacob Tupler）、丹妮尔·特辛（Danielle Tussing）和金佰利·姚（Kimberly Yao）始终为每一章提供建设性意见。在刺激关于创新的讨论方面，我要感谢苏·阿什福德（Sue Ashford）、卡罗琳·巴勒伦（Caroline Barlerin）、基普·布拉德福德（Kipp Bradford）、丹妮尔·赛勒梅捷（Danielle Celermajer）、安妮肯·德（Annicken Day）、凯瑟琳·德卡斯（Kathryn Dekas）、丽莎·顿查克（Lisa Donchak）、安吉拉·达克沃斯（Angela Duckworth）、简·达顿（Jane Dutton）、迈克·范伯格（Mike Feinberg）、安娜·弗雷泽（Anna Fraser）、马尔科姆·格拉德威尔、马克·格罗斯曼（Marc Grossman）、萨尔·古尔（Saar Gur）、朱莉·汉娜（Julie Hanna）、艾米丽·亨特（Emily Hunt）、卡琳·克

莱恩（Karin Klein）、约什·科佩尔曼（Josh Kopelman）、斯蒂芬妮·兰德里（Stephanie Landry）、艾伦·兰格（Ellen Langer）、瑞安·莱尔维克（Ryan Leirvik）、戴夫·莱文（Dave Levin）、塔玛·里斯本那（Tamar Lisbona）、布莱恩·利特尔、南希·卢布林、约书亚·马尔库塞（Joshua Marcuse）、凯德·梅西（Cade Massey）、德布·米尔斯—斯科菲尔德（Deb Mills-Scofield）、肖恩·帕克（Sean Parker）、梅雷迪思·佩特林（Meredith Petrin）、费布·波特（Phebe Port）、瑞克·普莱斯（Rick Price）、本·拉特雷（Ben Rattray）、弗雷德·罗森（Fred Rosen）、斯宾塞·沙尔夫（Spencer Scharff）、内尔·斯寇维尔（Nell Scovell）、斯科特·谢尔曼（Scott Sherman）、菲尔·泰罗克（Phil Tetlock）、科琳·塔克（Colleen Tucker）、珍妮·怀特（Jeanine Wright）和艾米·瑞兹尼沃斯基。（哦，还要感谢斯泰西和凯文提醒我要写致谢。）

在许多方面，我的很多家庭成员为我示范了创新精神，或鼓励我进行创新，有我的父母苏珊(Susan)和马克(Mark)、我的妹妹崔西(Traci)、我的祖父母马里昂·格兰特和杰伊·格兰特(Marion and Jay Grant)、已故的佛罗伦斯·波格克和保罗·波洛克(Florence and Paul Borock)，以及我的岳父岳母阿德里安娜·斯威特和尼尔·斯威特(Adrienne and Neal Sweet)。

我们的孩子乔安娜(Joanna)、莲娜(Elena)和亨利(Henry)对我来说是我的整个世界。他们引导我对这本书产生了不同的思考。他们教我，要变得富有创新精神，需要花费更少的时间学习和更多的时间忘却。他们启发了我，让我知道，要为他们创造一个更好的世界，就不能总是服从一致。